과학책은 처음입니다만

과학책은 처음입니다만

털보 과학관장이 들려주는
과학책 읽기의 즐거움

이정모 지음

사월의책

과학책은 처음입니다만

1판 1쇄 발행 2019년 4월 10일
1판 2쇄 발행 2019년 10월 20일

지은이 이정모
펴낸이 안희곤
펴낸곳 사월의책

편집 박동수
디자인 김현진

등록번호 2009년 8월 20일 제396-2009-126호
주소 경기도 고양시 일산동구 무궁화로 7-45 451호
전화 031)912-9491 | 팩스 031)913-9491
이메일 aprilbooks@aprilbooks.net
홈페이지 www.aprilbooks.net
블로그 blog.naver.com/aprilbooks

ISBN 978-89-97186-76-1 03400

* 책값은 뒤표지에 있습니다.
* 이 도서의 국립중앙도서관 출판예정도서목록(CIP)은 서지정보유통지원시스템 홈페이지(http://seoji.nl.go.kr)와 국가자료공동목록시스템(http://www.nl.go.kr/kolisnet)에서 이용하실 수 있습니다.(CIP제어번호: CIP2019009742)

차 례

3부 누구에게나 자신만의 우주 하나씩은 필요하다

4부 인간은 외롭지 않다

5부 과학자는 매일 실패하는 사람

6부 우리 안에 과학 있다

머리말

내가 다니던 대학의 공과대학에는 그리스 조각처럼 생긴 미남 운동권 선배가 있었습니다. 세상 고민은 다 짊어진 것 같은 표정 속에도 항상 온화한 미소가 번지던 분이죠. 그가 책가방을 들고 다니는 걸 본 적이 없습니다. 그의 손에는 돌멩이 아니면 반으로 접은 대학 노트 한 권이 들려 있었죠. 그 노트의 정체가 궁금했습니다. 어느 날 우연히 노트를 훔쳐볼 기회가 생겼습니다. 그는 희한하게 노트를 작성하더군요.

펼친 노트 면을 세로로 4등분 했습니다. 두 번째와 세 번째 칸을 하나로 합하고는 여기에 책에서 얻은 정보를 파란색 볼펜으로 빽빽하게 썼더군요. 왼쪽의 첫 번째 칸에는 관련이 있는 다른 책의 정보가 빨간색 볼펜으로 적혀 있었습니다. 그 책을 찾아서 필요한 부분을 메모해 놓기도 했고요. 첫 번째 칸의 메모는 중간 칸의 정보보다 더 충실했습니다. 첫 번째 칸은 한 번에 완성된 게 아니었습니다. 계속 추가해서 보충한 흔적이 역력했죠. 마지막 네 번째 칸에는 검정색 볼펜으로 독후감을 썼습니다. 자기가 느낀 점, 자기의 감정 흐름을 기록한 것이지요. 책 한 권이 절대로 한 바닥을 넘지 않았습니다. 책이 두껍든 얇든 상관없이 같은 분량으로 정리한 것이지요.

당시 선배는 대학교 3학년이었습니다. 1학년이었던 제가 물었습니다. "형, 도대체 이런 식으로 몇 권이나 정리했어요?" 선배는 시큰둥하게 대답했습니다. "글쎄 한 200권쯤 안 될까?" 그때 저도 결심했습니다. '나도 책을 많이 읽고 꼭 저렇게 정리해야지' 하고 말입니다. 책을 한 번 읽고 지나가는 게 아니라 다른 책을 더 읽으면서 전에 읽었던 책들을 다시 찾아보면서 사고의 틀을 강고하게 만들겠다는 생각이었지요. 개뿔! 다짐은 다짐이었을 뿐입니다. 몇 번 쓰다 말았습니다. 우선 첫 번째 칸에 쓸 내용이 없었어요. 첫 번째 칸에 뭔가를 기입하기 위해서는 이미 읽어놓은 책이 많아야 했습니다. 멋진 선배를 흉내내는 게 쉬운 일이 아니었던 것이죠. 물론 제가 포기한 공식적인 이유는 따로 있었습니다. 저는 삼색 볼펜을 너무 자주 잃어버렸어요. 이 노트 작성법에는 삼색 볼펜이 필수적이잖아요.

대학원을 졸업하고 군에 입대하기 직전 『연세춘추』에 긴 글을 실었습니다. 군대에 면회 온 아내에게 신문사에 찾아가서 원고료를 받으라고 시켰는데 누군가 이미 찾아갔다고 하더군요. (도대체 누구입니꽈~~?) 한동안 글을 쓸 기회가 없었습니다. 그런데 독일 유학 시절 당시 『출판저널』 편집장이었던 출판평론가 이권우 선생의 청탁으로 유럽 출판 동향에 대한 연재를 하게 되었습니다. 매달 원고비가 입금되었습니다. 행복했습니다. 저는 글을 쓰면 모름지기 통장에 돈이 들어와야 한다고 생각합니다. 이게 진정한 독서의 기쁨은 아니지만 결코 작지 않은 보상이라고 생각합니다. 그렇습니다. 저는 그런 사람입니다. 어쩔 수 없습니다.

귀국 후 두 해가 지난 2004년 우연히 『각주와 이크의 책읽기』(한국출판마케팅연구소 펴냄, 2003년)라는 서평집을 발견했습니다. '각주는 알겠는데 이크는 뭐야?'라고 혼잣말을 하면서 책을 펼쳤습니다. 낯익은 이름이 보였습니다. 제게 원고료의 맛을 보여준 이권우 선생이 저자였습니다. 그에 대한 작은 보답으로 책을 구입했습니다. 당시는 정말 경제적으로 어려웠을 때인데, 없는 형편에 큰 인심을 쓴 겁니다. 그런데요 인심 쓴 사람은 제가 아니라 이권우 선생이었습니다. 서평의 신세계를 보았습니다. 혹시 이권우 선생이 그 공대 선배와 동일인이 아닐까 하는 생각까지 했을 정도죠. (그때까지 저는 이권우 선생을 직접 뵙지 못했습니다. 나중에 만나 보니 용모가 공대 선배와는 완전히 다른 방향이시더군요.)

『각주와 이크의 책읽기』를 읽으면서 서평도 책만큼이나, 아니 책보다 더 재밌을 수 있다는 사실을 깨달았습니다. '이크'는 우리가 깜짝 놀랐을 때 자신도 모르게 내뱉는 감탄사인 바로 그 '이크'입니다. 각주는 책의 지식을 더 풍성하게 합니다. 책은 정보만 얻으려고 읽는 게 아닙니다. '이크'라는 감탄사를 내뱉는 순간 책이 자신의 생각과 삶을 바꾸게 되죠. '이크'는 어쩌면 저자가 주는 게 아닐지도 모릅니다. 독자가 스스로 만드는 것이지요.

그런데 '이크' 순간을 포착하는 게 쉬운 일이 아닙니다. 나름대로 공력이 필요하죠. 이때 필요한 게 바로 서평인 것 같습니다. 서평은 "이때 '이크' 하는 거야"라고 힌트를 주는 겁니다. 저도 그런 서평을 쓰고 싶었습니다.

마침내 기회가 왔습니다. 2007년 『한국경제신문』의 고두현 기자가 『인간의 미래』에 대한 서평을 청탁했습니다. 이때부터 틈틈이 신문에 서평을 썼습니다. 2008년부터는 『기획회의』에, 그리고 2012년부터는 『프레시안』에 서평을 연재했습니다. 또 그 사이에 이명현, 이한음, 조진호 선생과 함께 출판 편집자를 위한 서평집 『판타스틱 과학 책장』(북바이북 펴냄, 2015년)을 출간했습니다.

이번에 출간하는 책은 2007년부터 써 온 서평을 모은 것입니다. 사월의책 박동수 편집장이 글의 순서를 정하고 저는 글을 고쳤습니다. 많이 바뀌지는 않았습니다. 단지 2019년의 독자와 시점으로 시제를 바꾸고 등장하는 인물과 책의 정보를 수정했을 뿐입니다.

제1부 '지금 놀러 갑니다, 과학 속으로'는 과학 맛보기 편입니다. 과학에 익숙하지 않은 독자들에게 소개하는 책들을 다뤘습니다. 특히 1부의 마지막 글에서는 제가 어떤 자세로 서평을 쓰는지 드러나 있습니다. 먼저 1부를 읽고 그 다음에는 각자의 기호에 따라 다른 순서로 읽기를 권합니다. 제2부 '모든 것은 진화한다'에서는 생명과 진화에 관한 16편의 책을 소개합니다. 제3부 '누구에게나 자신만의 우주 하나씩은 필요하다'는 우주에서 원자에 이르는 물리와 화학 그리고 천문학 서적을 12권 소개합니다. 사실 12권은 아닙니다. 책 한 권을 소개하면서 관련된 다른 책들도 함께 보여줍니다. 제4부 '인간은 외롭지 않다'는 인류사와 빅히스토리에 관한 서평 13편을 담았습니다. 제5부와 제6부는 다시 과학 일반에 관한 이야기입니다. 제5부 '과학자는 실패하는 사람'에는 과학자의 삶과 생각에 관한 책을 소개했고, 제6부 '우리 안에 과학 있다'에는 일상

을 과학의 눈으로 살펴본 16권의 책을 소개합니다.

저는 이크의 책읽기와 공대 선배의 노트에서 배웠고 저도 모르게 흉내냈습니다. 하지만 돌이켜보면 거기에 미치지는 못했습니다. 괜찮습니다. 인생이 그런 것이겠지요. 이 서평집을 읽는 독자들도 마찬가지일 것입니다. 각자의 독서 세계가 있을 것이고 만들어 가실 겁니다. 이런 식으로 저와 독자 여러분은 또 다른 끈으로 엮이는 것이겠지요. 이런 기회를 주신 사월의책 출판사에 감사드립니다.

참, 서평을 읽는 데만 그치지 않기를 바랍니다. 서평을 읽으신 후 각 부에 소개한 책 가운데 적어도 한 권은 직접 구입하시기 바랍니다. 책은 읽으려고 사는 게 아니라고 합니다. 구입한 책 가운데 읽게 되는 것이지요. 책을 많이 그리고 잘 읽는 비결이 바로 그것입니다. 책을 구입하시는 양만큼 은혜가 넘칠 것입니다.

2019년 3월 8일 백마마을에서

이정모

1부

지금 놀러 갑니다,
과학 속으로

과학이 어려운 게 아니라 쉬운 것이고 지겨운 게 아니라 신나는 것이라는 사실을 알려달라는 주문을 자주 받는다. 나는 2초도 주저하지 않고 대답한다. "못하겠습니다." 왜냐하면 실제로 과학은 어렵기 때문이다. 하지만 과학만 어려운 게 아니다. 역사, 철학, 문학, 예술도 어렵다. 단지 과학은 수학이라는 자연적이지 못한 언어를 사용해서 유달리 어려워 보일 뿐이다. 그래서 수학이 아닌 자연어로 쓰인 교양 과학서가 필요하다. 교양 과학이란 지식의 나열이 아니다. 교양 과학서란 생각하는 방법과 세상을 대하는 태도를 바꿔주는 책이다.

놀러 갑시다, 우주로

올리비아 코스키 외, 『지금 놀러 갑니다, 다른 행성으로』

별이나 우주란 말만 들어도 가슴이 설렌다. 한여름 날 공룡 화석을 찾아 헤매느라 지친 몸을 사막에 누인 채 바라본 은하수를 잊을 수 없다. 장엄함이나 아름다움이라는 말은 이런 데 쓰는 거다. 경험은 책을 소환한다. 꽤 많은 천문 우주 관련 책을 읽고 지식을 쌓는다. 하지만 결국은 뜬구름 잡는 이야기라는 인상이 남는다. 사실 틀린 말도 아니다. 기체로 이루어진 별은 뜬구름 같은 존재니까 말이다. 별에 대한 관심은 내가 두 발을 딛고 설 수 있는 곳, 그러니까 암석으로 이루어진 지구형 행성으로 향하게 된다.

지구형 행성은 우리로 하여금 여행하라고 부추긴다. 왜 아니겠는가! 사람이 달에 발을 내딛은 지 50년이 되는데 말이다. 경제개발 5개년 계획을 발표하던 박정희 시대에도 '10년이면 강산이 변한다'고 했다. 이젠 10년이면 우주여행 수준이 바뀌는 시대다.

10년 전에 『우주여행 상식사전: 위험하면서 안전한』(닐 코민스 지음, 이충호 옮김, 뿌리와이파리 펴냄)이 나왔다. 당시의 상식이란 '위험'이었다, '다른

세계의 위험: 공기, 땅, 물' '복사의 위험' '충돌의 위험' '인간이 만들어 낸 위험' '의학적 위험' '사회적 상호작용, 정신건강, 그 밖의 인간적 요소에 관련된 위험'이었다. 맙소사! 우주여행을 떠나라는 거야 말라는 거야! 아무리 강조해도 지나치지 않은 게 바로 안전이긴 하지만 이 책을 읽고 우주여행을 꿈꾼 사람은 그다지 많지 않을 것 같다. 결론은 "음, 우주여행은 아주 위험한 것이구만!"이었을 것이다.

그럼에도 불구하고 이 책을 읽은 후 나는 우주여행에서 귀환하는 우주선 창으로 달의 크레이터를 자세히 들여다보고 싶었고, 지구로 떨어질 때 점점 커지더니 결국에는 우주선 앞 유리창을 가득 메워버리는 파란 바다를 꿈꿨다. 나 같은 사람을 위해서라도 가슴 설레게 하는 우주여행 안내서가 필요하다.

그렇다. 10년이 지났다. 그리고 명랑한 우주여행 안내서가 나왔다. 『지금 놀러 갑니다, 다른 행성으로: 호기심 많은 행성 여행자를 위한 우주과학 상식』(올리비아 코스키·야나 그르세비치 지음, 김소정 옮김, 지상의책 펴냄)이 바로 그것. 이 책은 독자들이 태양계의 행성들을 안전하고(!) 재미있게 여행할 수 있도록 돕는 친절한 여행 안내서다. 두 저자는 스스로를 여행 가이드로 자리매김했다.

> "우리 두 사람은 뼛속까지 우주여행 에이전트이다. 우리가 하는 일은 사람들이 우주로 여행을 떠날 마음을 먹게 하는 것이다. 우리가 행성 여행 가이드를 출간하는 이유는 각 여행지에서 활용할 수 있는 최상의 정보를 제공하고 싶기 때문이다." (17쪽)

물론 책은 우주여행을 떠나기 전에 받아야 하는 훈련, 필요한 짐을 싸는 법, 우주선에서 건강을 유지하고 생존하는 방법 같은 가장 기본적인 내용을 설명한다. 이런 것은 제일 나중에 읽으면 된다. 정말로 여행 떠날 사람만 알면 되는 것이다. 이 책의 장점은 따로 있다. '가볼 만한 곳들'이라는 항목이다. 달만 해도 다양한 역사 유적지, 달 박물관, 폭풍의 대양, 아리스타르코스 고원 같은 명승지를 설명해 놨다. 잠깐! 달에 '달 박물관'이 있다고? 어디 보자.

> "이 체제 전복적인 '박물관'은 아폴로 12호의 우주비행사들이 미국항공우주국의 공식 승인을 받지 않고 몰래 우주선에 실어온 것이다. 현재 알려진 바에 따르면 달 박물관은 지금도 아폴로 12호가 남긴 잔재들과 함께 남아 있다고 한다." (61쪽)

그렇다. 책에 소개된 행성과 위성의 건물이나 도시처럼 사람이 건설한 시설 이야기는 지은이들이 꾸며낸 내용이다. 왜 아니겠는가. 사람이 직접 발을 디딘 곳은 달밖에 없는데 말이다. 지은이들은 한 발 더 나아간다. 현대 여행 트렌드를 살려야 한다. 요즘은 사진이나 찍으면서 다니는 관광보다는 다양한 경험을 하는 여행을 추구하는 시대 아닌가. 게다가 다른 행성으로 놀러 간다면 액티비티가 빠질 수 없다. 그렇다면 화성에 간 여행자는 무슨 활동을 할 수 있을까? 책에는 하늘 관찰하기, 암벽 등반, 더스트 데빌 쫓기, 자전거 타기, 저글링 등이 나온다. 저마다 재밌는 이유가 있다. 내가 화성에서 해보고 싶은 것은 스카이다이빙이다.

"화성은 공기가 지구보다 훨씬 희박하기 때문에 최종속도는 지구보다 다섯 배나 빠르다. 따라서 화성에서 스카이다이빙을 하려면 낙하산을 여러 개 착용해야 하고, 지구보다도 훨씬 이른 시간에 낙하산을 펴야 한다. 또한 충분히 속도를 줄일 수 있도록 아주 커다란 낙하산을 매야 한다. 지구에서는 절대로 못 느끼는 짜릿함을 경험할 것이다." (150쪽)

만약에 목성을 여행지로 택하면 어떻게 될까? 목성은 기체형 행성이다. 우리가 내릴 수 없다. 따라서 여기서는 주로 관광밖에 할 수 없다. 물론 대적점과 거대한 오로라를 보는 것만으로도 본전이 아깝지 않을 것이다. 혜성 충돌 관찰이나 목성의 자기권이 내는 정신이 몽롱해지는 소리를 라디오를 통해 듣는 액티비티도 가능하다. 그런데 뭔가 아쉽다.

런던에 갔다고 해서 타워 브리지나 자연사박물관만 보고 오는 것은 아니다. 여유가 있다면 조금 떨어진 그리니치 천문대도 버스를 타고서 다녀온다. 마찬가지로 이 행성 여행서에는 목성에 간 사람들이 다녀올 수 있는 곳을 안내하는 '근처에는 뭐가 있을까?'라는 코너가 있다. 만약에 목성에 대해 조금 아는 사람이라면 누구나 떠올릴 수 있는 이오, 에우로파, 가니메데, 칼리스토 같은 갈릴레이 위성만 소개했다면 부실한 여행서다. 그런데 이 책은 놀랍게도 트로이 소행성군과 레다 그리고 아말테아 같은 숨겨진 위성도 소개한다.

"거대하고 광대한 목성을 직접 눈으로 보고 싶다면 갈릴레이 위성보다 좀 더 안쪽 궤도에서 목성 주위를 도는 작은 위성들 중 한 곳을 방문해보자. (…)

아말테아에서 보는 목성은 지구에서 보는 보름달보다 약 100배 크다. 그렇기 때문에 정신없이 휘몰아치는 구름과 대적점을 충분히 경이로운 마음으로 바라볼 수 있다. 아말테아는 12시간 정도면 목성 주위를 한 바퀴 돈다."
(192쪽)

불과 300쪽 남짓을 읽다 보면 우리는 태양계의 행성을 모두 여행한다. 뭐가 남았냐고? 과학이 그대로 남았다. 여행으로 배우는 천문 우주 과학책. 기가 막힌다. 최고다.

'침, 균, 똥'의 숨겨진 과학

메리 로치, 『꿀꺽, 한 입의 과학』

'유딩'은 내가 부러워하는 단어 가운데 하나다. 3남 1녀의 장남인 나는 우리 형제 가운데 유일하게 유치원에 다니지 못했다. 인간관계가 매끄럽지 못하고 식탁 예절이 없는 것은 다 유치원을 다니지 못한 탓이라고 믿는다.

내가 본격적으로 유치원 졸업생에 대한 열등감을 갖게 된 때는 초등학교 2학년 여름방학을 앞둔 시점이었다. 점심시간마다 맛있는 우유를 마신다고 자랑하는 '유딩' 동생의 방학책을 봤을 때였다. 동생이 총천연색의 매끈한 종이 위에 펼쳐진 사람의 소화기관을 탐색하고 거기에 둥근 스티커를 붙이는 장면을 보면서 나는 깜짝 놀랐다. 입으로 들어간 음식이 목구멍과 밥통 그리고 창자를 구불구불하게 지나다가 그냥 항문으로 나오는 것이었다.

아뿔싸! 맙소사! 어처구니가 없었다. 나는 그때까지도 내가 먹은 음식은 발바닥부터 차곡차곡 쌓이며, 식탐 끝에 토하는 것은 음식이 발바닥에서 목까지 가득 찼기 때문이라고 생각했던 것이다. 그때서야 항문이 발바닥이 아니라 엉덩이에 붙어 있는 이유를 알게 되었다. (그 후에도 도대체 다리 안에는 뭐가 들어 있을지 한참 동안이나 궁금했지만, '유딩' 동생에 대한 열등감으로 차마 물어보지 못했다.)

사람에게 아니 모든 동물들에게 먹고 싸는 것만큼 절실한 것은 없다. 그런데 우리 주변에 소화기관을 다룬 교양서는 없다. 내 생각이 아니라 『꿀꺽, 한 입의 과학』(최가영 옮김, 을유문화사 펴냄)의 저자 메리 로치의 이야기다. 이 이야기를 읽고 서가를 쭉 살펴봤다. 몸의 각종 장기를 다룬 책은 있지만 소화기관만 따로 다룬 책은 정말 없었다. 뇌, 심장, 눈, 생식기, 심지어 털만을 따로 다룬 책들은 있다고 하는데도 말이다.

왜 그럴까? 『워싱턴 포스트』가 "미국에서 가장 유쾌한 과학저술가"라고 평한 메리 로치는 "문명화된 우리 인간들이 본능적으로 가지고 있는 '동물적 욕구'에 대한 금기 때문"이라고 말한다. '인간이 비록 다른 동물들과 달리 섹스는 남들이 보지 않는 곳에서 하기는 하지만 먹는 것을 몰래 하지는 않는데 무슨 금기 때문이야'라고 생각할 수도 있을 것이다. 그런데 먹는 것은 싸는 것과 일맥상통한다. 우리는 문 걸어놓고 마치 섹스하듯이 배설하지 않는가!

메리 로치는 '유쾌한 과학저술가'답게 흥미로운 질문들로 독자들을 유인한다. 이 부분이 조금 헷갈리는데 메리 로치가 유쾌한 사람인지, 한국어판 번역자와 편집자가 유쾌한 사람인지는 확인해봐야겠다. 원제는 '*Gulp: Adventures on the Alimentary Canal*'. '꿀꺽: 소화기관 탐험'쯤 된다. 이걸 '달콤 살벌한 소화기관 모험기'라는 부제에 담고, 띠지에는 "적나라해서 더 매혹적인 '침, 균, 똥'의 숨겨진 과학"이라고 적었다. 재레드 다이아몬드의 『총, 균, 쇠』를 차용한 작명이다. 이런 작명의 의도는 과학을 단순히 흥미로울 뿐만 아니라 깊이 있게 풀어냈다는 것을 강조하려는 것일 터이다. 보통 작명에 지나치게 신경 쓴 책은 실상 내용은 그렇지 못한 경우가 많다. 하지만 『꿀꺽, 한 입의 과학』은 그렇지 않다. 충실하다.

"지구상에 아베날 주립 교도소의 밀수꾼들보다 직장의 생물학적 용도를 알차게 활용하는 사람은 없을 것 같다. 본디 조물주가 직장을 만든 뜻은 보관하라는 것이었다. 위와 소장을 지나오면서 영양소가 다 빠져나간 음식물 찌꺼기를 기다란 위장관의 끄트머리에서 잠시 보관하면서 아직 남아 있는 쓸만한 물질을 최대한 쥐어짜 내라고 말이다. 정상적으로는 이런 기나긴 여정을 거쳐 수분이 체내로 충분히 흡수되고 덩어리가 적당히 단단해졌을 때 체외로 배출된다. 브리스톨 대변 척도로 따지면 2와 5 사이가 가장 적당하다. 2는 소시지 모양이지만 울퉁불퉁한 상태를 의미하고, 5는 흐물흐물한 덩어리가 똑똑 떨어지는 상태를 의미한다. 참고로 가장 이상적인 배변 빈도는 하루에 한두 번이라고 한다." (201쪽)

9·11 테러 사건이 일어난 후 독일 출장을 가는데 옆자리에 독일인이 앉았다. 이 사람은 기내식을 한 번도 먹지 않았다. (내가 대신 먹었다. 음식은 남기면 안 되니까….) 변비가 심해서 못 먹겠다는 거였다. 이 말만 듣지 않았어도 나는 불안하지 않았을 것이다. 변비가 심하다는 사람이 물이나 맥주도 마시지 않았다. 9·11과 관련한 온갖 뉴스를 접한 나는 그의 소화관 속에 감춰져 있을지도 모를 폭탄에 대한 걱정이 잠에서 깰 때마다, 식사가 끝

브리스톨 대변 분류표Bristol Stool Chart

유형 1		변이 견과류처럼 단단하게 뭉친 덩어리 여러 개로 구성됨(배설하기 어려움)
유형 2		소시지 모양이고 한 덩어리로 뭉쳐짐
유형 3		소시지 모양이고 표면 여기저기에 금이 가 있음
유형 4		소시지 혹은 뱀 모양이고 말랑말랑함
유형 5		작고 무른 덩어리 여러 개로 뚝뚝 끊어지고 경계선이 분명함(배설하기 쉬움)
유형 6		경계선이 모호하고 조직이 성기며 질척함
유형 7		물처럼 흐르고 고형 덩어리가 없음

날 때마다 들었다. 메리 로치의 설명을 읽어보니 당시 내 걱정이 틀리지 않았다.

소화관은 범죄 증거를 숨기기에 안성맞춤이다. 물건이 클수록 배변 욕구가 빨리 온다. 입으로 넣으면 신호가 오는 시간이 충분히 길어진다. 이동 시간이 긴 비행기를 탄 밀수꾼들은 입에 물건을 넣고 아무것도 먹지 않는다. 다행히 그날 비행기는 폭파되지 않았다. 그가 한국에서 어떤 물건을 밀수해 갔는지는 내가 알 바 아니다.

위에 인용한 글에 이어서 메리 로치는 배변 과정을 '자세히' 살펴본다. 이것 참 궁금하다. 거의 금기에 해당하는 것이라 어디서 들어본 일도 거의 없다. 궁금하신 독자는 201쪽 이하를 직접 보셔야 한다.

나는 평생, 적어도 내가 기억하는 한, 변비를 경험해 본 적이 없다. 320쪽에 실린 '브리스톨 대변 분류표'에 따르면 변비를 경험하는 사람은 대개 유형 1의 변을 보시는가 보다. 저자는 유형 2와 5 사이가 가장 적당하고 하루에 한두 번 배변하는 게 이상적이라고 했지만, 나는 대학 입학 후 줄곧 유형 6과 7의 변을 하루에 4~5번 정도 본다. 행복하다. 변비만 아니면 됐지 이상적인 '똥'이라는 게 어디에 있겠는가?

그렇다. 변비가 문제다. 메리 로치는 '로큰롤의 황제' 엘비스 프레슬리가 변비로 죽었다고 주장한다. 우리 이모가 이 책을 읽었다면 쓰레기통에 처박았을지도 모른다. 엘비스 프레슬리의 열렬한 팬인 이모는 그가 심장마비로 죽었다고 믿는다. 아마 많은 사람들은 그가 예술가였으니 적어도 약물 과다복용 정도의 사인을 가져야 한다고 생각하는지도 모르겠다. (예술가는 평범하게 죽으면 안 된다고 믿는 분위기가 분명히 있다.) 하지만 메리 로치는 엘비스 프레슬리가 큰일을 보다가 힘이 들어 사망했다고 주장하면서 근거를 차근차근 댄다. 변비 정말 무섭다.

이번 서평에는 서평자의 취향에 따라 배변에 관한 것만 인용했지만 책은 입과 코에서 시작해서 항문에 이르기까지 우리 음식이 탐험을 하는 전체 소화관을 흥미롭게 다루고 있다. 그녀는 먹는 것과 싸는 것에 대한 주제가 금기가 된다는 것은 위선이라고 말한다. 나는 '금기', '위선' 같은 것을 별로 좋아하지 않는다는 핑계로 앞으로 자주 이야기해야겠다. 세상에 '똥'처럼 재미있는 이야기가 어디에 있겠는가!

왜 복잡하게
암컷과 수컷이 존재할까?

이나가키 히데히로, 『수컷들의 육아분투기』

2017년 3월 나는 꽤나 괴로운 일을 겪었다. 어쭙잖게 KBS의 인기 다큐멘터리 〈명견만리〉에 진행자로 나가게 되었기 때문이다. 텔레비전 프로그램에 나가게 된 것 때문에 곤혹스러웠던 게 아니다. 나는 텔레비전에 나가는 것을 좋아한다. 오죽하면 "텔레비전에 내가 나왔으면 정말 좋겠네, 정말 좋겠네."로 시작하는 노래가 있겠는가?

문제는 내가 생각했던 프로그램이 아니었다는 것. 처음 제안 받았을 때는 〈세계테마기행〉 같은 여행 프로그램인 줄 알았다. (내 이야기에 PD는 전혀 놀라지 않았다. 포유동물 개와 관련한 프로그램인 줄 알고 출연한 사람들도 많다고 한다.) 그런데 주제가 육아였다. 저출산에 이르게 된 현실을 진단하고 거기에 대한 처방으로 남성의 육아 참여를 독려하는 것이 이 프로그램의 목적이었다.

2019년 2월 통계청이 발표한 한국의 합계 출산율은 0.98명. 여성이 가임 기간 동안(15~49세)에 낳을 것으로 기대되는 평균 출생아 수가 한 명도 되지 않는다는 뜻이다. 내가 〈명견만리〉에 출연할 때만 해도 우리나라 합계 출산율은 1.17명이었다. 이런 추세라면 2016년 약 5,000만 명이었던 대한민국의 인구수는 약 120년 후에는 1,000만 명으로 급속히 줄어든다. 그리고 2300년이 되면 대한민국은 사실상 소멸단계에 들어가게 된다. 인구절벽에 매달려 인류 최초로 소멸 위기에 놓인 대한민국에는 그 탈출법이 간절히 필요한 상황이다. 〈명견만리〉에서는 스웨덴의 사례를 들면서 남성이 육아에 자유롭게 참여할 수 있는 제도를 만들어야 한다고 밝히면서 끝낸다. 궁금하다. 사람 역시 동물인데, 다른 동물에서는 없는 문제가 왜 생겼을까? 다른 동물들은 육아의 문제를 어떻게 푸는가?

이때 기가 막힌 책이 나왔다. 일본의 농학자 이나가키 히데히로가 쓴 『수컷들의 육아분투기』(김수정 옮김, 윌컴퍼니 펴냄)가 바로 그것. 책은 크게 두 부분으로 구성된다. 책의 4분의 1을 차지하는 제1부는 '생물에게 육아란 무엇인가?'를 다룬다. 진화사에서 유성생식이 왜 등장했고, 여기에서 육아가 어떤 역할을 했는지를 보여준다.

동물에게는 암컷과 수컷이 있고 사람에게는 여자와 남자가 있다. 수컷은 암컷과 짝짓기하기 위해 공작처럼 과도한 장식 날개를 가지고서 매일 목숨을 건 생활을 하거나 박치기라는 고통을 감내해야 한다. 다행히 우리 인간은 대부분 짝짓기에 성공하는 운을 갖고 태어났다. 하지만 짝짓기에 이르기까지 온갖 갈등과 번민의 나날을 보내는 것은 마찬가지다.

왜 복잡하게 암컷과 수컷이 존재하는 것일까? 저자는 암컷과 수컷이 같이 있으면 재밌기 때문이라고 말한다. 그렇다. 재미야말로 자연사에서 암컷과 수컷이 생겨난 이유다.

지구의 나이는 46억 살, 이 가운데 생명의 역사는 38억 년이다. 생명체는 등장한 이래로 오로지 모두 자기 복제만 했다. 후손이 어미와 똑같았다. 모든 생명체는 암컷이었던 셈이다. 암컷에서 수컷이 갈라선 때는 불과 10억 년 전이다. 이때부터 유성생식을 시작한다.

유성생식의 가장 큰 장점은 서로 다른 개체의 유전자가 섞인다는 것. 유전자가 교환되면서 생명이 다양해진다. 환경의 변화에 적응할 수 있는 개체가 남을 확률이 높아진다. 그러니까 암컷과 수컷, 남자와 여자가 존재하는 이유는 유전자를 섞기 위해서다. 유전자를 섞기 위해서 준비하는 과정과 섞는 과정이 재밌는 것이다.

유성생식이 등장한 후에도 여전히 처녀생식을 즐기는 생명들도 많다. 바퀴벌레도 그 가운데 하나다. 바퀴벌레는 수컷의 도움 없이도 알을 얼마든지 낳을 수 있다. 수컷과 만나는 귀찮고 복잡한 과정을 생략했으므로 번식의 효율이 더 높다. 하지만 후손의 유전자가 다양하지 못하다. 위기가 닥치면 몰살할 수 있다.

역시 유성생식이 좀 귀찮고 복잡하기는 해도 후손에게 좋다. 그런데 섞인 유전자를 잘 품었다가 세상에 내놓는 존재는 암컷이다. 이때 수컷이 하는 역할이라고는 유전자가 들어 있는 정자를 제공하는 것이 전부. 즉 수컷은 암컷이 유전자를 다양하게 변화시키는 데 필요한 도구일 뿐이라는 것이다. 아, 슬프다!

우리의 슬픔을 달래기 위해 저자는 제2부에서 육아를 하는 다양한 생물들을 소개한다. 수컷들의 육아는 자연에 흔한 현상이다. 육아가 언제 처음 등장했는지는 모호하다. 확실한 것은 적어도 공룡들은 알을 품고 육아를 했다는 것. 그들의 특성이 현재 살고 있는 1만 종의 공룡, 즉 새에게 그대로 남아 있다. 알은 비록 암컷이 낳지만 수컷도 육아에 자유롭게 참여할 수 있는 행운을 누리고 있다.

때로는 암컷의 역할을 빼앗은 수컷도 있다. 황제펭귄은 영하 60도의 혹한 속에서 4개월간 먹지도 않으면서 알을 품는다. 이것도 육아의 범주에 넣을 수 있을 것이다. 오스트레일리아에 서식하는 새인 에뮤는 수컷 혼자서 육아를 한다. 암컷은 알을 낳고는 사라진다. 수컷은 8주 동안 아무것도 먹지 않으면서 알을 품는다. 그리고 18개월 동안이나 계속되는 육아를 혼자 담당한다. 번식기에는 아무것도 먹지 못한 채 알을 품고, 알에서 병아리가 부화하면 새끼들을 데리고 방랑하는 나날들, 그것이 수컷 에뮤의 삶이다. 여자들의 독박육아와 비슷한 양상이다. 차이가 있다면 여자들의 독박육아는 자신의 선택이 아니라는 것.

육아는 강한 생명만 할 수 있다. 임신 중이나 출산 후에 포식자가 나타나더라도 그들에게 저항하거나 피신할 수 있을 정도로 강인해야 한다. 특히 포식자에게 늘 쫓기는 초식동물 수컷은 육아를 꿈도 꾸지 못한다. 다만 강한 육식 포유동물은 육아에 참여할 수 있다. 포유류 수컷이 육아에 참여한다는 것은 곧 강한 존재라는 뜻이다.

그렇다면 현재 생태계에서 최고 포식자의 지위를 누리고 있는 인간 수컷, 즉 남자들은 어떠한가? 거의 참여하지 못하고 있다. 2017년 3월 8일 세계 여성의 날에 배우 앤 해서웨이는 UN 연설회장에서 세계적인 배우인 자신마저도 다른 여성들과 마찬가지로 일과 가정이란 두 가지 갈림길에서 불안해하고 있다고 밝혔다. 가장 큰 문제는 육아! 현대사회에서의 육아는 '독박육아'라는 말이 회자될 만큼 여성에게만 지워진 부담이다. 독박육아는 저출산이라는 결과를 낳았다.

문제가 있으면 해결해야 한다. 답은 간단하다. 남자들은 강하다. 강한 아빠들이 육아에 적극적으로 참여해야 한다. 이때 개인의 희생과 결단 따위를 요구해서는 해결되지 않는다. 사회적인 제도와 배려가 필요하다. 제도는 거저 주어지지 않는다. 『수컷들의 육아분투기』를 읽었다면 두 손 높이 들고 외칠 수 있다. "강한 남자는 아이를 키우기 위해 존재한다."

과학은 몸으로 하는 것

필립 볼, 『실험에 미친 화학자들의 무한도전』

대학원 석사과정 시절에 우리 실험실에는 TV 방송팀이 자주 방문했다. 〈장학퀴즈〉나 뉴스 프로그램의 배경화면을 찍기 위해서였다. 방송팀의 협조요청 전화를 받으면 우리는 부산스럽게 청소를 하고 평소에는 거의 입지 않던 흰 가운을 빨아 다려 입고서 대기했다. 물론 자신이 TV에 나올 것을 기대했기 때문이다.

우리는 실험기기에 연결된 모니터에서 뿌려지는 초록색 숫자들을 심각한 표정으로 바라보고 있는 멋진 모습이 화면에 담겨지기 원했지만, 촬영감독은 어처구니없게도 (증류수도 아닌) 수돗물을 담은 삼각 플라스크나 흔들고 있는 한심한 모습을 찍었다. 또 그들은 세포배양기나 방사능 측정기 같은 비싼 장비보다는 붉고 푸른 액체가 담긴 둥근 플라스크가 빙빙 돌아가는 진공증류기를 그렇게 좋아했다. 또 굳이 초자 제작실에 내려가 유리 조각으로 (도대체 용도를 알 수 없는) 희한한 모양의 유리 용기를 만드는 모습을 찍어갔다. 허탈해진 우리는 맥줏집에서 뒷담화를 했다. "이런 무식한 것 같으니라고! 도대체 과학을 몰라!"

지금 생각하면 정작 무식한 것은 우리였다. 그들은 감각이 있었다. 뭐가 아름다운지 알았다. 우리에게는 숫자가 아름다웠지만 그들에게는 색깔과 모양 그리고 노동이 아름다웠던 것이다. 내가 아는 가장 인간적인 화학자 프리모 레비에게도 유리 공작은 예술적 영역이었으며 증류 실험은 연금술에서 비롯된, 화학자에게는 빼놓을 수 없는 유서 깊은 의식이었다. 그는 이렇게 말한다.

> "증류 실험은 아름답기 그지없다. 무엇보다 천천히 또 침묵 속에서 진행되므로 철학적으로 사유할 여건이 마련된다. 그러니까 바삐 열중하는 와중에도 생각할 시간이 난다는 이야기이다. 자전거를 타고 달리면서 이것저것 생각하는 것처럼 말이다. 증류 실험에서는 액체가 기체로 변형되고, 기체가 다시 액체로 돌아온다. 위로 갔다가 아래로 내려오는 왕복여행을 다녀온 것이다. 그 사이에 깨끗해지며, 아직 정체를 모르기 때문에 더욱 매혹적인 상태가 된다. 여기서부터 화학이 시작되며 아주 멀리까지 진행되는 것이다. 증류 실험 장치를 조립하고 실시하는 순간, 실험자는 수 세기에 걸쳐 봉헌된 의식을 직접 거행하는 고양된 의식을 획득하는 것이다."

'에이! 프리모 레비야 화학자보다는 휴머니스트로 더 알려진 사람 아냐? 그가 이렇게 말하는 건 근사하기는 하지만, 연금술 시대도 아니고 이런 말이 뭔 의미가 있겠어?'라고 생각한다면 퀴리 부부의 이야기를 들어봐야 한다.

마리 퀴리와 피에르 퀴리 부부는 역청우라늄광에 숨은 어떤 원소를 분리하기 위해 용액에서 생성된 물질을 결정화하고 이를 세척한 다음 다시 용해시키고 결정화하는 과정을 반복했다. 그들은 우라늄 광산에서 버려진 광물 찌꺼기를 10톤이나 실어왔다. 여기에는 온갖 쓰레기와 나뭇가지도 함께 들어 있었다. 퀴리 부부는 창고를 실험실 삼고 그 어떤 원소를 분리하는 무지막지한 중노동을 시작했다. 류머티즘을 앓고 있던 피에르 대신 마리는 하루 종일 자신의 몸만 한 쇠젓가락으로 펄펄 끓는 용액을 휘저었으며, 엄청난 침전물과 용액과 부산물을 폐기해야 했다. 하지만 결국에 퀴리 부부는 자신들이 과학사를 통틀어 가장 황홀한 실험을 한 것을 깨달았다.

> "밤중에 작업실에 나가보는 것이 우리에게는 커다란 기쁨이었습니다. 우리의 결실이 담긴 캡슐과 병이 희미한 발광체가 되어 그 실루엣을 고스란히 드러내고 있었습니다. 그처럼 아름다운 광경이 없었습니다. 늘 새롭고 신기했습니다. 실험실 사방이 빛으로 가득했습니다. 빛으로 반짝거리는 유리관은 동화 속 요정의 빛나는 날개 같았습니다. 어둠 가운데 걸려 있는 그 빛을 볼 때마다 우리의 가슴은 쿵쾅거렸습니다. 우리는 홀린 것처럼 넋을 잃곤 했습니다."

퀴리 부부가 4년 동안 10톤의 광물과 사투한 끝에 얻은 것은 0.1그램의 라듐 화합물. 부부는 마침내 라듐이 진실로 새로운 원소임을 입증하는 증거를 만들었다. 여기에서 순수한 금속 원소를 얻기까지는 다시 9년이 걸렸다.

화학은 아름답다. 화학이 아름다운 까닭은 실험을 통해 자연을 명확한 숫자와 구조로 보여주기 때문이다. 『실험에 미친 화학자들의 무한도전』(필립 볼 지음, 정옥희 옮김, 살림 펴냄)은 열 가지 미친 실험들을 보여준다. ① 판 헬몬트의 버드나무 실험 ② 캐번디시의 물 구성성분 실험 ③ 퀴리 부부의 라듐 발견 실험 ④ 러더퍼드의 알파입자 실험 ⑤ 시보그의 인공원소 합성 실험 ⑥ 파스퇴르의 타르타르산 거울상분자 분리 실험 ⑦ 유리와 밀러의 생명의 기원 실험 ⑧ 바틀릿의 제논 화합물 합성 실험 ⑨ 우드워드의 비타민 B12 합성 실험 ⑩ 파케트의 도데카헤드레인 합성 실험이 그것이다.

"오븐에서 말린 200파운드의 흙을 화분에 담아 비에 적신 다음, 무게 5파운드짜리 버드나무 묘목을 심었다." 1620년 네덜란드의 의사 얀 밥티스타 판 헬몬트의 실험은 이렇게 단순하게 시작되었다. 판 헬몬트는 최후의 연금술사이자 최초의 화학자다. 모든 물질이 물, 불, 공기, 흙이라는 네 가지 원소로 구성되어 있다고 말한 아리스토텔레스와 달리, 판 헬몬트는 모든 물질이 단 두 가지 원소, 즉 공기와 물로 구성되어 있다고 믿었다.

버드나무를 심고 5년이 지난 후, 그는 흙에서 나무를 뽑아 흙과 나무의 무게를 쟀다. 그 사이에 흙은 불과 2온스(약 56그램) 줄어들었지만 나무는 원래 무게의 30배로 자라 자그마치 169파운드에 이르렀다. 판 헬몬트는 (당시로서는) 합리적인 결론을 내렸다. "164파운드에 이르는 늘어난 나무의 무게는 오로지 물에서 온 것이다."

물론 이 결과가 그다지 놀라운 것은 아니었다. 그 이전에 이미 많은 학자들이 사고실험을 통해 똑같은 결과를 얻었기 때문이다. 하지만 판 헬몬트는 흙과 나무 그리고 저울을 이용하여 실제로 실험을 하였고, 그리하여 지식 획득의 도구로서 과학 실험을 개척한 최초의 화학자가 된 것이다.

에피소드와 함께 그 의미를 알려주는 화학책은 꽤 있다. 『실험에 미친 화학자들의 무한도전』의 미덕은 우리가 (아니, 아는 사람은) 알고 있던 개별적인 사건의 구슬을 하나의 줄에 꿰어 사슬을 만들어준다는 데 있다.

① 판 헬몬트의 실험이 4원소 가운데 '물'에 관심을 두고 '수량화'라는 아름다움을 기초로 화학의 시대를 열었다면, 이어지는 ② 헨리 캐번디시의 실험은 물의 구성성분을 밝히면서 실험에 '섬세함'이라는 아름다움을 더하였다. 이제 4원소가 아닌 우리가 아는 원소들이 밝혀지는 것이다. 이어지는 ③ 퀴리 부부의 실험은 전혀 경험하지 못했던 새로운 원소를 찾아주었는데 '인내'라는 아름다움이 화학에 더해졌기 때문이다. 그리고 ④ 어니스트 러더퍼드는 (물리학자들은 그가 왜 화학자냐고 따지고 싶겠지만 그는 노벨 화학상을 받았다) 원자의 중심에 핵이 있다는 것을 밝히는 과정에서 '우아함'이라는 아름다움을 추가했다. 이런 식으로 열 개의 실험이 아름다움을 하나씩 추가하면서 하나의 사슬에 꿰어진다. 열 개의 아름다움이 모이니 하나의 아름다움이 되었다. 그것은 바로 '단순함'이다. 단순한 것이 아름답다.

『네이처』의 물리화학 분야 편집위원으로 10년간 활동한 후 현재 같은 잡지의 편집고문인 저자 필립 볼은 화학의 역사를 한 줄에 꿰기 위해 사건을 단순화하지 않는다. 그는 동시대에 일어난 중요한 사건을 빼놓지 않고 친절하게 거론한다. 이 책이 2005년에 리처드 도킨스 등의 쟁쟁한 경쟁자를 제치고 대중과 사회에 공헌한 과학기술 관련 서적에 수여하는 '아벤티스 과학도서상'을 수상한 이유가 분명하다.

나는 『사라진 스푼: 주기율표에 얽힌 광기와 사랑, 그리고 세계사』(샘 킨 지음)의 서평을 쓰면서 원소에 관한 중요한 책으로 『원소의 왕국』(피터 앳킨스 지음) 『주기율표』(프리모 레비 지음) 『세상을 바꾼 독약 한 방울』(존 엠슬리 지음)를 언급한 바 있다. 필립 볼의 새 책을 읽으면서 당시 내가 큰 실수를 했다는 사실을 깨달았다. 『엉클 텅스텐: 꼬마 올리버의 과학 성장기』(올리버 색스 지음)를 빠트린 것이다. 올리버 색스에게 심심한 사과를 올리면서 동시에 이 사실을 일깨운 필립 볼에게 감사한다.

필립 볼의 『실험에 미친 화학자들의 무한도전』은 사실 만만한 책이 아니다. 최소한 고등학교 때 화학 수업은 들어봤어야 알 수 있는 내용이 절반은 된다. 하지만 화학적인 내용은 이해하지 못하더라도 과학하는(?) 아름다움이 무엇인지는 느낄 수 있을 것이다. 요즘 올림픽을 보면서 "운동은 머리가 아니라 몸으로 하는 것이다. 그래서 아름답다."고 느끼게 되는데, 과학도 그렇다. 과학, 특히 화학은 몸으로 하는 학문이다. 그래서 단순하고, 그래서 더욱 아름답다.

“내 생애 가장 큰 업적은 살아 있는 것입니다.”

『스티븐 호킹의 블랙홀』

1988년 어느 날 KBS 저녁뉴스를 시청하던 중 나는 놀라운 경험을 했다. 당시의 첫 번째 소식은 무조건 대통령 소식이었다. 9시 시보를 알리는 땡 소리 직후에 “전두환 대통령은…”으로 시작하는 첫 번째 뉴스를 전하는 소위 ‘땡전’ 뉴스 정도는 아니었지만 그래도 노태우 대통령 동정이 주요 뉴스로 다뤄지던 시대였다. 그런데 놀랍게도 뉴스 초반에 과학책 발간 소식이 전해졌다. 『시간의 역사』가 바로 그것. (요즘은 『그림으로 보는 시간의 역사』라는 이름으로 나온다.)

‘시간의 역사’라니…. 아니, 시간에 역사가 있다고? 그렇다면 시간에도 시작하는 점이 있다는 말인가? 책 제목만 듣고도 의문이 쏟아졌다. 뉴스는 화려했다. 아마도 출판사 쪽에서 제공했을 그래픽을 배경으로 시간의 시작에 대한 이야기를 했다. 그날 나는 ‘빅뱅’과 ‘블랙홀’이라는 말을 처음 들었다. 지금이야 초등학생들도 아는 단어고 심지어 유명 아이돌 그룹의 이름으로 사용할 정도로 평범한 말이 되었지만 말이다.

이날 처음 들은 단어가 또 있다. 석좌교수가 바로 그것. 『시간의 역사』

의 작가가 케임브리지 대학교의 루커스 석좌교수라는 것이다. 루커스 석좌교수는 케임브리지 대학교의 수학 관련 교수직 가운데 하나로 1663년에 만들어졌다. 만유인력을 발견한 아이작 뉴턴(1669~1701), 현대 컴퓨터의 개념을 창시한 찰스 배비지(1828~1838), 양자역학을 탄생시킨 폴 디랙(1932~1968) 등이 이 자리를 차지했었다. 2395년을 배경으로 하는 SF영화 〈스타트렉〉에서도 인조인간 '데이터'가 루커스 석좌교수라는 것을 생각하면 루커스 석좌교수가 갖는 권위를 짐작할 수 있다. 그런데 『시간의 역사』의 저자는 그 당시 이미 10년 전인 1979년부터 이 자리를 지키고 있다는 것이다.

KBS 뉴스는 빅뱅과 블랙홀만큼이나 저자인 영국의 물리학자 스티븐 호킹을 중요하게 다루었다. 그럴 만한 이유가 있었다. 그는 루게릭 병을 앓고 있었다. 루게릭이란 병명 역시 이날 처음 들었다. 루게릭 병은 우리의 의지로 움직이는 근육인 수의근(맘대로근)을 제어하는 신경세포가 점차 사라지는 병이다. 근육이 딱딱해지고 약해지면서 크기가 작아진다. 당연히 말하기도 힘들어지고 음식물을 삼키기도 어렵다. 화면에 나온 스티븐 호킹은 휠체어에 앉아 있었고 전신이 마비된 것처럼 보였다. 저런 사람이 빅뱅과 블랙홀에 관한 어마어마한 책을 썼다고? 믿을 수 없었다.

충격의 연속이었다. 나는 아직 거대한 크기의 8088 XT 데스크탑 컴퓨터를 쓰고 있는데, 스티븐 호킹의 휠체어에는 작은 컴퓨터가 설치되어 있던 것이다. 그는 겨우 움직일 수 있는 두 손가락만으로 휠체어에 부착된 음성합성기로 대화를 나누고 강연을 했다. (말년에는 두 손가락도 움직일 수 없어서 뺨 근육의 움직임만으로 컴퓨터를 작동하여 연구를 계속했다.) 뛰어난 학자를 위한 기술 지원 시스템에 놀랐다.

그런데 딱 여기까지였다. 정작 『시간의 역사』는 너무 어려웠다. 내가 비록 천체우주물리학에는 문외한일지언정 그래도 과학자임에도 불구하고 도통 이해할 수 없었다. 내가 이럴진대 일반 독자들은 어떨지 충분히 짐작이 간다. 구입은 했지만 몇 페이지 읽지는 못했을 것이다. 오죽하면 호킹 지수라는 게 등장했겠는가. (스티븐 호킹의 『시간의 역사』는 호킹 지수가 6이다. 구매자 가운데 6퍼센트만 끝까지 읽는다는 뜻이다.)

며칠 전 넷플릭스 시리즈물 〈로스트 인 스페이스〉에서 본 한 장면이다. 우주 미아가 된 가족의 엄마가 기구를 타고 상공에 올라가 태양을 관찰할 때 모니터에 '호킹 복사 발견'이라는 경고가 뜨자 엄마는 "제기랄!"이라고 말한다. 나는 순간적으로 '아, 주변에 블랙홀이 있구나'라고 생각했다. 엄청난 발전이다. 이걸 가능하게 해준 책이 있다. 『스티븐 호킹의 블랙홀: BBC가 방송하고 이종필이 해설하다』(동아시아 펴냄)가 바로 그것. 2016년 초 스티븐 호킹은 BBC를 통해 15분짜리 강연을 두 번 했다. 그의 몸으로는 길게 설명할 수 없다. 호킹이 한 단락 설명할 때마다 과학편집자 데이비드 슈크먼이 보충 설명을 달았다. 이렇게 친절한 책이라니…. 그래도 어렵다. 이 책의 번역자 이종필 박사는 원문보다 더 긴 해설을 추가했다. 비로소 나는 호킹 복사를 어렴풋이나마 이해하게 되었다. 스티븐 호킹을 알게 된 지 딱 30년 만의 일이다.

이 책을 반드시 읽어야 할 이유가 하나 더 있다. 상대성이론과 양자역학은 현대 물리학을 떠받치는 두 기둥이다. 그 두 기둥이 블랙홀에서 만나 근본적인 모순을 일으킨다는 것이 호킹의 주장이다. 이것을 정보모순이라고 하는데 아직 해결되지 않았다. 앞으로 누군가 정보모순을 해결했다고 나설 텐데, 정보모순이 뭔지 알아야 감탄이라도 할 것이 아닌가.

호킹은 자신의 연구 목표에 대해 자주 이야기했다. "내 목표는 단순하다. 우주를 완전히 이해하는 것이다. 왜 현재와 같은 모습을 띠고 있는지, 애당초 왜 존재하는지를 말이다." 하지만 스티븐 호킹의 가장 큰 업적은 따로 있었다. "내 생애 가장 큰 업적은 살아 있는 것입니다." 그가 대중 강연에서 자주 했던 말이다.

3월 14일은 일반인들에게는 화이트데이, 공산주의자들에게는 카를 마르크스의 기일, 수학 선생님에게는 파이(π)데이, 물리학자들에게는 알베르트 아인슈타인의 생일로 기억되는 날이다. 2018년 3월 14일 스티븐 호킹은 어느 블랙홀로 빨려 들어갔다. 혹시 아인슈타인의 생일 파티에 초대받았을지도 모르겠다. 슬픈 일이지만 아픈 몸에 오랫동안 갇혀 있던 그는 이제 자유다.

스티븐 호킹은 세상을 떠나기 2주 전 '영구적 팽창으로부터의 부드러운 탈출'이라는 마지막 논문을 제출했다. 우주 태초의 시간으로부터 남아 있는 자연 방사선을 측정하면 다중우주의 존재를 파악할 수 있다는 내용이다. 이론의 영역으로 머물던 다중우주론을 측정의 영역으로 옮기려는 시도다.

우리는 스티븐 호킹이란 인물을 잘 안다. 그를 통해서 빅뱅, 특이점, 블랙홀이라는 말도 익숙하게 되었다. 이제 단순히 단어에 그치는 게 아니라 그 내용을 알아보는 것은 어떨까? 『스티븐 호킹의 블랙홀』로 말이다.

인류와 네안데르탈인이
키스를 했냐고?

우은진 외, 『우리는 모두 2% 네안데르탈인이다』

'우리는 어디서 왔는가, 우리는 누구인가, 우리는 어디로 가는가'라는 거창한 질문을 대하면 사람마다 시작점이 다 다르다. 엄마의 자궁을 떠올리는 사람이 있는가 하면 빅뱅의 순간을 떠올리는 사람도 있다. 대부분의 사람들은 그 중간의 어느 지점, 특히 호모 사피엔스가 등장한 어떤 순간을 생각한다. 그래서인지 인류학은 제법 인기 있는 분야다. 하지만 인류의 진화를 제대로 아는 사람은 사실 거의 없다.

문제는 교과서다. 원숭이 → 침팬지 → 오스트랄로피테쿠스 → 호모 에렉투스 → 네안데르탈인 → 호모 사피엔스로 이어지는 서술과 그림이 모든 것을 망쳐 놨다. 원숭이가 침팬지가 되고 침팬지가 오스트랄로피테쿠스가 되더니 마침내 네안데르탈인이 현대인인 호모 사피엔스가 되었다는 직선적인 진화도가 그려져 있는 것이다. 이러니 "아니, 그런데 동물원의 원숭이와 침팬지는 아직도 진화하지 않고 있는 이유가 뭐야?"라고 따지는 창조과학의 아류들이 많은 거다. 진화는 직선으로 일어나지 않는다. 그물처럼 일어난다.

궁금하지 않은가? 그동안 인류의 진화에 관한 무수히 많은 책이 나왔는데도 한국 독자의 머릿속에는 왜 잘못된 그림이 오랫동안 그대로 남아 있는지 말이다. 우리가 쓴 책이 없었기 때문이다. 외국 책만 있었기 때문이다. 한국의 현실을 경험하지 못한 저자들은 한국 독자들과 같은 경험을 아예 해보지 못했다.

그런데 우리나라에도 전문가들이 슬금슬금 등장했다. 불과 몇 년 전의 일이다. 2015년 가을 『인류의 기원』(이상희 · 윤신영 지음, 사이언스북스 펴냄)과 『뼈가 들려준 이야기』(진주현 지음, 푸른숲 펴냄)가 나왔다. (두 책의 훌륭함은 따로 다뤄야 할 내용이다.) 미국에서 영어로 활동하는 학자들이 고맙게도 한국어로 책을 썼다. (그 후 전 세계로 번역되고 있다.) 한국말로 한국 사람의 머릿속을 들여다보고 책을 쓰니 의문이 하나씩 풀려나간다. 역시 모국어의 힘은 위대하다.

2018년 3월 22일 『네이처』에 흥미로운 논문이 실렸다. 4~5만 년 전 유럽에 살았던 네안데르탈인 유골의 유전자를 분석했더니 한 집단 또는 여러 집단의 네안데르탈인으로부터 대량의 유전자가 인류의 조상에게 흘러들어간 것으로 나타났다는 것. 사실 이것은 이미 널리 알려진 이야기다. 그런데 흥미롭게도 네안데르탈인에서는 호모 사피엔스의 유전자가 발견되지 않았다. 연구진은 "네안데르탈인 표본의 수가 적어서 단언할 수는 없지만 유전자의 흐름이 네안데르탈인에서 현생 인류로 향하는 단방향으로만 일어났을 수 있다"고 추정했다. 현생 인류는 아프리카인을 제외하고 유전자의 1~4% 정도를 네안데르탈인으로부터 물려받았다는 게 논문의 결론이다.

『네이처』는 2017년 7월에도 네안데르탈인과 인류의 조상이 입맞춤을 했거나 음식을 같이 먹었을 것이라는 논문을 실었다. 이렇게 추정하는 까닭은 현생 인류의 입 안에서 확인되는 미생물이 네안데르탈인의 치아 유골에서도 확인되었기 때문이다. 인류학자들은 "인류 조상과 네안데르탈인은 키스를 했거나, 적어도 음식을 같이 먹었을 것이며, 이들은 우리가 상상하는 것보다 더 친밀한 관계였을 수 있다"고 설명한다. (풉! 유전자도 있는데 키스만 했겠는가!)

이제야 신문에 실리는 이야기들을 이미 이야기한 책이 있다. 『우리는 모두 2% 네안데르탈인이다』(우은진·정충원·조혜란 지음, 뿌리와이파리 펴냄)가 바로 그것. 뼈의 생김새와 뼈에 남은 질병의 흔적을 연구하는 우은진, 집단의 유전자 염기서열 자료로 과거의 역사를 복원하는 정충원, 뼈 조직의 양상으로 사람의 특성을 연구하는 조혜란, 이 세 명의 인류학자가 수백만 년 전으로 우리를 안내한다. 한때 우리의 이웃이었으며, 어쩌면 오늘날까지 우리와 싸우고 사랑하기를 반복하며 함께 살았던 네안데르탈인에 대해서 이야기했다.

세 사람이 유독 네안데르탈인의 이야기에 집중한 이유가 있다. 우리와 가장 비슷한 존재임에도 불구하고 100년이 훨씬 넘는 시간 동안 숱하게 왜곡되고 제대로 알려지지 못했기 때문이다. 네안데르탈인은 500명 이상의 개체가 화석으로 남았다. 뼈만 가지고 이해할 수 있는 게 많다.

> "네안데르탈인의 골격 형태가 언어 능력에 대해 알려주는 바가 있을까? 목젖 바로 위에 있는 U자 모양의 목뿔뼈는 성대의 움직임과 밀접한 연관이 있

기 때문에 언어 능력이 있었는지 알려줄 가능성이 있다. 이스라엘의 케바라 동굴에서 6만 년 전에 살았던 네안데르탈인은 현대인과 매우 비슷하게 생긴 목뿔뼈를 갖고 있었는데, 다른 영장류의 목뿔뼈와는 형태가 전혀 다르다. 이는 네안데르탈인의 성대 구조가 언어에 필요한 여러 소리를 낼 수 있었음을 암시한다." (152~153쪽)

다행히 1997년 네안데르탈인의 유전자 분석 결과가 최초로 발표된 이후 네안데르탈인에 대해 다시 평가하고 있다. 유전체학의 혁명은 우리와 함께 공존의 역사를 쌓았던 네안데르탈인의 흔적이 우리 몸속의 유전자로 남아 있다는 사실까지 알려주었다. 『우리는 모두 2% 네안데르탈인이다』는 여기에서 시작한다. 네안데르탈인은 모양만 있는 뼈(화석)만을 남긴 게 아니다. 그들의 화석에는 아직 DNA가 남아 있다. 인류학과 현대 유전학이 손잡게 된 것이다. 새로운 무기는 새로운 지식을 만들고 새로운 지식은 새로운 질문을 이끌어낸다.

"현대인이 물려받은 네안데르탈인 혈통에서 재미있는 점 하나는 동아시아인과 유럽인 모두 2퍼센트 내외의 네안데르탈인 유전자를 갖고 있다는 점이다. 동아시아인과 유럽인이라고? 더군다나 사실 최근 여러 연구들은 유럽인에 비해 동아시아인이 네안데르탈인 유전자를 약 20퍼센트 정도 더 많이 가지고 있다고 보고하고 있다. 네안데르탈인의 흔적이 대부분 유럽에서 발견된다는 점을 생각해보면, 이상한 일이 아닐 수 없다. 네안데르탈인은 동아시아에 단 한 번도 나타난 적이 없다. 그렇다면 동아시아의 현대인은 어떻

게 유럽인보다도 더 많이 네안데르탈인 유전자를 갖고 있을 수 있는 걸까?" (185쪽)

『우리는 모두 2% 네안데르탈인이다』는 먼저 인류학에 접근하기 위해 필요한 기본 지식과 관점을 친절하게 알려준 후, 지금까지의 오해의 근원을 밝히고 진실에 한 발자국 더 다가선 (이제야 신문에 실린 내용이 책에 이미 실려 있을 정도로) 최신의 연구 결과를 친절하고 흥미진진하게 펼쳐낸다. 이젠 교과서가 바뀌어야 한다.

새대가리 vs. 새의 천재성

나단 에머리, 『버드 브레인』
제니퍼 애커먼, 『새들의 천재성』

나는 과외를 여러 번 했는데 딱 한 번 해고된 적이 있다. 과외를 받는 여고생이 키우는 앵무새가 나를 싫어한다는 말도 안 되는 이유로 말이다. 주인에 따르면 그 앵무새는 말을 아주 잘한다고 했는데 내 앞에서는 단 한 마디도 하지 않았다. 당연히 나는 앵무새를 칭찬하지 않았다. 그게 섭섭했나보다. 내가 보기에도 그 앵무새가 언어 분야에 관심이 있기는 했던 것 같다. 수학 시간에는 꾸벅꾸벅 졸기만 하던 놈이 영어 수업을 할 때는 횃대에 앉아서 내려다보았던 것이다. 그렇다면 정말 앵무새는 말을 할 줄 아는 것일까?

새대가리?

앵무새는 특별한 대접을 받는 새다. 대부분의 새는 정반대의 취급을 받는다. 대표적인 표현이 '새대가리'(bird brain). 영어에서 비둘기 머리(pigeon head)나 칠면조(turkey) 또는 독일어의 달걀 대가리(Eierkopf)와 마찬가지로 멍청이라는 뜻이다. 사람들이 이렇게 생각하는 것은 어쩌면 당연하다. 새의 뇌가 정말 작기 때문이다.

메추라기의 뇌는 0.73그램. 1그램도 되지 않는다. 하지만 새에 따라서 뇌의 무게는 천지차이가 난다. 몸무게가 똑같이 320그램인 자고새와 미국까마귀를 보자. 자고새의 뇌는 1.7그램인 데 반해 미국까마귀의 뇌는 무려 7그램이나 된다. 미국까마귀의 몸무게가 65킬로그램이라고 한다면 뇌의 무게는 1.4킬로그램이나 되는 셈이다. 사람과 같다. 음, 적어도 모든 새의 뇌가 조그맣다고 이야기할 수는 없을 것 같다.

과학자들은 새의 지능을 1990년에 들어선 다음에야 연구하기 시작했다. 재밌는 점은 새의 지능을 연구하기 시작한 사람들은 대개 조류학자가 아니라 영장류 학자라는 사실이다. 영장류를 대상으로 지능을 연구하면서 얻은 실험 노하우를 갖고 있는 영장류 학자들이 그 실험을 새에게 적용한 것이다. (역시 과학에서 방법method과 기술technic은 이론보다 더 중요하다.)

실험에 성공하고 논문으로 평가받은 연구들이 재빨리 책으로 소개되고 있다. 『버드 브레인: 새대가리? 천만에! 조류의 지능에 대한 과학적 탐험』(나단 에머리 지음, 이충환 옮김, 동아엠엔비 펴냄)이 대표적이다. 부제에 '새대가리?'라는 표현이 들어 있어서 깜짝 놀랐다. 이런 표현을 표지에 써도 되는지 의아했다. 그런데 원제 자체가 '*Bird Brain*'이었다. 이 표현은 '새의 뇌'란 말이 아니다. 그냥 말 그대로 '새대가리'다.

이 책의 머리말을 『동물의 생각에 관한 생각』(이충호 옮김, 세종서적 펴냄) 『내 안의 유인원』(이충호 옮김, 김영사 펴냄) 『침팬지 폴리틱스』(장대익, 황상익 옮김, 바다출판사 펴냄)의 저자인 대표적인 영장류학자 프란스 드 발이 썼다는 것은 책에 소개된 실험에 대해 독자들이 안심하고 믿어도 된다는 것을 말한다. 책은 일곱 개 장으로 구성되어 있는데 그 가운데 다섯 개 장은 벌레 숨기기, 메시지 전달하기, 집단생활, 도구 사용, 자아의식에 관한 실험을 자세히 소개한다. 어떻게 보면 『동물의 생각에 관한 생각』의 조류 편이라고 할 수 있는데 훌륭한 컬러 도판으로 설명된 실험은 누구나 이해할 수 있다. 굳이 새에게는 관심이 없지만 뇌와 지능에 관심이 있는 독자라면 책장에 꽂아놔야만 하는 책이다.

새들의 천재성

『버드 브레인』은 좋은 책이지만 어렵다. 대중 교양서 저작이 없는 인지 생물학자가 쓴 책이라서 그렇다. 이충환의 번역이 아무리 훌륭해도 어려운 원문을 쉽게 바꿀 수는 없다. 이에 반해서 『새들의 천재성』(제니퍼 애커먼 지음, 김소정 옮김, 까치 펴냄)은 쉽고 재밌다. (그런데 두께는 두 배다.) 여덟 개의 장에서 소개하는 내용은 『버드 브레인』과 거의 같다. 똑같은 실험을 다루어도 표현하는 방법은 완전히 다르다. 『버드 브레인』이 실험과 방법에 집착하는 데 반해서 『새들의 천재성』은 결과와 사례를 더 많이 보여준다. 전문학자와 저널리스트의 차이를 확실히 보여주는 예다.

애커먼이 소개한 새 중에서 가장 똑똑한 새는 뉴칼레도니아까마귀와 흉내지빠귀다. 뉴칼레도니아까마귀가 도구 사용법에 있어서 새의 대표 선수라면 흉내지빠귀는 200종류 이상의 노래를 부르는 살아 있는 노래방이라고 할 수 있다. 애커먼은 새의 노래가 인간의 언어와 비슷하다고 말한다.

> "새의 노래는 '언어와 거의 유사하다'고 했던 다윈의 말은 옳았다. 새가 노래를 배우고 사람이 말을 배우는 행위는 학습 과정도 비슷할 뿐만 아니라 뇌가 쉽게 신경망을 형성하기 때문에 좀 더 수월하게 학습을 할 수 있는 '시기'가 있다는 점도 비슷하다. 새와 사람 모두 부모나 스승이 이끌어주면 훨씬 쉽게 배울 수 있다. 새는 사람처럼 복잡한 구문을 구사할 수는 없지만, 새의 노래를 이루는 요소에는 사람의 구문과 유사한 부분이 분명히 있다." (21쪽)

실제로 사람의 말을 인식하는 능력을 통제하는 베르니케 영역은 새가 노래를 인식하는 뇌 영역과 비슷하며, 말을 하는 기능을 제어하는 브로카 영역 역시 새가 노래를 만드는 뇌 영역과 비슷하다.

앵무새는 말을 할까?

1만 500종의 새 가운데 노래를 할 수 있는 새는 약 4,000종에 불과하다. 그 가운데 상당수는 수컷만 노래를 한다. 노래를 하는 것만도 훌륭한 일인데 우리는 일부 새가 말을 한다고 주장한다. 과학자들 역시 새가 노래를 배우는 과정과 사람이 언어를 배우는 과정은 흉내를 내고 실행하는 과정에서부터 두 과정에 관여하는 뇌 구조와 활성화되는 유전자에 이르기까지 상당히 비슷하다는 점에 주목한다. 특히 앵무새 알렉스의 사례는 유명하다. 그렇다면 앵무새는 정말 말을 하는 것일까? 과학자들은 아니라고 한다.

> "알렉스는 자기 발언을 이해하는 것처럼 보였다. (…) 하지만 그것은 인간의

> 언어였나? 물론 알렉스는 문구 라벨, 개념, 행동, 물체 사이의 관계를 만들어 내고 이해했으므로, 틀림없이 인간 언어의 핵심요소를 상징적으로 전했다고 할 수 있다. 그렇지만 언어는 단지 상징적 의사소통 이상이다. 어느 발언 뒤에 있는 뜻과 의도를 지원하는 문법과 구문론을 활용하기도 하기 때문이다." (『버드 브레인』, 87쪽)

새들은 우리 생각과 달리 똑똑하다. 하지만 앵무새 애호가들과 달리 과학자들은 앵무새가 실제로 말을 한다고 생각하지는 않는다. 나를 해고한 것도 옳지 않았다.

우주, 지구, 인체를 이해하는 또 하나의 방법

요시다 다카요시, 『주기율표로 세상을 읽다』

고백컨대 나는 굿즈를 좋아한다. 내가 최고로 여기는 굿즈는 반니 출판사의 맥주잔. 유럽 밀맥주를 따라 먹기에 안성맞춤인 모양의 맥주잔에 무려 찰스 다윈의 얼굴이 그려져 있다. 늙은 다윈을 바라보면서 마시는 맥주 한 잔이 하루의 피로를 녹여낸다. 아, 같은 출판사에서 나온 안경닦이 천도 좋아한다. 여기에 그려진 리처드 파인만이 내 눈을 깨끗하게 정화해주는 느낌이다. 최근 한 교육학자가 페이스북에 주기율표가 그려진 마우스패드를 자랑했다. 118번까지 새 이름을 갖고 있는 최신 주기율표다. 갖고 싶었다. 어떤 책에 끼어 있는 굿즈인지 알아봤다. 그 책은 꼭 사야 한다. 아뿔싸! 내가 이미 구입한 책이다. (내겐 왜 굿즈를 안 주었는가?)

책을 고른 이유는 하나다. 『주기율표로 세상을 읽다: 우주, 지구, 인체를 이해하는 또 하나의 방법』(요시다 다카요시 지음, 박현미 옮김, 해나무 펴냄)이라는 제목이 바로 그것. 원제도 이것과 비슷하지만 우리말 책 제목이 더 좋다. 주기율표를 한 문장으로 이보다 더 잘 설명할 수는 없다.

> "반가운 마음에 오랜만에 그 책을 펼쳐봤는데, 책 앞에 실린 주기율표가 눈에 들어왔습니다. 그 순간 잊고 있었던 고향 교토의 거리가 떠올랐습니다. 주기율표에 나타난 질서가 교토의 세계관과 절묘하게 닮았다는 느낌을 받았기 때문입니다." (7쪽)

나는 고등학교 2학년 때 화학을 배우면서 신의 존재에 대해 확신을 했다. 그 절묘함이라니, 규칙적인 대칭성이라니, 치열한 반응성의 근거를 단 하나의 표에 그려낼 수 있다니! 물론 내 느낌은 친구들 사이에서 긍정적인 반응을 얻지 못했다. 친구들은 졸업할 때까지 주기율표와 화학을 싫어했고, 나는 생화학자가 되었다. 그들과 나의 결정적인 차이는 주기율표를 즐겨서 외었는가, 아니면 정작 외어볼 생각도 하지 않으면서 귀찮아만 했는가이다.

어릴 때는 친구들이 한심했다. 시간이 흘러보니 한심한 것은 내 친구가 아니라 교과서와 교사였다. 교과서는 주기율표를 기계적으로 대했고 화학 선생님은 주기율표의 생생한 증언을 듣지 못했다. 듣지 못했으니 전하지 못한 것이다.

다행히 몇 권의 좋은 책이 있다. 그중 최고는 『원소의 왕국: 피터 앳킨스가 들려주는 화학 원소 이야기』(피터 앳킨스 지음, 김동광 옮김, 사이언스북스 펴냄)다. 미국에서 '*The Periodic Kingdom*'이라는 제목으로 처음 출간되었을 때가 1995년이니 20년이 넘은 고전이다. 피터 앳킨스에게 주기율표는 산맥과 들판과 강이 흐르는 원소의 입체 지도였다. 지도가 한두 장이 아니다. 원소의 크기, 전기음성도, 반응성 등 다양한 성질이 다양한 입체성으로 각각의 지도에 표현된다. 앳킨스는 평면적인 주기율표를 입체적으로 그렸다.

『주기율표로 세상을 읽다』는 『원소의 왕국』의 21세기 버전이다. 글쓴이는 NHK 아나운서 출신의 의사 요시다 다카요시. 이 책의 목적지는 수식을 사용하지 않고 양자화학의 세계관을 설명하는 것. 세상을 표현하는 가장 간단하고 아름다운 방식은 수학이다. 하지만 수학은 어렵다. 그냥 어려운 게 아니라 웬만한 천재가 아니면 이해가 안 된다. 아나운서로서 세상 사람과 소통하는 일을 했던 요시다 다카요시가 선택한 수단이 바로 주기율표다.

과학책을 내고 싶은 편집자가 가장 먼저 봐야 할 책은 고등학생이라면 누구나 배우게 되어 있는 『공통과학』 교과서다. 그런데 나는 이 교과서를 보기 전에 『주기율표로 세상을 읽다』를 먼저 읽기를 권한다. 책 구조를 보면 그 이유를 분명히 알 수 있다.

1장은 주기율표가 아름다운 교향곡 악보처럼 원소가 질서정연하게 나열되어 하모니를 이룬다는 사실을 보여준다. 2장에서는 원소의 탄생을 살펴본다. 원소는 빅뱅 때 태어나고, 전성기를 보내고 있는 별의 내부에서 탄생하며, 수명을 다한 별이 폭발하여 초신성이 될 때 생성된다. 2장은 빅히스토리에서 이야기하는 우주생물학의 상당 부분을 포괄한다. 3장과 4장은 우주에 있는 원소와 생명을 이루고 있는 원소의 공통점을 추적하고 신경과 근육에서 일어나는 생리적인 현상을 설명한다.

여기에서 멈췄으면 실망했을 것이다. 분명히 제목에서 주기율표로 세상을 읽는다고 했으니 말이다. 설마 그 세상이 그저 물리적인 우주를 말하는 것은 아닐 테니 말이다. 우리는 이미 『사라진 스푼: 주기율표에 얽힌 광기와 사랑, 그리고 세계사』(샘 킨 지음, 이충호 옮김, 해나무 펴냄)에서 세계사와 얽혀 있는 주기율표를 봤다. 내가 사용하는 핸드폰이 콩고의 식량 부족과 고릴라 멸종 그리고 인간에 대한 잔혹 행위까지 연결되어 있다. 저자는 샘 킨을 뛰어넘을 수 있는 이력의 소유자다. 5장은 희토류 경제학이자 희토류 정치학이다. 희토류가 어떻게 세계 경제를 쥐고 흔들게 되었는지를 보여준다.

'희유원소'를 다루는 6장은 오히려 평범하게 느껴진다. 마지막 7장의 주제는 독성을 지닌 원소들이다. 화학은 우리를 먹이고 고치고 입히는 고마운 존재지만 유감스럽게도 대부분의 사람들은 화학이라고 하면 일단 '독'을 생각한다. 독은 약의 이면이다. 하지만 흥미롭다. 우리 마음속에는 사악함이 있으니까. 7장은 『세상을 바꾼 독약 한 방울: 죽음을 부르는 독극물의 화학사』(전2권, 존 엠슬리 지음, 김명남 옮김, 사이언스북스 펴냄)의 축소판이다.

이 글을 쓰기 직전에 중간고사를 코앞에 둔 고등학교 1학년인 늦둥이 딸과 함께 『공통과학』 교과서를 읽었다. 재밌었다. 물리, 화학, 생물, 지구과학을 한 권으로 융합시켜서 스토리를 만든 훌륭한 책이다. 그런데 한편으로는 걱정이 되었다. 교사들은 과학을 통합적으로 배운 적이 없기 때문이다. 이 책으로 배운 아이들이 교사가 되기 전에는 이 책을 제대로 가르칠 교사가 많지 않을 것이 뻔하다. 내 딸에게는 다행히 그 교과서를 쓰고 싶어 했던 아빠가 있지만, 다른 아이들은 어쩔 것인가.

과학 공부에도 돌파구가 필요하다. 내게는 그 지점이 주기율표였다.

물론 특별한 경우였고 나는 운이 좋았다. 종로학원에서 조용호 선생님이라는 걸출한 교사를 만났기 때문이다. 내 딸도 운이 좋다. 아빠가 있기 때문이다. 하지만 대부분의 사람들에게는 그 기회가 없었다. 『수기율표로 세상을 읽다』는 그 돌파구를 많은 사람에게 제공하는 책이다. 이 책과 『공통과학』 교과서를 읽었는데도 어떤 출판 아이템이 떠오르지 않는 편집기획자라면 과학 대신 다른 분야의 책에 집중하는 게 건강에 좋을 것이다.

과학이란 무엇인가?

나탈리 앤지어, 『원더풀 사이언스』

"베르너 하이젠베르크는 MIT에서 강의하기로 되어 있는데 너무 늦게 출발했다. 그는 미친 듯이 케임브리지 시를 달렸고 결국 경찰이 그의 차를 세웠다. 경찰이 하이젠베르크에게 물었다. "당신이 시속 몇 킬로미터로 달렸는지 아십니까?" 하이젠베르크가 대답했다. "아니. 모릅니다. 하지만 내가 어디에 있는지는 압니다."

요즘 트위터의 재미에 푹 빠져 있다. 퇴근시간쯤 되면 『시사IN』의 고재열 기자가 '웃으면서 퇴근하자!'라는 기치 아래 유머를 수집한다(#유머IN_). 나는 위의 유머를 50자로 줄여서 올렸다. 그런데 30분 동안 RT가 전혀 없었던 것을 보면 트위티언들에게는 전혀 웃기지 않았나 보다. 혹시 독자는 웃었는가? 그렇다면 독자의 과학지수는 전 세계 인구의 상위 0.1%에 속한다고 자신해도 된다. 내 말이 아니고 퓰리처상을 수상한 작가 나탈리 앤지어가 『원더풀 사이언스』(김소정 옮김, 지호 펴냄)에서 한 주장이다. 여기서 웃었다는 것은 하이젠베르크의 '불확정성의 원리'가 무엇인지 안다는 뜻이기 때문이다. (불확정성의 원리에 따르면 전자의 위치와 속도를 동시에 아는 것은 불가능하다.)

이 책을 집어 들게 된 데는 '아빠의 청춘'을 노래하도록 부추기는 제목의 힘이 컸다. 그런데 책을 반쯤 읽고 나자 제목에 뭔가 빠져 있다는 느낌이 들었다. 책은 많은 것을 이야기하고 있는데 제목은 왠지 국한된다는 느낌이다. 그런데 뭐가 빠졌는지 명확하지 않다. 그래서 표지를 찬찬히 살펴보았다. '아름다운 기초과학 산책'이란 부제가 붙은 『원더풀 사이언스』의 원서 제목은 '*The Canon*'이다. 캐논은 가수와 악기가 같은 멜로디를 반복하여 연주하는 음악 형식을 말한다. 부제는 (촌스럽더라도 그대로 직역하면) '과학의 아름다운 기초의 끊임없이 변하는 여행'이다.

아하! 그렇다. '반복'과 '끊임없는 변화'가 빠져 있다. 나탈리 앤지어가 독자에게 하고 싶은 이야기가 바로 이것이다. 반복되는 것처럼 보이는 과학자들의 사고, 게다가 끊임없이 말을 바꾸는 그 뻔뻔함. 그것이 바로 과학이고, 과학이 그래서 아름다우며, 거기에 우리가 과학을 해야 할 가치가 있다고 이야기하는 것이다.

굳이 미국의 예를 들지 않더라도 생식샘이 활발하게 성장하면서 뒷덜미에 솜털이 사라지고 코밑이 거뭇해질 무렵이면 아이들은 두 갈래의 길 가운데 하나를 선택한다. 과학과 인연을 끊거나, 과학적인 지식을 머리에 마구 쳐 넣거나. 그런데 두 경우 모두 그리 다르지 않다. 과학적인 사실을 아는 것이 과학을 하는 것은 아니기 때문이다. 이런 관점에서 본다면 몇 년이 흘러 대학에 진학한 후에는 이제 거의 모든 사람이, 심지어 과학 전공자마저도 과학과 연이 끊기는 것은 당연하다.

나탈리 앤지어가 이렇게 말하는 데는 다 이유가 있다. 그녀의 고민은 '과학이란 무엇인가?'라는 물음에서 시작되었다. 나도 수업시간에 대학생들에게 같은 질문을 자주 한다. 학생들의 대답은 뻔하다. 열에 아홉은 이렇게 대답한다. "사람의 생활을 편하게 해주는 것이요." 이때 이렇게 되물을 수밖에 없다. "그러면 침대가 과학이냐?" 다행히 열 중 하나는 "과학은 사실들이 모여서 이루어진 우주의 이치입니다."라고 대답한다. 꽤 괜찮은 대답이지만 나탈리 앤지어의 생각은 조금 다르다. 그녀는 과학은 '사실의 집합'이 아니라 '생각하는 방식'이라고 말한다. TCA회로나 주기율표를 외우는 것이 과학이 아니라 어떤 생각이 이성적이고 어떤 생각이 그렇지 않은지를 평가하는 것이 과학이라는 것이다. 그래서인지 그녀는 생식샘의 발달과 함께 아이들이 과학에서 멀어지는 원인이 바로 과학이 '사실의 집합'이라고 생각하는 교사들에게 있다고 말한다.

그렇다면 이 책은 과학이 무엇인지를 설파하는 책일까? 그렇지는 않다. 재미있는 물리, 화학, 진화생물학, 분자생물학, 지질학, 천문학 여행이 펼쳐지고 그에 앞서서 나오는 확률과 척도의 이야기도 재미있다.

저자는 문학적으로 뛰어난 사람이다. 그녀는 다양한 문화 영역에서 수많은 인용과 비유를 끌어온다. 예를 들면 화학의 결합(bond)을 설명할 때 007의 제임스 본드를 출연시키고, 물리학의 네 가지 힘(force)을 말할 때 〈스타워즈〉의 제다이들이 구사하는 '포스'와 매치시킨다. 또 확률을 설명하는 장에서는 '누구를 위하여 종은 울리나'(For Whom the Bell toll)를 살짝 비틀어 '누구를 위한 종형 곡선인가'(For Whom the Bell Curves)라고 하고, 지질학을 설명할 때는 'Imaging World Peace'와 발음이 똑같은

'Imaging World Piece'로 말장난을 한다. 그녀가 굳이 이런 말장난을 하는 이유는 과학에 익숙하지 않은 독자들에게 과학을 친근하게 전해주기 위해서다. (독자는 재미있을지 몰라도 번역자는 머리에 쥐가 났을 것이다. 그럼에도 불구하고 재미있게 옮긴 것을 보면 번역자 김소정은 문학 전반에 관한 소정의 소양을 갖춘 사람일 것 같다.)

'반복'과 '끊임없는 변화'라는 그녀의 강조점으로 다시 돌아오자. 나탈리 앤지어는 과학을 이야기할 때 어떤 사실, 즉 가장 최신의 지식만을 설명하지 않는다. 대신 지식과 사고의 변화를 강조한다. 왜냐하면 과학은 불확실한 것이기 때문이다.

'과학적 확실성'을 강조하는 사람들은 대개 반과학적이다. 예를 들면 창조론자들이 그렇다. 창조론자들은 일단 과학을 사실과 확실한 것들의 모임이라고 덧칠을 한다. 그런 다음에 과학이 발견한 '확실한 것'들이 사실은 '확실하지 않다'며 공격한다. 그러나 과학자들은 그 사실을 발견한 순간부터 처음보다 더 많은 의문을 떠올린다.

우리가 과학적으로 생각하기 어렵게 만드는 또 다른 요소는 우리의 '직관'이다. 인간이 수백 년 동안 믿어왔던 지식이 과학적인 사고를 막는 것이다. 나탈리 앤지어는 직관의 오류를 이런 그림으로 설명한다. (책에는 그림이 없다.) 새를 잡으려고 돌을 던졌다. 그 돌의 궤적은 다음 그림과 같다. 그림의 돌마다 돌에 미치는 힘을 화살표로 표시해보자.

혹시 그린 화살표 가운데 방향이 위쪽을 향한 게 있는가? 그렇다면 이 책을 꼭 볼 필요가 있다.

올라가는 동안에는 위를 향한 큰 화살표를 그리고, 내려오는 동안에

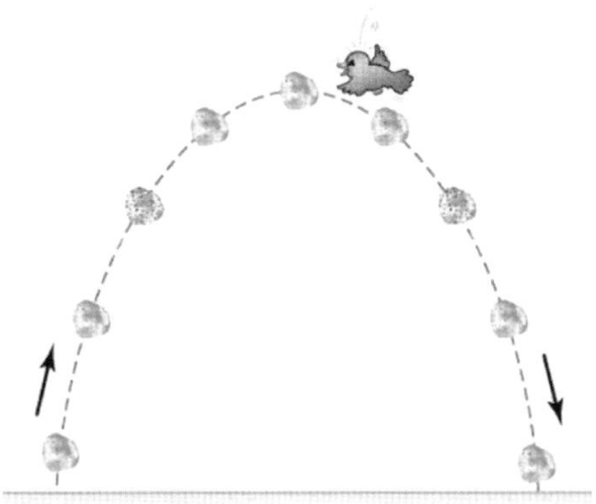

는 아래를 가리키는 큰 화살표를 그렸는가? 아니면 아래로 향하는 화살표는 항상 그려놓은 채로, 올라가는 동안에는 위로 향하는 화살표를 조금 더 크게 그리고 꼭대기에서는 위와 아래를 향하는 화살표의 크기를 같게 그리는 세심함을 표현하였는가? 아리스토텔레스도 그렇게 생각했다. 하지만 틀렸다. 궁금하시면 책을 보시라.

나는 오늘도 '수례사' 서평을 쓴다

『주례사 비평을 넘어서』

2003년 『주례사 비평을 넘어서』(권성우 외 지음, 한국출판마케팅연구소 펴냄)라는 책을 읽었다. 비평에 전혀 관심이 없었지만, 박사과정 재학 중에 원로 교수의 표절 사실을 논문에 발표한 것이 문제되어 스승들에 의해 매장(?) 당했던 젊은 문학평론가가 저자 가운데 한 명이었기 때문이다. 뭐랄까, 핍박받는 이에 대한 소극적인 연대의 표시 같은 것일 게다.

아홉 명의 저자들은 각기 다른 책을 예로 들었지만 한결같은 이야기를 했다. 대략 정리하자면, "비평이 가장 좋은 말을 해주는 결혼식의 '주례사'가 되는 순간, 그것은 더 이상 비평이 아니다. 그것은 출판사와 작가 그리고 비평가 사이에서 이루어지는 일종의 야합이다. 출판 자본이 주도하는 '스타 시스템' 또는 '베스트셀러 시스템'에 비평가가 포섭돼서는 안 된다."라는 주장이었다.

나는 이 말이 가슴에 와 닿았다. "그래, 이거야. 누군가 나에게 책에 대한 비평을 맡긴다면, 인정사정 봐주지 않을 거야!"라는 결의를 다지기도 했다. 그러나 나에게는 그런 기회가 없었다.

그러다가 2007년 8월 『한국경제신문』에서 문화부 기자를 하는 한 시인이 전화를 해서 『인간의 미래』(라메즈 남 지음, 남윤호 옮김, 동아시아 펴냄)에 대한 서평을 청탁해왔다. 돈이 궁했던 나는 무조건 하겠다고 대답했다. 30분도 지나지 않아서 출판사에서 주소를 묻는 전화가 왔고 책이 퀵서비스로 배달되었다. 봉투 속에는 '보도자료'라는 것도 들어 있었다. 우와! 정리 잘했다.

"아니, 이걸 그냥 신문에 실으면 되지. 무슨 서평을 따로 쓰라고 해? 야, 기자들은 참 좋겠다. 거저먹네, 거저먹어!" 이런 생각은 잠시. "가만, 보도자료를 베끼지 않았다는 것을 신문기자와 편집자에게 증명하려면 무지 힘들겠는걸!" 그렇다. 나는 첫 번째 서평을 오로지 신문기자와 편집자를 위해 썼다. 내가 끝까지 다 읽고, 혼자 힘으로 썼다는 알리바이를 증명해야 한다는 강박이 컸다. 300쪽이 넘는 책을 정독하고 (다행히 책이 재밌었다) 서평을 한달음으로 썼다.

책이 이야기하는 내용은 무엇이고, 그게 지금까지 우리가 가졌던 생각과 어떻게 다른지, 그리하여 독자가 이 책을 읽어야 할 까닭이 무엇인지를 썼다. 다 쓰고 보니 책의 장점만 다룬 게 보였다. 책에 좋은 면만 있을 리가 만무하지 않은가? 그런데 내가 과문해서 그런지, 책의 단점을 찾아내지 못했다. "이게 바로 주례사 비평이잖아!"라는 반성의 울림이 있었지만, "지면도 작은데 단점까지 지적해서 독자들을 헷갈리게 할 게 무엇이란 말인가!"라는 합리화의 울림이 훨씬 컸다.

그 후로 이 글을 쓰고 있는 2011년까지 대략 서른 편 정도의 서평을 썼다. 대부분은 한국출판마케팅연구소에서 펴내는 격주간지 『기획회의』의 '전문가 서평' 코너에 쓴 것이다. 이 경우에는 '주례사'에 대한 고민이 크지 않다. 왜냐하면 내가 한 달 동안 읽은 과학책 가운데 가장 훌륭하다고 판단한 책을 대상으로 했기 때문에 굳이 억지로 주례사를 쓸 필요가 없다. 『기획회의』의 독자는 대부분 출판계 종사자다. 특별히 내가 고민하지 않아도 알아서 판단할 사람들이므로 책 내용을 정리하고 내가 생각한 책의 의의를 평가하면 그만이다.

문제는 언론사 서평이다. 다양한 층의 온 국민이 독자다. 그런데 언론사가 청탁하는 경우 책이 두껍다. 예를 들어 『과학, 우주에서 마음까지』(존 랭곤 외 지음, 정영목 옮김, 지호 펴냄)는 484쪽, 『거의 모든 것의 미래』(데이비드 오렐 지음, 이한음 옮김, 리더스북 펴냄)는 540쪽이다. 하지만 신문사가 내게 준 시간은 2~3일에 불과하다. 정말 내가 그 시간에 그걸 다 읽고 서평을 쓸 수 있을 것이라고 믿는 것일까? 서평을 쓰는 동안 아무 일도 하지 못하지만 신문사는 책의 두께와는 아무런 상관없이 내가 쓴 분량에 따라 원고료를 지급한다. (나는 두 손 번쩍 들고 외친다. "서평 원고료는 서평 원고 매수가 아니라 책의 쪽수에 따라 지급하라! 비-정-규-직-철-폐! 투쟁! 결사-투쟁!") 2~3일이라는 시간 동안 책을 읽기에도 급급하여 책에 대해 비판적인 시각을 가질 틈이 없다. 게다가 지면은 얼마나 작은가! "그나마 좋은 과학책이 나왔는데, 사람들이 읽으면 얼마나 좋을까!"라는 생각은 '주례사'라는 결단을 내리게 한다.

그렇다면 『프레시안북스』에 쓰는 서평은 어떨까? 『기획회의』와 오프라인 신문은 원고지 12~13매라는 분량 제한이 있지만, 온라인 신문인 『프레시안북스』의 경우에는 분량의 제한이 없다. 물론 17매에 맞춰 달라고는 하지만 그걸 지킨 적은 거의 없고 편집자도 불평하지 않는다. "스크롤 조금 더 하면 되지."라는 생각이 여유를 주는 것 같다. 그리고 시간을 매우 충분히 준다. 보통 1~2주의 여유가 있는데다가 나온 지 꽤 지나서 내가 이미 읽은 책을 청탁하기도 한다. 『프레시안북스』의 기획위원들은 온라인 매체의 최대 장점인 '속보성'을 과감히 포기했나 보다.

그런데도 나는 여전히 『프레시안북스』에도 '주례사 서평'을 쓰고 있다. 분량의 제한도 없고, 비판적으로 읽을 시간이 충분한데도 말이다. 내가 정한 책이 아니라는 것도 이유 가운데 하나다. 내게 청탁하는 편집자는 언제나 "선생님, 이러저러한 '좋은' 책이 있는데, 선생님이 서평자로 '딱!'인 것 같아서 부탁드립니다."라고 말한다. '기획위원과 편집자가 좋은 책이라고 이미 말하는데, 내가 뭐라고 토를 달겠는가!'라는 것은 핑계고, 나는 어느덧 출판사나 작가들과 야합하여 악평을 쓰지 못하는 서평가가 되고 만 것이다.

내가 서평을 쓰는 것은 어쩌다 한 번이지만, 남이 쓴 서평을 읽는 일은 주례 행사다. 토요일 오전은 서평을 읽는 시간이다. (석간인 『내일신문』과 『문화일보』에는 금요일 자에 서평이 실리지만 이것까지 포함하여) 모든 중앙 일간지의 서평을 꼬박꼬박 읽는다. 그 이유는 책을 다 살 돈이 없고, 설사 돈이 있다고 하더라도 그 책을 읽을 시간이 없기 때문이다. 그래서 『한겨레신문』의 고명섭 기자가 쓰는 서평처럼 서평만 읽고도 마치 책을 읽은 척할 수 있게 해주는 서평을 좋아한다. 『프레시안북스』에서 예를 들자면, 제2호에 실린 『과학적 경험의 다양성』(칼 세이건 지음, 박중서 옮김, 사이언스북스 펴냄)에 대한 홍승수 교수와 김윤성 교수의 논쟁 서평과 같은 것이다.

하지만 '척'에는 한계가 있다. '척'을 뒷받침하려면 어느 정도는 책을 실제로 읽어야 한다. 『프레시안북스』 제29호에 실린 『지금, 경계선에서』(레베카 코스타 지음, 장세현 옮김, 쌤앤파커스 펴냄)에 대한 이종필의 서평이나 제33호에 실린 『인류의 위대한 여행』(엘리스 로버츠 지음, 진주현 옮김, 책과함께 펴냄)에 대한 김명남의 서평처럼 "이 책은 꼭 읽어야지." 하는 마음이 샘솟게 만드는 서평이 매주 두세 개는 된다. 이젠 더 이상 가난하지 않은 나는 매주 두세 권의 책을 산다. 그리고 그중에서 한 권 정도를 제대로 읽는다. 서평가가 좋다고 한 책은 실제로 좋았다. 서평에 속은 적이 거의 없다.

그런데 고백하건대, 나는 서평으로 독자를 속인 적이 있다. 『프레시안북스』 지면에서 그랬다. 일종의 자업자득이었다. 어떤 출판사의 책에 대해 서평을 잘 쓰고서는 쓸데없는 사족을 달았다. 지금 생각하면 그것은 지면을 허락받은 필자로서의 과도한 권력 행사였다. 나는 그 책을 읽을 때의 불편함을 이야기했다. 그런데 다른 이들은 그 부분이 오히려 좋았단다. 이제는 그 출판사를 떠난 편집자는 내게 전자우편을 통해 두 차례나 불만을 털어놓았다. 그의 불평은 합리적이었다. 하지만 이미 버스는 떠났다. 얼마 후 다시 그 출판사의 책에 대한 서평을 쓰게 됐다. 솔직히 그 책이 왜 있어야 하는지 몰랐다. 하지만 나는 말도 안 되는 이유를 들어 그 책을 강력 추천했다. 마치 오심을 저지른 심판이 다른 오심으로 보상을 해주는 것처럼 말이다. (깊이 반성하고 있다.)

신랑신부를 잘 아는 주례 선생님은 굳이 그들의 단점을 주례사로 지적하지 않는다. 대신 따로 타이른다. 오탈자와 같은 작은 실수를 굳이 서평 말미에 지적해서 독자로 하여금 책을 살지 말지 고민하게 하는 서평이 있다. 그런데 오탈자 지적하는 게 서평가의 역할은 아니지 않은가? 게다가 그런 지적을 하는 서평에도 같은 실수는 있기 마련이다. 그런 세밀한 지적은 인터넷 서점의 독자 평이 담당하면 된다.

내가 생각하는 서평의 역할은 책을 독자들에게 소개하여 책이 사회에 녹아들어가게 하는 것이다. 마치 주례사를 통해 두 젊은이가 가정을 이루었으니 세상 사람들이 잘 보살펴 달라고 말하는 것처럼 말이다. 하여, 나는 오늘도 주례사 서평을 쓴다. 그러니 독자들은 조심하시라!

2부

모든 것은 진화한다

우리의 코는 왜 그리도 오뚝할까? 설마 '안경을 걸기 위해서'라고 생각하는 바보는 없을 것이다. 하지만 조금만 근원적인 문제로 들어가면 우리는 이런 입장에 쉽게 서곤 한다. 모든 것을 자연선택의 결과로 보는 것이다. 생존이나 성선택에 유리했을 것이라고 짐작한다. 자연선택 환원주의다. 아무리 자연선택 환원주의가 어리석다고 해도 자연선택에 의한 진화를 부인하는 것만큼 어처구니없지는 않다. 지금은 21세기다. 아직도 진화 자체를 부인하는 사람들이 많다. 미안하다. 모든 것은 진화한다.

우주생물학 교과서

모로호시 다이지로, 『사가판 어류도감』

지구의를 돌리다 보면 어느 순간 온통 바다만 보일 때가 있다. 구석에 오스트레일리아, 남극 그리고 아메리카 대륙 서안이 있는 것으로 보아 저 바다는 태평양이다. 와우! 태평양 정말 크다. 지구 대륙을 모두 모아도 태평양 안에 쏙 들어간다. 태양계 바깥의 외계인이 저 장면을 보면 뭐라고 할까? 아마 지구는 이름과는 달리 물 덩어리라고 주장할지도 모르겠다. ('수구'라고 해야 하나?) 마치 우리가 목성이나 토성을 기체 덩어리라고 생각하는 것처럼 말이다. 지구는 표면의 71퍼센트가 바다로 덮여 있으며, 평균 수심은 3.8킬로미터나 된다. 와! 엄청 깊네! 하지만 지구 반지름이 6,400킬로미터인 것을 생각하면, 지구와 바다의 관계는 커다란 사과에 기름칠 한 번 한 것과 같다고 할 수 있다. 보이는 게 전부가 아니다.

그렇다. 기름칠. 그게 바다다. 저 바다가 38억 년 이상 남아 있는 게 신기하다. 이게 무슨 말이냐고? 금성과 화성을 보시라. 거기에는 바다가 없다. 자외선이 수십억 년 동안 물을 쪼갰기 때문이다. 물을 쪼개면 수소와 산소가 발생한다. 수소는 가벼워서 중력을 벗어나 우주로 날아갔고, 무거운 산소는 바다와 암석에 존재하던 철에 결박되어 영원히 지각 안에 갇혔다. 그리하여 화성의 지각은 붉은색이며, 이산화탄소가 가득 찬 소용돌이치는 화성의 건조한 대기는 큐리오시티 홀로 인간 대신 들이마시고 있다.

지구에는 왜 바다가 있을까?

지구에 바다가 생긴 건 38억 년 전쯤의 일이다. 당시 지구의 모습은 지금과는 사뭇 달랐다. 지구에 파란색과 초록색 따위는 존재하지 않았다. 붉은 하늘, 붉은 땅, 붉은 바다. 그게 지구의 모습이었다. 지금 화성의 모습에 붉은 바다만 더하면 된다. 그런데 지금 지구는 왜 다를까? 금성과 화성이 불모의 땅이 되었다면 그 사이에 놓여 있는 지구 역시 불모의 땅이 되는 게 상식이다. 왜 지구에는 바다가 지금까지 남아 있을까? 지구의 운명을 바꾼 것은 과연 무엇일까?

지구를 구한 건 박테리아였다. 시아노박테리아가 광합성을 했다. 시아노박테리아들은 햇빛 에너지를 화학 에너지로 변환시켰다. 이 과정에서 부산물로 산소를 배출했다. 24억 년이 지나자 지구에는 물에서 쪼개진 산소와 결합할 성분, 즉 철이 남아나지 않았고 대기 중에 산소가 축적되었다. 공기 중에 산소가 있으면 바다는 손실되지 않는다. 자외선으로 쪼개진 수소들이 지구 중력 밖으로 달아나기 전에 다시 산소와 결합하여 물이 되기 때문이다. 지구가 생긴 지 34억 년쯤 지난 후 드디어 지구의 하늘은 파란색이 되었고 바다는 투명해졌다.

여전히 의문은 남는다. 그렇다면 지구를 구한 박테리아는 어디에서 왔을까? 우리는 우선 교과서에서 본 낡은 이론을 버려야 한다. 교과서에서 우리는 이렇게 배웠다. 지구의 대기는 목성과 비슷하여 메탄, 암모니아, 수소를 포함하고 있었으며, 이것들로부터 원시 수프가 형성되었고 번개가 치자 그 에너지를 이용한 화학반응을 통해 생명이 탄생했다는 것이다. 이 이론은 그럴싸하다. 또 1950년대에 미국의 밀러와 유리의 실험으로 구현되기도 하였다. 하지만 이 실험은 생명이 화학적으로 합성될 수 있다는 것을 보여줄 뿐이지 지구 생명이 대기에서 기원했다는 것을 증명하는 것은 아니다. 그럼에도 불구하고 과학자들은 참으로 긴 시간 동안 대기에서 생명의 기원을 찾느라 애를 썼다. 이런 이론은 이제 잊자. 과학자, 특히 우주생물학자들의 생각은 다르다.

생명의 재료는 어디에서 왔을까?

1969년 9월 28일, 수만 명의 오스트레일리아 시민들은 귀를 찢는 듯한 엄청난 폭음과 함께 하늘을 가로지르는 주황색 불덩어리를 지켜봤다. 불덩어리는 600명의 주민이 사는 머치슨 마을 위에서 폭발해 산산조각이 났다. 머치슨에 운석이 떨어진 것이다. 그 뒤 몇 주 동안 마을 주민들은 운석을 100킬로그램 넘게 주웠다. 운석 떨어지는 게 흔한 일은 아니지만 그렇다고 드문 일도 아니었다. 하지만 머치슨 운석은 전 세계의 주목을 받았다. 불과 두 달 전인 7월 24일, 미국 아폴로 11호의 우주비행사 세 명이 달 표면에서 21.55킬로그램의 월면(月面) 샘플을 갖고 귀환했다. 그런데 머치슨의 밤하늘을 밝힌 운석은 달보다 훨씬 먼 곳에서 온 게 아닌가!

머치슨 운석에는 지구보다 나이가 많은 유기화합물이 들어 있었다.

이 유기화합물들은 우리 태양계를 낳았던 성간먼지와 성간구름의 드넓은 분자구름에 있던 것들이다. 유기물은 대부분 타르 같은 중합체였다. 사슬형 탄화수소와 고리형 탄화수소 외에 지방산, 알코올, 요소, 당, 아인산염, 술폰산염도 있었다. 미국항공우주국(NASA)의 과학자들은 이 운석에서 74종의 아미노산을 발견했다. 그 가운데 6종은 지구 생명체의 단백질에 들어 있는 아미노산이었다.

운석에서 발견되는 유기화합물이 알려주는 것은 무엇일까? 유기화합물이 운석에 있다면 초기 지구라고 없을 이유가 없다. 생명 탄생 이전이라도 지구에 아미노산이나 핵산염기가 충분히 있었을 것이라는 짐작을 하게 한다. 생명의 기원에 필요했던 유기화합물 모두가 먼지 입자와 운석, 혜성에 실려 지구에 전해진 것은 아니다 지구의 대기권과 수권 그리고 화산 조건에서 합성된 화합물도 있었을 것이다.

지옥에서 싹튼 생명의 씨앗

'DNA → RNA → 단백질'로 이어지는 이 간단한 관계를 생화학에서는 '생명의 중심원리'라고 한다. 이는 생명의 설계도인 DNA가 RNA로 전사(傳寫)되면, RNA의 염기배열 세 개가 알려주는 순서에 따라서 아미노산이 연결되어 단백질이 만들어진다는 원리다. 생명이란 단백질로 이루어진 효소 활동의 집합체다.

그런데 문제가 있다. 최초의 생명체가 DNA, RNA, 단백질을 모두 갖추고 있을 수는 없는 노릇 아닌가? DNA는 있어야 한다. 설계도니까. 그런데 DNA가 RNA로 전사되고, RNA가 단백질로 번역되려면 그 과정에도 단백질이 있어야 한다. 그렇다면 최초의 생명체는 일단 단백질이 있어야 했겠네. 그런데 아미노산을 엮어서 단백질로 만드는 과정도 단백질이 한다. 제길! 닭이 먼저야, 달걀이 먼저야? (물론 닭이 먼저다. 왜인지는 이외수 선생님도 아시더라.) DNA가 먼저야, 단백질이 먼저야? 이것은 오랫동안 수수께끼로 남았다.

고민은 1983년에야 해결되었다. 초기 생명체에는 효소 작용을 하는 단백질과 생명의 설계도 역할을 하는 DNA가 모두 없었다. 대신 두 역할을 하는 작은 RNA 조각이 있었다. DNA와 마찬가지로 생명의 설계도 역할을 하면서, 단백질처럼 효소 작용도 갖고 있는 작은 RNA가 발견되었는데, 이것을 라이보자임(ribozyme)이라고 한다.

한 가지 고민을 해결하면 또 다른 고민이 생기는 법. 그렇다면 RNA의 네 가지 염기, 즉 아데닌(A), 구아닌(G), 시토신(C), 우라실(U)은 어디서 생겼단 말이냐!

과학자들은 초기 지구에 풍부했던 시안화수소(HCN)와 물(H_2O)이 반응할 때 생기는 포름아미드(CH_3ON)라는 간단한 화합물에서 네 염기가 생겼다는 의견을 제시하고, 실험실에서 포름아미드를 이용해 개별 핵염기를 만드는 데 성공했다. 그런데 과연 초기 지구 조건에서 핵염기들이 길게 이어져서 RNA를 만들 수 있었을까? 그 에너지는 어디에서 왔을까? 그 답은 만화책에 있다.

『사가판 어류도감』에 답이 있다

생명의 기원을 연구하는 학문을 우주생물학이라고 한다. 『코스모스』의 저자 칼 세이건이 창시한 우주생물학은 화성에 큐리오시티를 보내기도 하지만 대부분 지구의 극한 환경에서 생명의 기원을 찾는다. 산도가 높아서 쇠노 녹여버릴 것 같은 호수, 남극의 빙하 아래, 화산 그리고 심해열수공 같은 곳이 우주생물학의 활약지다. 그런 점에서 2010년 세미콜론 출판사에서 나온 모로호시 다이지로의 『사가판 어류도감』(김동욱 옮김)은 최고의 우주생물학 교과서라고 할 수 있다.

『사가판 어류도감』은 일곱 편의 단편으로 구성되어 있다. (일본 만화책이 자주 그렇듯 마지막 편은 작가 후기 비스무리한 것이다.) 이 가운데 제1화 '심해인어공주'와 제6화 '심해로 돌아가다'가 명백하게 이어지는 이야기이다. 중간에 끼어 있는 네 편은 그냥 그렇게 봤다. 물론 재미는 있지만 앞뒤 이야기가 없다면, 생명의 기원이 바다이며, 특히 어류라는 것을 암시하는 주제를 눈치 채지 못할 독자들도 많을 것이다.

평생 공부 잘하고 어른 말씀 잘 듣는 모범생으로 자라온 나는 뒤늦게 40대 후반이 되어서야 만화를 보기 시작했다. 정말로 그 전에 본 만화라고는 『소년중앙』의 과학 기사 중간에 틈틈이 섞여 있는 '꺼벙이'류 아니면 해태우유를 배달시켜 먹을 때 가끔 넣어주던 '플랜더스의 개'류가 전부였다. 요즘은 그렇게 살아온 인생이 억울해서 매주 만화를 본다. 만화는 재미로 본다. 재밌는 만화는 많다. (재미가 없으면 만화가 아니다.) 정보를 주는 만화도 많다. (요즘 아이들은 과학 정보를 거의 만화에서 얻는다.) 통찰과 깨달음을 주는 만화도 제법 있다. (한 칸 또는 네 칸짜리 만화라면 몰라도 장단편 만화의 목적이 이것이라면 굳이 볼 필요 없다.) 그런데 『사가판 어류도감』은 재미와 더불어 심해 생물과 환경에 대한 훌륭한 정보, 그리고 생명의 기원과 미래에 대한 통찰까지 주는 금상첨화의 역대급 만화다.

만화는 이렇게 시작한다. "관벌레의 숲…. 관벌레는 갯지렁이의 친척뻘 되는 생물이다. 관벌레의 체내에는 특정한 종류의 박테리아가 살고 있는데, 그 박테리아는 심해에서 솟아오르는 유화수소(황화수소)를 에너지로 바꾼다. 태양으로부터 멀리 떨어져 고립되어 있는 심해에 그들은 스스로 낙원을 만들어내었다." 아름답다. 물론 예쁜 가슴을 다 드러낸 인어 아가씨가 있어서 더욱 아름답다.

심해에는 주인공 인어 아가씨가 사는 따뜻한 용수역(湧水域)이 있는가 하면 언니들이 시집가서 살고 있는 열수분출공도 있다. (우주생물학자들은 열수분출공의 에너지로 RNA가 합성되었다고 믿는다.) 심해와 표층 중간의 수심 700~1,000미터 사이에는 산소량이 절대적으로 적은 산소극소층이 있다. 인어 아가씨가 햇빛이 있는 세상으로 나오려면 이곳을 지나야 한다. 한 번에 빠르게 오를 수도 없다. 수압에 적응해야 하기 때문이다. 인어 아가씨는 이곳을 지나다 결국 정신을 잃고 만다. (여기를 보다가 나도 정신을 잃을 뻔했다.) 정신을 잃고 물 위로 올라왔을 때는 두 다리도 생겼다. 말도 못하고 기억도 없던 인어 아가씨는 일본 과학자의 양녀로 들어가서 해양과학자로 성장하고, 사랑을 이루지 못하고 등등의 일을 겪다가, 다시 첫사랑을 만나서 바다로 돌아간다는 아름다운 이야기다.

만화에서 인어는 원래 육지에 살다가 바다로 들어간 포유류인 것으로 보인다. (젖이 있다.) "그렇다면 심해가 아니라 고래처럼 표층에 살아야 하는 것 아닌가? 호흡은 어떻게 했을까?" 이런 바보 같은 생각은 하지 말자. 그러려면 'WHY?' 시리즈를 보면 되지, 왜 모로호시 다이지로를 보는가?

대신 『사가판 어류도감』을 읽은 후에는 충남 서천에 있는 국립해양생물자원관을 방문해보자. 심해를 비롯한 해양생물에 관한 최고의 전시를 볼 수 있는 곳이다. 아예 『사가판 어류도감』을 들고 가는 것도 좋겠다. 자연사박물관에는 결정적으로 '인어'가 없기 때문이다.

생명의 기원을 찾아 사막에 가다

이지유, 『별똥별 아줌마가 들려주는 사막 이야기』

2,506킬로미터였다. 2013년 여름 우리는 붉은 사막 위를 달렸다. 사진에서 새파란 하늘만 지운다면 화성이라고 우겨도 믿을 것 같은 풍경이었다. 내비게이션에 목적지를 찍으면 노란 바탕에 직선의 하늘색 줄 하나가 생겼다. 처음에는 그게 망가진 것인 줄 알았다. 그런데 그 파란 줄만 따라가면 되었다. 아니, 파란 줄을 무시하고 북쪽을 향해 달리기만 하면 되었다. 파란 하늘과 붉은 땅으로 이분할된 경계선 위를 달리고 걷고 그 선 위에서 잤다.

일행은 한국에서 떠난 열네 명과 현지 안내인 두 명. 셋째 날 밤 모닥불 주변에 둥글게 앉아 자기 이야기를 했다. 이때 한 여인이 춤을 췄다. 혼자서. 각자의 스토리가 있는 열다섯 사람은 그 여인에게 빠져들었다. 그가 바로 별똥별 아줌마 이지유 선생이다. 그는 기록하고 찍고 그렸다. 서호주 사막에 반한 그는 몇 차례 더 서호주 사막을 여행했다. 그리고 마침내 책이 나왔다. 『별똥별 아줌마가 들려주는 사막 이야기』(창비 펴냄)가 바로 그것.

여행 도중 단 하루도 자연사의 흔적에 사로잡히지 않은 날이 없었다. 하지만 여행 내내 우리를 가장 사로잡은 것은 지구에 산소를 가져다준 남세균 시아노박테리아 화석 스트로마톨라이트다. 이지유 선생은 스트로마톨라이트 이야기를 이미 『별똥별 아줌마가 들려주는 지구 이야기』(창비 펴냄)에서 들려주었다. 이번에는 별 이야기도 없고 생명의 기원에 관한 이야기도 없다. 오로지 사막 이야기만 한다.

생각해보니 그렇다. 2013년 우리는 '생명의 기원을 찾아서' 서호주 사막 탐험에 나섰지만 정작 우리를 사로잡은 것은 그냥 사막이었다. 호주에서 가장 뜨거운 도시 마블바. 인구가 단 300명인 곳. 거기서 나는 일행들에게 330밀리리터 코카콜라를 한 캔씩 돌렸다. 냉장고에 들어 있는 코카콜라를 얼마 만에 봤는지 모른다. (값은 상상할 수 없을 정도로 비쌌다.) 우리는 마블바에서 한나절을 아무것도 하지 않고 보냈다. 그늘에 앉아서 낮잠을 자든지 작은 그림을 그렸다. 이동하지 않고 사막의 열기를 느끼는 기분이란 말로 표현하지 못한다.

지구 표면의 70퍼센트는 바다로 덮여 있다. 나머지가 땅. 그리고 지구 표면의 20퍼센트는 사막이다. 땅의 3분의 2가 사막인 셈이다. 지구 대륙은 사막이 대표한다. 그런데 정작 우리는 사막을 영화에서나 봤을 뿐 가본 적이 없다. 사막이 처음부터 사막은 아니었다. 아름다운 사막의 모래 안에는 지구 46억 년의 역사, 38억 년의 생명의 역사가 고스란히 숨겨져 있다.

여행은 누구와 하느냐에 따라 전혀 다른 게 보인다. 역사학자들과 떠났던 타클라마칸 사막에서는 오로지 역사만 보였다. 과학자와 떠났던 서호주 사막에서는 역사는 안 보이고 과학만 보였다. 별똥별 아줌마 이지유 선생은 천문학자다. 대입 학력고사에서 무지막지하게 높은 성적을 받고도 사범대학을 갔을 정도로 아이들을 좋아한다. 그리고 아이들을 위한 책을 쓴다. 이제는 그림도 직접 그린다. 서호주 사막에 누워 바라본 남반구의 하늘에서 그는 우리나라에서는 볼 수 없는 별자리를 또박또박 짚어주었다. 우리는 같이 누워서 서쪽으로 지는 해와 동쪽에서 떠오르는 보름달을 동시에 본 적이 있다(128~129쪽).

『별똥별 아줌마가 들려주는 사막 이야기』에는 나와 함께한 사막 여행에는 들어 있지 않은 포인트들이 포함되어 있다. 분홍색 호수와 벙글벙글 협곡 같은 곳이다. 책을 읽다가 마치 나도 함께 거기에 있었던 것 같은 착각이 들었다.

17장으로 구성된 1부는 서호주 사막 탐험기다. 그리고 여섯 장으로 구성된 2부는 다섯 가지 형태의 사막을 소개하고 지구에서 사막이 차지하는 지위를 설명한다. 아마 이지유 선생님은 과학책을 쓰셨을 테지만 이 책은 과학책이면서 여행서다. 나는 독자들이 이 책을 틈틈이 과학을 만나는 여행서로 읽었으면 좋겠다.

사막에 가는 일은 쉽지 않다. 용기가 필요하다. 이 책을 읽다 보면 자신도 모르게 서호주 사막과 지구에 있는 다른 사막을 여행하고 있는 자신을 발견하게 될 것이다. 용기가 생겼는가? 1년 뒤 실제로 사막 위를 걷고 있는 자신을 생각하며 당장 지금부터 시간과 돈을 모으시라.

나무도 기억을 할 수 있을까?

내니얼 샤보비츠, 『식물은 알고 있다』

포와탄 추장은 딸 포카혼타스에게 자신이 신뢰하는 전사 코코움과 결혼하라고 한다. 하지만 포카혼타스는 그와 결혼하고 싶은 마음이 없다. 포카혼타스는 버드나무 할머니에게 간다. 버드나무 할머니는 나무 아래에 쉬었던 사람들의 역사를 기억한다. 그리고 자신이 꾼 꿈이 포카혼타스가 가야 할 길이라고 알려준다. 그 길이란 그녀의 마음으로 들리는 소리로 알 수 있을 것이라고 말해준다.

앨런 멩컨과 스티븐 슈왈츠의 주옥같은 음악을 배경으로 하는 영화 〈포카혼타스〉(1995)에 나오는 이 장면은 결코 잊지 못할 것 같다. 아름답다. 하지만 나무들이 이야기하지 못하는 것은 참으로 다행이다. 만약에 나무들에게 이야기할 혀가 있다면, 지구는 정말 시끄러울 테니까. 그런데 나무가 기억은 할 수 있을까?

덩굴

심리학자 엔델 털빙은 인간 기억에는 세 단계가 있다고 주장한다. 가장 높은 단계는 '일화 기억'이다. 어린 시절에 웃긴 옷을 입었던 기억, 좋아하는 강아지가 죽은 기억처럼 자서전적인 기억을 말한다. 중간 단계는 '의미 기억'이다. 우리가 학교 교과과정에서 배우는 것과 같은 개념을 기억하는 것이다. 식물에게 일화 기억이나 의미 기억이 없는 것은 분명하고 우리에게는 이런 기억이 있다. 그래서 우리는 인간이다. 하지만 가장 낮은 단계인 '절차 기억'은 식물에게도 있다. 식물이 외부 자극을 감지하고 그에 반응한다는 것이다.

1977년 마크 제프는 식물의 '기억'에 관한 보고서를 발표했다. 제프는 콩 식물의 덩굴을 잘라 빛과 습기가 있는 환경에 두면 덩굴 아래쪽을 손가락으로 문지르기만 해도 덩굴이 감기는 것을 확인했다. 같은 실험을 어둠 속에서 진행하면 덩굴이 감기지 않았다. 덩굴이 감기려면 빛이 있어야 하는 것이다. 그런데 어둠 속에서 만진 덩굴이 한두 시간 후에 빛 속에 들어가자 제프가 다시 만지지 않아도 알아서 꼬였다. 덩굴이 어둠 속에서 그 정보를 저장해 두었다가 빛 속에 들어왔을 때 그 기억을 떠올린 것이다. 이렇게 저장하고 나중에 다시 불러일으키는 정보를 두고 '기억'이라고 하지 않는가?

파리지옥

우리의 기억에는 뉴런 사이의 전기 신호가 꼭 있어야 한다. 식물에는 뉴런은 없지만 비슷한 방식으로 작동하는 단기 기억이 있다. 파리지옥 풀을 예로 들어보자. 파리지옥의 덫에는 털이 붙어 있다. 이 털은 적절한 먹잇감이 덫을 지날 때 재빨리 닫는 방아쇠 역할을 한다. 곤충이 털 한 가닥을 건드리면 덫은 닫히지 않는다. 충분히 큰 곤충이라면 20초 안에 털 두 가닥을 건드릴 것이다. 그때 파리지옥은 덫을 닫는다. 그렇다면 파리지옥은 두 번째 촉감에 반응하기 전까지 첫 번째 촉감을 기억하고 있어야 한다. 어떻게?

파리지옥의 털 가닥을 건드리면 칼슘 채널이 열려서 덫 안의 칼슘 이온 농도가 급격히 상승한다. 하지만 파리지옥이 덫을 닫으려면 칼슘 농도가 한 번 더 높아져야 한다. 그런데 두 번째 접촉이 일어날 때까지 시간이 흐르면 첫 번째 높아진 농도가 다시 낮아져 단기 기억이 사라지고 말아서 두 번째 접촉이 일어난다고 해도 덫을 닫기에는 부족하다. 이 과정은 인간을 비롯한 모든 동물들의 뉴런 속 전기신호와 유사하다. 인간 뉴런 속의 칼슘 채널을 억제하는 화학물질로 파리지옥을 처리하면 아무리 털을 건드려도 덫은 닫히지 않는다.

겨울밀과 진달래

전통적인 멘델주의 유전학을 거부하고 금지시켜서 결과적으로는 소비에트 유전학의 불천지 원수가 된 리센코도 좋은 영향을 끼친 게 있으니 '춘화처리'가 바로 그것이다. 가을에 파종하는 겨울밀은 추위를 겪은 후 봄이 되어야 싹이 튼다. 겨울이 따뜻하면 농사를 망친다. 리센코는 겨울밀 씨앗을 심기 전에 냉장고에 넣으면 긴 겨울을 겪지 않고도 밀 씨앗이 발아한다는 사실을 발견함으로써 식량 증산에 큰 영향을 끼쳤다.

하지만 밀 모종이 어떻게 겨울을 기억하는지 밝혀진 것은 불과 10년 전의 일이다. 식물에 들어 있는 FLC 유전자는 추위를 겪기 전까지는 꽃이 피지 못하게 한다. 그런데 추운 겨울을 겪은 다음에는 FLC 유전자의 단백질이 형성되지 않는다. 과학자들은 냉온 처리가 FLC 주변에 있는 히스톤 단백질의 구조를 변화시켜 FLC 유전자가 전사되지 않는다는 사실을 밝혀냈다.(이런 연구를 후생유전학이라고 한다.)

매년 한 번씩 꽃이 피는 진달래의 경우, 한 번 개화한 후에는 FLC 유전자를 다시 활성화시켜서 다음 겨울이 지나기 전에 시도 때도 없이 꽃이 피지 않도록 조절해야 한다. 이런 현상이 어떻게 일어나는지는 오늘날 연구의 주안점이다.

식물도 행복과 고통을 느낄까?

대니얼 샤모비츠가 『식물은 알고 있다』(이지윤 옮김, 다른 펴냄)에서 던진 질문은 '식물은 인식하는가?'이며 그의 대답은 '실제로 식물은 인식한다.'이다. 식물은 자기 주변의 빛을 적색광, 청색광, 초적광, 자외선으로 구분하고 그에 따라 반응한다. 식물은 자신을 둘러싼 냄새를 인식하고 거기에 반응한다. 식물은 누군가가 자신을 만지는 것을 알아채고, 중력을 인식하며, 무엇보다도 과거를 인식한다. 과거에 감염되었던 일이나 기후 상태를 기억하고 그 기억을 바탕으로 현재 자신의 생리를 조절한다. 샤모비츠는 이런 주장을 뒷받침하는 수많은 과학적 연구결과를 제시한다.

하지만 샤모비츠는 식물이 인식한다고 해서 식물이 만족하고 행복해 한다는 투로 식물을 의인화하지는 않는다. 그에 따르면 식물은 고통을 느끼지 않는다. 인간의 경우에도 통증과 고통은 뇌 속 다른 부위에서 해석되는 별도의 현상이다. 식물이 행복과 고통을 느끼지 못하는 것은 명백하다. 그들에게는 뇌가 없으니까. 식물과 동물이 유전적 과거를 공유한다고 해서 수억 년에 걸쳐 분리된 진화가 무효화되지는 않는다.

내 서가에 있는 세 권의 식물학 교양서

이제 내 서가에 꽂힌 식물에 관한 교양도서는 세 권으로 늘었다. 『식물의 정신세계』(피터 톰킨스·크리스토퍼 버드 지음, 황금용·황정민 옮김, 정신세계사 펴냄)와 『욕망하는 식물』(마이클 폴란 지음, 이경식 옮김, 황소자리 펴냄) 그리고 『식물은 알고 있다』가 그것이다.

아직도 꽤 잘 팔리고 있는 『식물의 정신세계』를 읽었을 때의 충격이 생생하다. 생물학자로서는 아마추어에 가까운 저자 톰킨스와 버드는 풍부한 상상력을 발휘하여 식물 왕국의 놀라운 비밀을 밝혀냈다. 이런 식이다.

> "그녀는 자신의 집으로 돌아가 정원에서 범의귀 잎사귀 두 장을 뜯어다 하나는 침대 옆의 탁자에다, 다른 하나는 거실에다 놓아두는 것이었다. "이제부터 저는 아침마다 자리에서 일어나 침대 옆의 잎사귀를 바라보겠어요. 계속 살아 있으라고 바라면서 말이에요. 하지만 나머지 하나는 그냥 내버려두도록 하지요. 그러고 나서 어떤 일이 벌어질지 살펴보기로 해요."
> (…) 그녀가 아무런 관심도 기울이지 않은 채 버려둔 잎사귀는 갈색으로 변한 채 썩어 가고 있었는데, 머리맡에 두고 매일같이 관심을 기울여 주던 잎사귀는 여전히 싱싱함을 유지하고 있는 게 아닌가? (…) 자연의 법칙을 무시한 채 잎사귀를 건강하게 지켜 주는 그 어떤 힘의 실체를 본 듯했다." (『식물의

정신세계』, 38쪽)

이 책은 미국에서 1972년에 출간되었다. 당시로서는 최신의 연구와 화려한 문체가 결합된 걸작이라고 할 수도 있다. 그런데 아무리 봐도 이 책은 『물은 답을 알고 있다』(에모토 마사루 지음, 홍성민 옮김, 더난출판사 펴냄)류의 신비주의 책이지 과학책이라고 할 수는 없다. 과학은 신비가 아니다.

이에 반해 미국에서 2001년에 출간된 『욕망하는 식물』은 환경운동가 출신의 작가 마이클 폴란이 쓴 식물학 논픽션이다. 그는 사과(달콤함), 튤립(아름다움), 대마초(도취), 감자(지배)라는 네 가지 '길들여진' 식물의 본성을 인간과 식물 양쪽의 시각으로 탐구했다.

> "식물들은 수십억 년에 걸친 진화의 시행착오를 거치며 생화학적인 기술을 학습하는 데 전력했다. (…) 인간과 같은 동물은 부지런히 돌아다니고 머리를 쥐어짜면서 무언가 새로운 지식을 습득하려고 애를 쓴다. 반면 식물들은 손가락 하나 까딱하지 않고 생각도 하지 않으면서 복잡한 물질을 합성하는 방법을 알아내는, 놀랍고도 섬뜩한 능력을 갖추었다. 이 식물들이 합성하는 것 가운데 가장 경이로운 물질은 동물의 뇌에 작용하도록 고안된 것이다."
>
> (『욕망하는 식물』, 195쪽)

폴란은 인간과 식물의 공진화 또는 서로에 대한 길들임을 전제로 한다. 그는 인간이 식물을 선택하기보다는 식물이 인간을 이용하고 있다는 새로운 관점을 전달한다. 이 책에 식물을 의인화하는 장면이 간혹 등장하기는 하지만 신비주의와는 거리가 멀다. 올바른 과학적 사실과 역사적 사실을 결합한 훌륭한 인문서라고 평가할 수 있다.

이번에 새로 나온 『식물은 알고 있다』의 원서는 2012년에 출간되었다. 독일의 막스플랑크화학생태학연구소의 최신 연구결과 등을 간결하게 과학적인 언어로 소개한다.

> "박테리아 공격을 받은 잎들은 살리실산메틸을 배출했지만 곤충에게 포식당한 잎들은 (…) 메틸재스모네이트라는 가스를 생성했다. (…) 왜 식물은 해열진통제를 생산할까? (…) 식물은 인간의 이익을 위해 살리실산을 만들지 않는다. 식물에게 있어 살리실산은 식물의 면역체계를 강력하게 만드는 '방어 호르몬'이다. (…) 살리실산은 식물 체내에서 녹아 세균에 감염된 부위에서 정확하게 퍼지기 시작한다. 이것은 잎맥을 통해 식물의 나머지 부위에 신호를 퍼뜨려 세균이 아직 공격하지 않은 부위에 위험을 알린다." (『식물은 알고 있다』, 62~63쪽)

화학식을 사용한 논문의 형태를 띠지 않았을 뿐이지 완벽한 과학이다. 그리고 이 책은 얇은 두께라는 엄청난 장점을 가지고 있다. 각 챕터의 제목도 명확하다.

1. 식물은 어떻게 보는가
2. 식물은 어떻게 냄새 맡는가
3. 식물은 어떻게 느끼는가

4. 식물은 어떻게 듣는가

5. 식물은 어떻게 자신의 위치를 아는가

6. 식물은 어떻게 기억하는가

이 책에는 엄청난 양의 연구 성과가 실려 있지만 화학과 생물학에 익숙하지 않은 독자들이 질리지 않을 정도로 간략하면서도 명확하게 서술되어 있다. 신비주의도 없고 의인화도 없다. 각 장이 끝날 때마다 새로운 질문을 던지면서 독자들을 끝까지 데리고 간다. 재밌다.

어떻게 된 게 춘추복 슈트를 단 일주일밖에 입지 않았는데 여름이 된 것 같다. 거기에 맞추어 나무도 울창하다. 식물을 만지고 냄새 맡으며 숲을 거닐어 보자. 특별한 나무가 있다면 기대어 이야기를 해보자. 비록 나무 할머니는 자기 그늘에서 쉬었던 사람을 기억하지 못하겠지만, 우리는 마음으로 우리 갈 길을 알려주는 소리를 들을지도 모르니까.

우리는 동물이 얼마나
똑똑한지 알 만큼 똑똑한가?

프란스 드 발, 『동물의 생각에 관한 생각』

세상에는 이윤 극대화를 최선으로 생각하고 자기 지갑에 넣기 위해서 돈을 버는 사람만 있는 게 아니다. 무한 경쟁에서 생겨난 사회적 빈틈을 메우고 벼랑 끝으로 몰린 사회적 약자들에게 자활의 손길을 내밀기 위해 돈을 벌고 돈을 쓰는 사회적 기업가와 사회적 기업이 있다. 10년 전에 한 선배가 사회를 혁신하기 위해 경제 활동을 하는 사람들에 관한 책을 썼다. 책 제목을 고민하던 선배에게 『보노보 혁명』이라는 제목을 제안했고 선배는 받아들였다. 보노보란 단어만 듣고서 그는 의미를 이해했다. 독자들도 보노보에 대해 이미 다 알고 있었다.

침팬지는 인간과 700만 년 전에 공통의 조상에서 갈라섰다. 그리고 250만 년 전에 침팬지에서 보노보가 갈라선다. 전문가가 아니면 외모만으로 두 종을 구분하기는 힘들다. 그런데 그들의 성격은 완전히 다르다. 침팬지는 야심만만하고 갈등을 폭력으로 해결하는 반면, 보노보는 평등을 좋아하고 갈등을 섹스로 해결한다. 우리 안에는 침팬지와 보노보가 다 들어 있다. 요즘 이걸 모르는 사람이 없다. 그래서 선배도 선뜻 책 제목에 대한 내 제안을 받아들인 것이다.

보노보를 우리에게 알려준 사람이 있다. 그가 바로 프란스 드 발이다. 『침팬지 폴리틱스』(장대익·황상익 옮김, 바다출판사 펴냄)와 『내 안의 유인원』(이충호 옮김, 김영사 펴냄)을 통해서 '이기적 유전자'와 '이타적 유전자'의 논의를 넘어서는 종합적이고 균형 잡힌 해석을 내놓은 네덜란드 영장류학자다. 이후에도 그는 『원숭이와 초밥 요리사』(박성규 옮김, 수희재 펴냄) 『영장류의 평화 만들기』(김희정 옮김, 새물결 펴냄) 같은 영장류를 소개하는 책을 꾸준히 냈다.

『침팬지 폴리틱스』와 『내 안의 유인원』 이후 그게 그것 같은 책을 반복해서 내던 프란스 드 발이 드디어 새로운 책을 냈다. 『동물의 생각에 관한 생각』(이충호 옮김, 세종서적 펴냄)이 바로 그것. 과학책이다. 과학은 '질문과 가설 - 관찰과 실험 - 이론'의 쳇바퀴 속에서 발전한다. 단순히 제시하고 주장하는 게 아니라 정밀한 실험을 통해 가설을 증명하고 이론을 만들어 가는 과정을 보여준다.

동물도 미래를 예측할까? 의문을 풀기 위해 드 발은 작별 인사로 추정한 관찰을 소개한다. 동물들도 인사를 한다. 인사란 잘 아는 상대를 오랫동안 보지 못하다가 다시 만났을 때 보이는 행동이다. 문을 열고 들어가니 개가 달려들어 반긴다. 그런데 동물들도 헤어질 때 인사를 할까? 작별 인사를 하는 동물을 본 적이 있는가? 작별 인사는 앞으로 한동안 떨어져 있어야 한다는 사실을 알아야 한다.

드 발은 카워프라는 암컷 침팬지가 다른 침팬지 새끼들에게 젖병으로 우유를 먹이도록 훈련시켰다. 카워프가 새끼에게 우유를 먹이려면 새끼를 데리고 건물 안으로 들어와야 했다. 그런데 카워프는 건물 안으로 곧장 들어오지 않고 섬 이곳저곳을 돌아다니면서 다른 침팬지들에게 일일이 키스를 하고 들어왔다. 자고 있는 침팬지가 있으면 흔들어 깨워서 작별 인사를 했다. 카워프도 앞일을 생각하는 것이다. 놀랍지 않은가.

1장 '마법의 우물'과 2장 '두 학파 이야기'는 동물을 이해하는 방식에 대해서 썼다. 특히 2장에서는 동물행동학의 거대한 계보를 읽을 수 있다. 동물의 의식과 심리에 대한 기존 이론은 스키너의 상자로 대표되는 행동주의자들이었다. 이에 반한 새로운 입장은 동물행동학. 행동주의자들은 동물을 실험자가 원하는 것 외에 다른 것은 아무것도 할 수 없는 환경에 두고 그들에게 영향을 미치려 했다. 반면에 동물행동학자들은 자발적 행동에 더 큰 관심을 가졌다. 여기에 니코 틴베르헌이 등장한다. 그를 기껏해야 『이기적 유전자』를 쓴 리처드 도킨스의 박사과정 지도교수로만 기억하는 사람도 많지만 실제로 그는 동물행동학의 창시자다. 틴베르헌은 벌의 8자 춤을 발견한 카를 폰 프리슈, 『야생 거위와 보낸 일 년』 등을 쓴 콘라트 로렌츠와 함께 동물행동학 창시에 대한 공로로 1973년 노벨 생리의학상을 받는다.

그동안 동물의 생각 능력에 대한 심오한 통찰이 돋보이지 않았던 까닭은 행동주의자들이 각 개체의 특성이나 환경과는 상관없이 인간의 관점에 따라 일괄적으로 기준을 적용했기 때문이다. 다람쥐는 열까지 세지 못한다. 다람쥐의 삶에 필요가 없기 때문이다. 우리는 어젯밤에 주차한 차를 아침에 찾아 헤매기도 하지만 다람쥐는 그게 그것 같은 나무속에 숨겨놓은 도토리를 기가 막히게 찾아낸다.

협력, 유머, 정의, 이타심, 합리성, 의도, 감정처럼 '인간적'이라고 일컬어지던 요소들이 동물에게서도 잘 나타난다. 드 발은 그에 대한 증거를 수없이 보여준다. 문어는 사람의 얼굴을 알아보며 침팬지는 훈련을 받으면 인간을 능가하는 기억력을 갖게 된다. 돌고래들은 기절한 동료 돌고래의 호흡공이 물 밖으로 나와 숨을 쉴 수 있도록 몸을 떠받쳐준다. 물고기에서 침팬지까지 엄존하는 '의지력'에 바탕을 둔 위계질서는 동물들이 헌신과 배려로 자신의 세계를 유지하는 원동력이다.

하지만 아직까지도 사람만이 미래를 생각한다고 믿는 사람들이 있다. 우리 자신에게는 당연한 능력을 다른 동물에게서는 인정하지 않으려는 태도의 배경에는 우리 자신의 한계가 있다고 드 발은 생각한다. 그래서 이 책이 던지는 핵심 질문은 "우리는 동물이 얼마나 똑똑한지 알 만큼 충분히 똑똑한가?"이다. 이 질문은 한국어판의 부제이며 원서의 제목이기도 하다.

원서의 제목은 저자의 문제의식을 잘 보여준다. 하지만 한국어판 제목 '동물의 생각에 관한 생각'만큼 책 내용을 잘 보여주지는 못한다. '생각에 관한 생각'은 '인지(認知)에 대한 인지', 즉 메타인지(metacognition, 초인지)를 말한다. 우리는 메타인지를 의식과 결부시키는데 그 결과 메타인지는 인간의 독특한 능력이라고 간주했지만 그건 틀렸다.

『내 안의 유인원』이 인간 사회를 다룬 『보노보 혁명』을 낳았다. 『동물의 생각에 관한 생각』은 인간 사회에 어떤 영향을 미칠지 궁금하다. 프란스 드 발은 재레드 다이아몬드와 같은 방식으로 책을 쓴다. 책의 서두에 중요한 이야기를 다 하고 중간부터는 수없이 많은 예를 제시하는 식이다. 책을 다 읽고 나면 그 무수한 예 때문에 오히려 작가의 논지를 잃어버리기 일쑤다. 그래서 이 책을 다 읽은 다음에는 프롤로그와 1~2장을 다시 읽어야 한다.

인공지능이 열어갈
인류와 생명의 미래

『맥스 테그마크의 라이프 3.0』

아직도 가슴에 섭섭함이 남아 있는 책이 있다. 『사이언스 이즈 컬처』(노암 촘스키 외 지음, 이창희 옮김, 동아시아 펴냄)가 바로 그것. 에드워드 윌슨과 대니얼 데닛, 스티븐 핑커와 윌 라이트(시뮬레이션 게임 개발자)처럼 두 명의 석학이 짝을 지어 스물두 가지 키워드와 주제를 이야기하는 책이다. 『사이언스 이즈 컬처』는 2012년에 내가 읽은 최고의 책이었다. 하지만 주로 연말이면 발표되는 추천 도서 목록 가운데 어느 목록에도 추천을 올리지 못했다. 순전히 기억력 때문에. 나는 전해 12월에 발간된 책은 목록에서 빠트리기 일쑤인 사람이다.

서두에 5년 전 책 이야기를 한 이유는 올해 연말까지 기억하고 있어야 하는 책을 봤기 때문이다. 2017년 12월에 나온 『맥스 테그마크의 라이프 3.0』(백우진 옮김, 동아시아 펴냄)이 바로 그것. 닭의 해에서 개의 해로 바뀌는 시점에 읽었다. 2017년에 읽은 책 가운데 단연 최고의 과학책이다. 부제는 '인공지능이 열어갈 인류와 생명의 미래'. 유발 하라리가 이 책을 읽고 『사피엔스』를 썼다면 책 후반부의 완성도가 훨씬 높아졌을 것이다.

맥스 테그마크는 내게는 낯선 사람이다. 전작인 『맥스 테그마크의 유니버스』(김낙우 옮김, 동아시아 펴냄)가 2016년 4월에 출간되었고 내 책장에도 꽂혀 있지만 읽지는 못했다. 하필 내가 제일 싫어하고 어려워하는 주제인 다중우주론을 다룬 책이기 때문이다. '우주의 궁극적 실체를 찾아가는 수학적 여정'이라는 부제를 보고 어렵고 지루할 것이라고 지레 짐작했을 수도 있다. 1967년에 태어난 맥스 테그마크는 MIT 물리학과 교수로 우주론을 연구한다. 500번 이상 인용된 논문이 12편이나 된다. 우주론에 있어서 최고 권위자란 뜻이다. 『사이언틱 아메리칸』과 『뉴사이언티스트』 같은 매거진에도 수십 편의 기사를 썼다. 과학자일 뿐만 아니라 사이언스 커뮤니케이터로서도 능한 사람이라는 뜻이다. 아니나 다를까 BBC의 과학 다큐멘터리에도 출연했다.

우리나라에서 가장 유명한 물리학자 두 사람 가운데 한 사람으로, 『김상욱의 과학 공부』(동아시아 펴냄)와 『김상욱의 양자 공부』(사이언스북스 펴냄)를 낸 경희대학교의 양자물리학자 김상욱 교수는 새해를 두 시간 앞두고 페이스북에 올린 글에서 "내가 교수가 될 때 다짐했던 것이 있다. 훗날 정교수가 되어 여유가 생기면 생명의 신비에 대해 연구를 해보겠다는 것이다. 생물학자가 되겠다는 뜻은 아니고 생명의 본질(?)을 물리로 이해하고 싶다는 것이다. 사실 나는 물리학자지만 통일장이론보다 지구상 최초의 생명이 더 궁금하다. 암흑물질이나 암흑에너지보다 외계생명체의 생화학이 지구생명체와 얼마나 다른지가 더 궁금하다. 조만간 이 주제에 대해 심각하게 연구할 수 있는 기회가 오면 좋겠다."라고 썼다.

생각해보면 많은 물리학자들은 종국에는 '생명'이라는 주제에 몰두

	진화 단계	하드웨어	소프트웨어	도래 시기
라이프 1.0	생물적	진화	진화	40억 년 전
라이프 2.0	문화적	진화	많은 부분 설계	10만 년 전
라이프 3.0	기술적	설계	설계	우리가 사는 동안(?)

한다. 『삶과 온생명』(현암사 펴냄)과 『물질, 생명, 인간』(돌베개 펴냄)을 낸 장회익도 물리학자였으며, 생명과학자라면 한 번쯤은 읽고 어떤 통찰을 얻었을 『생명이란 무엇인가』(한울과 궁리에서 나온 번역본이 좋다)를 쓴 에르빈 슈뢰딩거 역시 파동역학에 대한 업적으로 1933년 노벨상을 받은 물리학자였다. 뛰어난 우주론 과학자이자 사이언스 커뮤니케이터인 맥스 테그마크 역시 생명이란 주제에 몰두하게 되었다. 그는 2014년에 이미 '생명의 미래 연구소'(Future of Life Institute)를 설립하고 생명이라는 주제에 천착했다. 단순히 시대의 흐름에 올라타기 위해 '인공지능이 열어갈 인류와 생명의 미래'를 다룬 책을 쓴 것이 아니라는 뜻이다.

왜 제목이 '라이프 3.0'일까? 맥스 테그마크는 자신을 설계하는 능력에 따라 생명을 세 단계로 나눴다.

자연의 섭리대로 하드웨어 진화로 등장한 인류(1.0)는 다른 생명과 달리 소프트웨어를 설계하고 전달하는 문명을 발전시켰으며(2.0) 마침내 이제 인공지능을 통해 하드웨어도 설계할 수 있는 새로운 생명체(3.0)로의 발전을 코앞에 두고 있다는 것이다. 간단하게 정리하고 버전 넘버를 붙여준 것은 고맙지만 여기까지는 누구나 생각하는 것. 이 책의 주제는

'라이프 3.0 시대는 언제 나타날 것인가?' 그리고 '그것이 인류에게 무엇을 의미할까?'이다. 책은 '언제?'와 '무엇?'을 묻는 수십 가지의 질문에 대해 차근차근 대답한다.

인공지능과 인류의 미래에 대해서 의견이 분분한 가장 큰 이유는 정의(definition)가 불확실하기 때문이다. 테그마크는 책 전체에 걸쳐서 지능, 인공지능, 강한 인공지능, 학습과 같은 수많은 표제어에 대해 정의한다. 그리고 발전의 역사를 추적한다. 인공지능의 학습능력 약진을 설명한 118~126쪽을 읽은 과학 강연자들은 상당히 고무되었을 것이다. 테그마크는 아타리 벽돌게임에서 알파고로 넘어가는 장면을 보여주었다. 과학 강연을 할 때 청중들에게 무수히 보여준 바로 그 장면이다. 그렇다. 우리는 같은 장면을 보고 같은 이야기를 했다. 우리는 여섯 번째 대멸종의 현장과 함께 라이프 3.0으로 진화하는 현장을 목격하고 있는 복된 세대다.

> "내게 가장 영감을 준 과학적 발견은 우리가 생명의 미래 잠재력을 극적으로 이해하게 됐다는 점이다. 우리의 꿈과 열망은 질병, 가난, 혼란으로 얼룩진 한 세기의 수명으로 제한될 필요가 없다. 그보다는 생명은 기술의 도움으로 수십억 년 동안 우리 태양계뿐 아니라 우주에 걸쳐 번성할 수 있다. 이는 이전 세대는 상상하지 못한 원대하고 고무적인 일이다." (277쪽)

6장 '우리의 우주적인 재능: 다음 수십억 년과 그 너머'는 저자가 우주론 물리학자임을 상기시킨다. 이 챕터를 읽으면서 물리학은 정말 아름다운 학문이라는 것을 다시금 깨달았다. 인공지능에 대해 그리고 인류의 미래에 대해 넓고 깊은 지식을 주면서 동시에 새로운 질문을 떠올리게 하는 책이다.

멸종 오리 찾아서 지구 세 바퀴 반

글렌 칠튼, 『이상한 조류학자의 어쿠스틱 여행기』

아시아와 아메리카 대륙을 갈라놓는 베링 해협에서 물이 빠진 적이 있다. 물이 빠진 베링 해협은 그 폭이 최대 700~1,100킬로미터에 달하는 제법 넓은 지역이었다. 당연히 사람이 살았다. 여기에 살던 사람들은 점차 동쪽으로 생활반경을 넓혀가다가 1만 4,000년 전에는 알래스카에 도달하였고, 큰 동물들을 쫓아 캐나다 내륙과 해안 지방으로 점차 이주하여 정착하였다. 그들은 대륙의 포유동물 135종을 멸종시켰다. 특히 덩치가 큰 포유동물은 4분의 3을 멸종시켰다.

1534년 프랑스의 탐험가 자크 카르티에가 캐나다 북동부의 래브라도 해안에 발을 들여놓았다. 유럽에서 건너온 사람들은 자신들보다 1만 년 이상 먼저 아시아에서 온 사람들의 땅을 가로챘으며 작은 동물들을 멸종시켰다. 1871년에 캐나다에서 마지막으로 총에 맞은 까치오리(Labrador duck)도 그 가운데 하나다. (지구의 마지막 까치오리는 1875년 미국 롱아일랜드 섬에서 죽었다.)

어린 시절 '위기에 처한 북미 야생 생물'이라는 카드를 수집하던 글렌

까치오리. 왼쪽이 암컷이고 오른쪽이 수컷이다.

칠튼은 '까치오리'에 꽂혔다. 이 카드의 최고봉인 1번이 까치오리였으며, 이미 멸종했다는 애잔함, 그리고 오리의 당당한 자태가 강한 인상을 남겼기 때문이다. 칠튼은 결국 새의 울음소리와 생활방식을 관찰하고 분석하는 조류학자가 되었다. 그리고 까치오리를 카드로 만난 지 25년이 흘렀을 때 전 세계에 남아 있는 55점의 박제표본과 9개의 까치오리 알을 직접 눈으로 보기 위해 40개 도시의 자연사박물관을 방문한다.

전교생이 600명에 불과한 작은 대학의 교수인 그는 자비를 탈탈 털어서 근근이 여행한다. 여행비를 아끼기 위해 마찬가지로 근근이 살아가는 외국의 젊은 여성학자와 함께 호텔방을 사용하는 일도 마다하지 않는다.

"지나와 나는 캐나다에서 가장 큰 인류 문화 및 자연사박물관인 로열온타리오 박물관으로 향했다. 이 박물관은 600만 점 이상의 유물을 비롯하여 내가 최초로 보게 될 까치오리 박제표본을 소장하고 있었다." (65쪽)

내가 미친다! 이 글을 쓰기 불과 한 달 전인 2013년 7월 4일 캐나다에 있던 나는 캐나다 가이드에게 토론토 자연사박물관을 안내해 달라고 요구했다. 그는 말했다. "토론토에는 자연사박물관이 없다!" 이게 무슨 망발이냐! 하지만 현지인이 우기는 데야 별수가 없었다. 그런데 이게 뭔가?

"오늘날 13만 4,000점의 조류 박제를 소장한 로열온타리오 박물관은 세계에서 약 13위이지만 새의 뼈대만 놓고 본다면 4만 2,500점으로 세계 1위다. 로열온타리오 박물관이 자연사 유물을 그렇게 많이 소장했으나 큰바다쇠오리나 까치오리가 없어서 한(Hahn)은 몹시 속상했던 모양이다. 그는 박물관에서 그 조류 박제를 소장하도록 최선을 다해 도왔다. 150년 전에는 박물관에 큰바다쇠오리가 필요하면 그저 최고액수를 지불하겠다는 말 한마디로 다 해결되었다. 혀를 내두를 만큼 고액을 제시한 순간, 빚에 쪼들린 수집가들이 한 마리 잡아오겠다며 곤봉을 든 채 아이슬란드 해안가의 외딴 섬으로 떠났으리라. 이제는 큰바다쇠오리와 까치오리가 완전히 멸종되었으므로 그런 일은 좀 더 까다로워졌다. 많은 박물관들이 차선책으로 박제사에게 여러 조류들을 짜깁기하여 위조품을 만들도록 했다. 한은 이런 방식을 해결책으로 받아들일 수 없었다. 가장 확실한 방법은 다른 기관이 소장한 표본을 구입하거나 교환하는 것뿐이었다. 아무튼 그는 까치오리를 한 마리 훔쳐올

생각은 없었다.” (66~67쪽)

그렇다, 글렌 칠튼의 『이상한 조류학자의 어쿠스틱 여행기』(위문숙 옮김, 메디치미디어 펴냄)에는 결정적인 단점이 있다. 그것은 바로 한국어판이 너무 늦게 나왔다는 것이다. 캐나다 토론토에서는 2009년에 출판된 책이 비행기로 불과 14시간 떨어진 서울에서는 2013년에야 출판되었다. 그것도 하필 7월 15일. 한 달만 일찍 나왔더라도 나의 이번 여름 캐나다 여행은 신나는 모험이었을 것이다.

로열온타리오 자연사박물관의 한은 다른 데서 까치오리 한 마리를 훔쳐올 생각이 없었다. 대신 1965년 3,500달러를 지불하고 뉴욕의 안전금고에서 한 마리를 꺼내와 토론토의 안전금고로 옮겼다.

전시된 곳들이 있기도 하다. 그것도 아주 허술하게. 글렌 칠튼이 방문한 두 번째 도시는 몬트리올이다. 1882년에 세운 맥길 대학교의 레드패스 박물관은 캐나다가 최초로 설계한 박물관 건물이다. 나는 이곳에 7월 3일에 방문했다. 이 박물관에 대한 내 느낌은 글렌 칠튼의 그것과 같다.

“캐나다자동차협회는 ‘소장품의 전시 상태는 예전과 거의 비슷하다’라고 너그럽게 설명해 놓았다. 이것은 전시 상태가 칙칙하고 먼지투성이며 지루하다는 의미의 정중한 표현이다. 하지만 몬트리올에서 폭풍우를 만났는데 커피 한 잔 마실 돈이 없다면 가볼 만한 곳이다.” (75쪽)

토론토의 로열온타리오 자연사박물관에 간다고 해서 까치오리를 볼 수는 없다. 수장고에 깊숙이 보관되어 있기 때문이다. 하지만 래드패스 박물관은 다른 선택을 했다. 감춰둔 표본으로는 멸종에 대한 교육적인 효과를 거둘 수 없다는 이유로 2007년 까치오리를 전시하기로 결정했다. 래드패스 박물관의 까치오리는 유리 보관함에 넣어서 2층과 3층 사이의 계단참에서 볼 수 있었다. 유리 보관함에 들어 있는 까치오리에 관심을 주는 사람은 거의 없었다. 그야말로 허접한 박제였기 때문이다. 하지만 2009년 캐나다에서 글렌 칠튼의 책이 발간되자 박물관은 다시 정책을 바꾸어 까치오리를 수장고로 옮겼다. 책이 나오고 나자 까치오리 박제의 가치를 깨달은 것이다.

2013년 6월 27일에 방문한 레드패스 박물관의 층계참에는 화가 난 고릴라와 표범, 영양 등의 박제도 전시해 놓았다. 정말 훌륭하고 사랑스러운 박제다. 원래 이 박제들은 유리장 속에 고이 모셔진 채 전시되어 있었지만, 새로 취임한 박물관장에게는 자신의 전공인 광물을 전시할 공간이 모자랐다. 신임 박물관장은 고릴라 등의 멋진 박제를 유리장에서 층계참으로 옮겼다. 박제가 아무리 훌륭하고 완벽하게 보존된다고 해도 기껏해야 500년 정도 버틸 뿐이다. 하지만 이런 식으로 먼지에 노출시킨다면 그 수명은 불과 몇십 년으로 줄어들고, 그 아름다움도 순식간에 사라진다. 화난 고릴라의 표정을 볼 때 내 가슴이 다 아팠다.

세계 유수의 자연사박물관이 소장하고 있는 조류의 표본은 수만~수십만 점이다. (대한민국 최고의 자연사박물관인 서대문자연사박물관의 조류 표본 수는 국가안보 차원에서 절대로 공개할 수 없다.) 생명의 다양성을 강조하고 보존해야 할 자연사박물관이 이렇게 많은 표본을 수집하는 것이 과연 옳은 것일까? 여기에 대해 글렌 칠튼은 이렇게 말한다.

> "공공 박물관의 죽은 동물로 가득한 진열장은 관람객의 인기를 끌기 어렵다. 하지만 유능한 가이드가 제대로 설명해주면, 이런 전시물을 통해 자연의 조화로움과 다양성을 이해할 수 있다. 어떤 사람들은 연구실의 알이나 박제 자료를 비윤리적인 것으로 여기기도 한다. 하지만 조류를 신중하게 채집한다면 개체 수에 거의 영향을 끼치지 않을뿐더러 조류학의 과학적 접근이 가능해진다. 까치오리가 멸종에 이른 이유는 박물관의 수집품과 상관이 없다. 그리고 이처럼 박제표본이 없다면 그들의 영구적인 소멸을 생생하게 기억하지도 못한다." (88쪽)

정말 이 책은 빨리 나와야 했다. 파리에 갔을 때 당연히 월요일에는 파리 자연사박물관이 문을 닫았을 것이라고 지레짐작하고 포기했는데, 파리 자연사박물관은 월요일에도 연다. 으이그.

까치오리라고 하는 듣도 보도 못한 조류 박제를 찾아다니는 이야기가 뭐가 재미있겠는가? 하지만 이 책은 무척 재밌다. 우리는 글렌 칠튼과 함께 세계 각국의 도시를 코미디의 장면처럼 여행한다. 도시와 박물관 그리고 함께 여행한 이들에 대한 그의 평은 신랄하면서도 진지하다. 예를 들면 이런 식이다.

> "카트리나는 능수능란하게 치근덕거렸다. 소금을 건네 달라고 말하는 대신, 오른팔을 내 어깨에 두르고 왼팔을 쭉 뻗었다. 그녀의 다리는 내 다리와 자

꾸 스쳤는데 우연이라고 하기에는 너무 잦았다. 그녀가 말을 할 때면 숨이 내 뺨을 스쳤다. 그날 밤늦게 호텔로 가는 도중에 잡목 뒤에서 소변을 보다가 운하로 굴러 떨어졌다. 참으로 교활하구나, 네덜란드 운하여.” (195쪽)

글렌 칠튼의 치열한 노력에도 불구하고 55마리 가운데 결국 한 마리를 보지 못한다. 뉴욕 시의 미국 자연사박물관에서 한 점이 도난당했기 때문이다. 30년 전 천장에 파이프를 설치하는 공사를 할 때 전시장 점검구를 잠깐 열어놓았다. 이때 일꾼이나 관람객이 그 사실을 알아채고는 까치오리를 꺼내어 유유자적 사라진 것이다. 이런 일도 다 있다.

사람들은 내가 자연사박물관 관장을 지냈다고 하면 전 세계 자연사박물관을 다 돌아다녔을 것이라 기대한다. 헐. 아마 세계에서 글렌 칠튼만큼 자연사박물관을 많이 다닌 사람은 없을 것이다. 그의 박물관 평에 귀 기울일 만하다. 글렌 칠튼은 독일 마인츠 박물관에 대해 이렇게 말했다.

“1955년에 할아버지의 부엌에서나 보았음직한 페인트를 칠해 놓았고, 백열등은 불이 나가 있었다. 난방 장치가 훤히 들여다보였다. 수십 년 전에 타자기로 친 설명문 몇 장이 성의 없이 붙어 있었다. 예술적인 면이라고는 눈을 씻고 찾아도 없었다.” (217쪽)

글렌 칠튼을 흐뭇하게 만든 박물관들은 대개 작지만, 이야기를 염두에 두며 전시물을 배치했다든지, 어린이 관람객을 위해 만져도 되는 모형을 설치한 박물관들이다. 이런 곳에서는 어린이들이 전시에 ‘홀딱’ 빠져 친구들과 조잘조잘 자신의 생각을 나눌 수 있기 때문이다. 맞다. 박물관은 재정보다 행정가들의 상상력과 학예사들의 열정이 만들어가는 곳이다.

뉴욕 자연사박물관이나 워싱턴의 스미스소니언 자연사박물관을 다녀온 사람들이 서대문자연사박물관을 찾아와서 규모를 비교하곤 한다. 그때마다 내가 해주는 말들이 있다. "스미스소니언 자연사박물관은 일주일 관람해 봐야 다 못 본다. 하지만 서대문자연사박물관은 세 시간이면 다 본다. 이것은 어마어마한 장점이다."

과학서 저술가이자 번역가인 이한음은 "이 책이 재미와 감동을 주는 것은 바로 여행기, 직접 겪으면서 고생한 이야기이기 때문이다."라고 이야기하면서, "눈과 귀만 혹사하고, 본래 인류의 기원을 담당했던 두 발은 무용지물이 되어가고 있는 이 시대에도, 여전히 발로 뛰어서 지식을 얻을 필요가 있으며, 그 지식이 여전히 감동과 깨달음을 준다."는 점에서 이 책의 가치를 높게 평가한다.

참, 까치오리를 일반인이 제대로 볼 수 있는 곳은 베를린 자연사박물관이다.

시인의 동물감성사전

권혁웅, 『꼬리 치는 당신』

따뜻한 겨울을 나고 있다. 아직까지는. 그러던 중 눈이 내리고 날이 추워질 것이라는 일기예보가 있었다. 이때다! 철원 평야로 1박 2일의 짧은 탐조여행을 떠났다. 두루미 같은 겨울 철새를 보려면 눈이 쌓이고 추워야 한다. 그러면 들판에서 먹이를 찾기 어려워진 두루미들이 강변으로 몰리기 때문이다. 철원의 두루미보호협회 회원들이 먹이를 주는 곳 앞에는 위장막 사이로 컨테이너가 있다. 거기에 가만히 앉아 있으면 두루미들이 날아온다.

그런데 웬걸! 눈 내리고 추워지기는커녕 따뜻한 날이 이어진다. 한참을 앉아 있어봐야 저 멀리 있는 두루미 몇 마리 본 게 다다. 그러다가 우연히 찾아간 민박집이 철원 두루미보호협회의 초대 회장 댁이었다. 거기서 전국에서 잘못된 일기예보를 믿고 찾아온 유명 사진작가들을 만났고 이들에게서 두루미와 쇠기러기에 관한 이야기를 들었다. 아마추어로 시작해서 한 분야만 파는 전문 사진작가의 반열에 들어간 사람들의 공통점은 직장에서 은퇴한 나이에 이른 할아버지라는 것. 하긴 그렇지 않고서야 일기예보만 보고 전국을 누빌 여유가 없지 않겠는가!

당연히 그들의 이야기가 재밌다. 50줄에 갓 들어선 나도 마치 꼬맹이 시절 외할머니 무릎에 앉아서 이야기를 듣는 것 같았다. 생각해보면 정작 재밌는 자연 이야기는 책이 아니라 이런 말로 전해진 것들이다. 같이 간 '조류' 담당 학예사의 이야기보다 더 재밌다. 몇 부분은 좀 의심스러운 대목도 있었으나 나중에 확인해 보니 과학적으로도 거의 옳았다. 이렇게 자연 이야기를 토막토막 해주면 얼마나 좋을까? 할머니 이야기처럼 다른 곳으로 좀 빠지면서 말이다. 정작 교훈은 샛길에서 얻는 것 아니던가.

책장을 살펴보니 이런 유의 책이 몇 권 있다. 최근에 읽은 책으로는 『동물들도 이빨을 닦나요?: 동물들의 궁금한 세계, 무엇이든 물어보세요』(헤닝 비스너·발리 윌러 글, 귄터 마타이 그림, 박정희 옮김, 소년한길 펴냄) 『낙타는 왜 사막으로 갔을까: 살아남은 동물들의 비밀』(최형선 지음, 부키 펴냄)이 있다. 모두 재밌다.

『동물들도 이빨을 닦나요?』에는 52개의 질문이 나온다. 일주일에 하나씩 아이들에게 읽어주라는 건가? 간단한 질문에 대해 한 쪽의 텍스트와 한 쪽의 그림으로 답해주는 식이다. 외국 책이다 보니 주로 질문도 외국 사람이 할 만한 것들이다. 예를 들면 '황새는 왜 아기들을 데려오나요?'라고 묻는 식이다.

여기에 과학자들에게 대답을 하라고 한다면, "황새 부모들은 둥지 안의 자기 새끼 돌보느라 사람의 아기까지 신경써주지는 못해요."라고 짧게 답한 다음에 이런 식으로 장황하게 이야기할 것이다.

"황새는 천연기념물 199호다. 유감스럽게도 우리나라 자연에서는 황새를 볼 수 없다. 마지막 수컷은 1971년 밀렵꾼의 총에 맞아 죽었고 평생을 함께한 마지막 암컷도 1994년 창경원동물원에서 숨을 거뒀다. 마지막 수컷은 현재 경희대학교 자연사박물관에 표본으로 보관되어 있다. 1996년에 황새복원센터가 설립되고 독일과 러시아에서 두 마리의 황새를 도입해서 번식을 시작했다. 현재는 황새 개체수가 거의 100마리에 이른다." 재미없다.

그렇다면 유럽 할머니라면 어떻게 대답을 할까? 『동물들도 이빨을 닦나요?』는 우선 까마귀는 안 된다고 말한다. (서양에서 까마귀는 '좋은' 새다.) 계속 깍깍거리느라 날아오는 도중에 아기를 떨어뜨릴지도 모르기 때문이다. 덩치가 커야 한다. 그래서 떠오른 새가 황새다. (체중 4킬로그램, 날개폭 2미터에 이르는) 힘이 센 황새만이 이 임무를 해낼 수 있을 거다. 이 이야기를 들으면서 아이들은 자연스럽게 황새가 얼마나 큰 새인지 알게 될 것이다. 물론 어린 아이들에게 적당한 책이다.

조금 전문적인 이야기가 들어간 동물이야기 책으로는 『낙타는 왜 사막으로 갔을까』를 최고라고 꼽을 수 있다. 생태학 박사이면서 '알트루사 재미있는 학교' 교장 선생님으로도 여러 해 동안 활동했던 최형선 박사는 치타, 줄기러기, 낙타, 일본원숭이, 박쥐, 캥거루, 코끼리, 고래에 대한 서른여섯 가지 이야기를 한다. 각 챕터마다 한 쪽짜리 간단한 과학적인 설명이 있다. 안 읽어도 된다. 이 책의 목적이 그게 아니니까. 이 한 쪽을 읽느라고 시간을 보내기에는 뒤에 이어지는 이야기가 너무 재밌다.

'줄기러기는 에베레스트를 넘는다'라는 장은 인도의 저지대에서 겨울을 보낸 뒤 에베레스트 산을 넘어 티베트 고원에 있는 번식지로 이동하는 줄기러기 이야기다. 여객기 비행고도가 9,000미터 정도인데 줄기러기도 이 높이로 비행한다. 왜 이렇게 되었을까? 최형선 박사는 지각판 변화로 인한 산맥의 상승 현상이 서서히 일어났기 때문이라고 설명한다. 지금도 히말라야는 인도판이 유라시아판을 밀고 조금씩 북상하면서 해마다 1센티미터씩 높아지고 있다. 줄기러기가 히말라야를 넘어 인도와 티베트로 오가던 습성은 차츰 높아진 고도에 적응하게 되었는데, 새로운 세대가 앞 세대로부터 이주 경로를 배우고 다음 세대에게 가르치는 동안 이 습성이 줄기차게 이어졌다는 것이다.

(그런데 궁금하지 않은가? 우리는 뒷산에만 올라가도 숨이 헉헉 차는데 어떻게 줄기러기는 산소 농도가 해수면의 4분의 1밖에 안 되는 에베레스트 산을 우아하게 넘어갈 수 있는가 말이다. 궁금하시면『진화의 키, 산소 농도』(피터 워드 지음, 김미선 옮김, 뿌리와이파리 펴냄)를 보시라.)

줄기러기를 이렇게 이야기한 책도 있다.

"높이, 더 높이

줄기러기는 인도와 티베트의 서식지를 오간다. 알다시피 그 사이엔 히말라야 산맥이 있지. 8,000미터 이상인 산들을 넘어가는 일은 새들에게도 엄청난 고난이다. 시속 145킬로미터의 바람, 평소의 4분의 1에 불과한 산소, 독수리들의 공격…. 곤고한 삶이란 이럴 때 쓰라고 있는 말이겠다. 이보다 더 한 극한이 없으니.

히말라야 산들은 인도 지각이 아시아 지각 밑으로 파고들기 때문에 지금도 계속 솟아오르고 있다. 1년에 10센티미터씩. 그러니까 새들은 매년 높이뛰기 신기록에 도전하는 중이지. 엄마, 나 작년보다 10센티미터 더 높이 날았어."

『꼬리 치는 당신: 시인의 동물감성사전』(권혁웅 지음, 김수옥, 김다정 그림, 마음산책 펴냄)의 한 꼭지다. 제목을 보지 않고도 저자가 시인이라는 것은 금방 알 수 있다. 책은 특이하다. "『꼬리 치는 당신』은 OOO한 책이야"라고 간단히 이야기할 수 없다. 시집이기도 하고 에세이집이기도 하며 사전이기도 하고 과학책이기도 한 것 같은데, 딱히 시집도 아니며, 에세이집도 아니고 사전도 아니며 그렇다고 과학책은 더더욱 아니다. 트윗 모음집인 것은 분명하다. 덕분에 한 꼭지가 대개 원고지 1매 정도다. 위에 인용한 줄기러기 항목은 꽤 긴 꼭지에 속한다.

이 책에는 미덕이 많다. 그 가운데 하나는 참고문헌이다. 어디 굴러다니는 이야기에 저자의 입담을 입힌 책이 아니란 거다. 권혁웅 시인은 신뢰할 수 있는 문헌을 참고했다. 바짝 말라 있는 정보를 가지고 이렇게 맛깔 나는 이야기를 할 수 있는 것은 넘치는 문학적 감수성이 시인에게 있기 때문일 것이다. (음, 과학자들은 죽었다 깨어나도 이렇게 못 쓴다. 몇 분 빼고는.)

결정적인 미덕은 항목 수다. 자그마치 511개에 이른다. 김소연 시인은 책 뒤표지에 실린 추천사에서 '집대성'이란 표현을 썼다. 맞다. 집대성!

『낙타는 왜 사막으로 갔을까』와 『꼬리 치는 당신』에 실린 줄기러기 이야기를 위에 소개했다. 이 글을 읽으면서 독자들은 고개를 갸웃했을 것이다. 히말라야 산맥이 일 년에 높아지는 높이가 1 센티미터일까, 10 센티미터일까? 당연히 1 센티미터다. 10 센티미터씩 오른다면 10년마다 백과사전을 고쳐야 하는 일이 발생할 테니까…. 아마도 『꼬리 치는 당신』의 참고문헌 목록에도 있는 『낙타는 왜 사막으로 갔을까』를 읽고서 트윗을 날리는 사이에 오타가 발생했을 것이다. 항목마다 과학적으로 불분명하거나 오해를 한 것들이 가끔 보인다. 하지만 그건 중요한 게 아니다. 중요한 것은 시인이 동물을 통해서 우리에게 하고 싶은 이야기일 것이다. 권혁웅 시인은 외할머니 스타일은 아니다. 하지만 충분히 재밌게 전달하고 있다.

철원 평야에서 두루미를 겨우 몇 마리 본 후 민박집에 묵을 때 읽은 두루미 항목을 소개한다.

> "'날못쓰'라는 별명
>
> 일부일처제. 몇 년간 아이를 키운다. 사교적이어서 춤을 잘 춘다. 오래된 과거를 기억하며 복잡한 방식으로 의사소통한다. 여든까지도 산다. 두루미 얘기인데, 자기들끼리는 우리더러 이럴 거야. 우리랑 비슷한데, 글쎄 하늘을 날지 못한대. 불쌍해서 어쩌니? 날지도 못하는 쓰레기라니."

참, 각 항목마다 그려져 있는 동물 수묵화는 아름답다.

물고기에 대한 오해 풀기

조너선 밸컴, 『물고기는 알고 있다』

"음, 또 한 권의 사이비 과학책이 나왔군."

2013년 『식물은 알고 있다』(대니얼 샤모비츠 지음, 이지윤 옮김, 다른 펴냄)가 출간되었을 때 내가 내뱉은 말이다. 제목이 딱 그랬다. 『식물의 정신세계』와 『물은 답을 알고 있다』라는 무지하게 인기를 얻은 두 권의 가짜 과학책 제목을 짬뽕한 것이라는 느낌이 들었다.

하지만 달랐다. 우리가 접하는 식물 책은 도감류 아니면 이유미 박사의 『광릉 숲에서 보내는 편지』(지오북 펴냄)처럼 꽃과 나무에 관한 아름다운 문체의 생태적 해설서뿐이다. 식물의 생리와 감각을 건조하게 다룬 책은 거의 없다. 그런 점에서 『식물은 알고 있다』는 첫인상과는 달리 매우 훌륭한 책이다. 이 책은 내게 귀한 교훈을 주었는데 그것은 근사한 제목에 속아서도 안 되지만, 다른 나쁜 책과 제목이 비슷하다고 내용마저 나쁠 것이라고 생각해서는 안 된다는 것이다.

역시 경험은 중요하다. 『물고기는 알고 있다』(조너선 밸컴 지음, 양병찬 옮김, 에이도스 펴냄)가 출간되었을 때는 의심하지 않고 책을 펼쳤다. 물론 여기에는 에이도스 출판사가 『깃털』(소어 핸슨 지음, 하윤숙 옮김)과 『새의 감각』(팀 버케드 지음, 노승영 옮김) 같은 뛰어난 과학책을 연달아 냈으며, 책을 옮긴이가 양병찬이라는 점에서 신뢰한 것도 사실이다.

우리는 그냥 '물고기'라고 통칭한다. 그런데 그들을 단순히 물고기라고 하기에는 너무나 다양하다. 지금 알려진 물고기는 57목 482과 32,100종이나 된다. 이것은 나머지 척추동물(양서류, 파충류, 조류, 포유류)을 모두 합친 것보다 많다.

물고기는 크게 무악어류와 연골어류 그리고 경골어류로 나눈다. 턱이 없다는 뜻인 무악어류에는 115종이 있는데 우리나라에서는 칠성장어와 먹장어를 볼 수 있다. 연골어류는 상어, 가오리, 홍어처럼 연골로 된 어류다. 약 1,300종 정도가 있다. 가장 많은 종류는 뼈가 단단한 경골어류인데 31,000종에 달한다. 그러니까 어류는 거의 경골어류라고 보면 된다.

경골어류는 다시 조기어류와 육기어류로 나뉜다. 조기어류는 지느러미에 부챗살 같은 줄기가 있고, 육기어류의 지느러미는 육질 덩어리 성분으로 되어 있다. 횟집 접시에 올라와 있는 물고기의 등지느러미를 생각해보자. 지느러미에 부챗살 같은 줄기가 있던가? 있다. 모두 있다. 우리가 알고 있는 거의 모든 물고기는 조기어류라고 보면 된다.

연골어류와 경골어류는 절대로 가까운 사이가 아니다. 그 둘의 차이는 포유류와 조류만큼이나 멀다. 경골어류인 고등어는 연골어류인 가오리보다는 차라리 사람에 더 가깝다.

우리는 물고기를 단순하게 물고기로만 부르던 게 아니었다. 그들에 대해 무수히 많은 오해를 하고 있었다. 예를 들어 우리는 물고기는 변온동물이라고 알고 있다. (과학자들은 변온동물을 외온성 동물이라고 표현한다.) 그런데 책에는 이런 장면이 나온다.

"2015년 3월, 과학자들은 진정한 정온 고기를 처음 소개했는데, 주인공은 바로 빨간개복치다. 빨간개복치는 수심 수백 미터의 차가운 물속에서도 수온보다 높은 체온을 유지하는데, 비결은 기다란 가슴지느러미와 아가미 때문이라고 한다. 즉, 가슴지느러미를 퍼덕임으로써 열을 발생시키고, 아가미 속에 존재하는 역류성 열교환 시스템을 이용하여 체온을 유지한다는 것이다." (31쪽)

이 책의 놀라운 점은 저자가 책을 쓰고 있던 시점인 2016년에 출판된 논문들도 소개되고 있다는 것이다. 저자는 책을 집필할 때 유통된 논문을 즉시 대중화했고, 출판사는 재빠르게 옮겨냈다. 우리나라에서 빨간개복치를 보려면 '대한민국 박물관의 꽃'으로 일컬어지는 서대문자연사박물관 2층에 가야 한다. 거기에는 '붉평치'라는 이름으로 전시되어 있다.

물고기에 대한 가장 큰 오해는 물고기는 통증을 느끼지 못한다거나 기억력이 3초에 불과하다는 것이다. 물고기가 이런 오해를 산 데는 사람들의 낚시 경험이 부풀려져 전파되었기 때문이다. 낚은 물고기를 물로 되돌려 보냈는데 그 물고기가 금방 다시 미끼를 문다. 이것은 물고기가 아프지 않았든지, 아니면 그새 낚시에 걸린 사실을 잊었다는 뜻이라고 우리가 그냥 믿는 것이다.

동물학자인 저자는 물고기도 인식능력이 있고 통증을 느끼며 기억력이 좋다는 사실을 대중에게 알리기 위해서 이 책을 썼다. 물론 철저하게 과학적인 논거를 제시한다. 1부에서 물고기에 대한 오해를 나열한 저자는 2부에서는 먼저 물고기의 시각, 청각, 후각, 미각과 함께 촉각과 전기 수용성을 증명하는 어류학자들의 다양한 실험을 소개한다. 감각은 인식의 전제조건이기 때문이다. 3부는 감각을 바탕으로 한 공포, 쾌감, 놀이, 호기심 같은 물고기의 느낌에 대한 이야기다. 그리고 4부는 물고기의 지능과 학습에 대한 다양한 실험을 소개한다. 4부의 실험 전개는 굳이 물고기 이야기가 아니라 과학의 작동 방식을 이해하는 예로써도 훌륭하다. 과학적인 논리 전개를 잘 보여준다.

이 책의 미덕은 5부 '물고기의 사회생활'에 들어 있는 11장 '협동, 민주주의, 평화 유지'라는 챕터다. 물고기의 협력과 분배, (사냥을 위한) 정책 결정 그리고 이웃과 평화롭게 지내려 노력하면서도 결정은 단호하게 하는 모습을 보고 있노라면 우리의 민주주의가 얼마나 허약한지 반성하게 된다.

물고기가 통증을 망각하고 미끼를 다시 덥석 물어서 '물고기 기억력은 3초'라는 오해를 불러일으킨 이유에 대해 저자는 이렇게 설명한다.

> "이들은 먹는 게 최우선입니다. 왜냐고요? 환경이 너무 불확실해서, 먹이를 보면 도저히 지나칠 수 없기 때문이죠. 많은 물고기들은 심지어 배가 꽉 찬 상태에서도 먹이를 먹습니다." (107쪽)

물고기도 아프고, 아픈 게 기억이 나지만 먹어야만 하는 상황에 처해 있는 것이다. 살아 있는 채 살을 벗겨 먹지는 말자. 야만이다. 물은 답은커녕 아무것도 알지 못한다. 듣지도 보지도 못하기 때문이다. 하지만 물고기는 우리와 같이 느끼고 생각하고 기억한다.

지금 보니 『식물은 알고 있다』와 『물고기는 알고 있다』의 원제는 각각 '*What a Plant Knows*'와 '*What a Fish Knows*'다. '~은 알고 있다'는 꽤 매력적인 제목인 것 같다.

소설보다 재미있는 진화의 역사

션 캐럴, 『진화론 산책』

어릴 때 보던 TV 시리즈 〈타잔〉에는 거의 매회 백인들이 등장했다. 그들은 대개 둥근 챙 모자를 쓰고 주머니가 큰 베이지색 사파리복을 입었다. 이들은 딱 두 부류로 나뉜다. 한 부류는 장총을 어깨에 메고 앞을 보며 걷는 사람들이고 다른 부류는 장총을 손에 쥐고 무릎을 살짝 굽힌 채 위를 쳐다보며 두리번거리는 사람들이다. 장총을 어깨에 멘 사람은 좋은 사람, 장총을 손에 든 사람은 나쁜 사람일 확률이 높다.

2012년 여름 마다가스카르를 탐험할 때 이살루 국립공원에서 딱 이런 복장을 한 사람을 한 명 만났다. 다행히 그는 장총 대신 카메라를 메고 손에는 지팡이를 쥔 백발이 성성한 노인이었다. 이 독일인이 말했다. "인생은 탐험이다. 하지만 나이 일흔이 넘고 아내와 사별한 다음에야 진짜 탐험을 하게 되었다. 이번 탐험을 준비하면서 가장 힘들었던 일은 바로 이 사파리복을 구입하는 것이었다." 생각해 보니 내 마음에 '탐험'의 불을 지폈던 로빈슨 크루소도 같은 복장이었다. 불의의 사고로 무인도에 정착하게 된 로빈슨 크루소도 탐험 복장을 갖추었는데, 계획에 따라 마다가스카르에 온 나는 마실 복장이라니…. 마다가스카르에게 살짝 미안한 마음이 들었다.

독일 노인의 말대로 인생은 탐험이다. 내어난 것부터가 그랬다. 어린 시절 뒷산과 바닷가 바위틈이 우리의 탐험지였다. 하지만 거기는 어린 우리에게도 너무 좁았고 친구가 없다면 탐험은커녕 산책할 기분도 안 나는 곳이었다. 결국 우리는 〈로빈슨 크루소의 모험〉과 〈해저 2만 리〉로 멀리 탐험을 떠났다. 아! 〈엄마 찾아 3만 리〉도 있었다. 나이가 제법 든 다음에는 진짜로 탐험에 나설 기회를 만들 수 있었지만 그러지 않았다. 탐험심이라는 원심력보다 귀소본능이라는 구심력이 언제나 더 컸기 때문이다. 덕분에 나는 역사를 쓰지 못했다.

역사를 개척한 사람들은 모두 탐험가들이었다. 그들은 비범한 경험을 통해 뛰어난 업적을 이뤄냈다. 그들은 아무도 가보지 못한 곳을 가고, 아무도 보지 못한 것을 보며, 아무도 생각하지 못한 것을 생각해 냈다. 『진화론 산책』(션 B. 캐럴 지음, 구세희 옮김, 살림Biz 펴냄)은 자신의 꿈을 좇아 머나먼 땅을 여행하고, 야생의 이국을 보고, 아름답고 희귀하며 기이한 동식물을 수집하고, 이미 멸종된 동물의 화석이나 인류의 조상을 발견한 사람들의 이야기다. 그들은 목숨을 위협하는 고난과 상상할 수 없는 고독을 이겨내며 채집활동을 하였다. 하지만 그들이 이뤄낸 것은 생존이나 채집 그 이상이었다. 그들은 순식간에 수집가에서 과학자로 탈바꿈하였다. 그들은 자연에 대해 가장 근본적인 질문을 던졌고 그들의 대답은 인류의 세계관을 영원히 바꿔놓을 혁명에 불을 질렀다. 새로운 세계관이란 바로 '진화'다.

이 책은 진화이론이 아니라 진화이론을 개척한 과학자들의 삶에 관한 이야기다. 그런 책을 왜 읽어야 할까? 저자 션 캐럴은 머리말에서 이렇게 말한다.

> "나는 과학자들이 자신의 업적을 향해 걸었던 고난의 길을 곁에서 따라가면서 관찰하면 과학을 더 잘 이해하고 즐길 수 있으며 기억하기 쉬워진다고 생각한다."

이야기의 시작은 찰스 다윈이 아니라 알렉산더 폰 훔볼트(1장)다. 훔볼트가 모든 과학자의 아버지라고 불리는 까닭은 탐험을 통해 거의 모든 과학 분야에 중요한 기여를 했기 때문이다. 그의 탐험은 후세 자연과학자들에게 영감을 불어넣으며 그들이 밟을 길을 미리 닦아주는 역할을 했다. 그러나 그는 '미스터리 중의 미스터리', '의문 중의 의문', '생물학 궁극의 문제'라는 종의 기원 문제를 해결할 방법을 제시하지는 못했다. 훔볼트는 과학 혁명 이전의 사람이었던 것이다.

저자 션 캐럴은 냉정한 사람이다. 훔볼트를 다른 열두 명의 과학자들과 단호하게 분리했다. 훔볼트를 제외한 나머지 십여 명의 과학자를 3부로 나누어 소개한다. 제1부 '이론의 발전'에는 누구나 상상할 수 있는 인물인 찰스 다윈(2장)이 가장 먼저 나온다. 그리고 그와 동시대인으로 자연선택 이론을 만든 앨프리드 러셀 월리스(3장)와 그의 동료 헨리 월터 베이츠(4장)가 소개된다.

2장은 찰스 다윈의 저서 『나의 삶은 서서히 진화해왔다』(이한중 옮김, 갈라파고스 펴냄) 『비글호 항해기』(권혜련 외 옮김, 샘터 펴냄) 『종의 기원』 그리고 데스먼드와 무어 공저의 『다윈 평전』(김명주 옮김, 뿌리와이파리 펴냄)의 요약본이라고 할 수 있다. 가장 중요하지만 다윈을 좋아하는 독자라면 빤한 이야기들이다.

이 책의 장점은 3장부터다. 찰스 다윈에게 편지를 보내 깜짝 놀라게 했다, 그래서 다윈이 급히 논문을 써서 공동의 이름으로 발표했다, 라고만 흔히 알고 있는 앨프리드 러셀 월리스의 탐험이 펼쳐진다. 월리스는 노동자 계급으로 자수성가한 사람이다. 그는 돈이 될 만한 것들을 수집해야 했다. 그러다가 자신이 찾은 종의 다양성과 각 종의 개체 간 차이, 그리고 그것을 찾은 장소에 높은 관심이 생겼다. 이것은 단순히 돈을 벌기 위해 표본을 수집하는 사람의 관심이 아니다. 월리스가 과학자로 변신하는 과정이 생생하다.

1855년 보르네오 섬에서 우기를 보내던 월리스는 종들이 마치 '가지가 많은 나무'처럼 연결돼 있다는 생각을 했다. 오래된 나뭇가지에서 새로운 잔가지가 생겨나듯 새로운 종이 오래된 종에서 나온다는 것이다. 이것은 'I think'로 시작하는 찰스 다윈의 1838년 메모와 같은 것이다. 월리스는 다윈이 거의 20년 동안이나 고민만 하며 차마 세상에 내놓지 못했던 바로 그 주장을 했다. (만약에 월리스가 없었다면 다윈은 끝까지 출판의 용기를 내지 못했을지도 모른다.)

월리스는 '생물지리학'의 창시자가 되었다. 그는 서쪽에 있는 보르네오 섬과 동쪽에 있는 뉴기니 섬의 생물 종 분포에서 특이한 점을 찾았다. 서쪽의 섬에는 원숭이와 호랑이 같은 열대 동식물이 있고 동쪽의 섬에는 캥거루와 쿠스쿠스처럼 주머니가 달린 유대류만 산다. 양쪽 섬 사이의 거리가 30킬로미터에 불과한데도 살고 있는 새들도 전혀 다르다. 월리스는 동부의 섬들은 뉴기니, 오스트레일리아와 한때 서로 연결돼 있었고, 서부의 섬들은 아시아 대륙의 일부였기 때문이라고 결론 내렸다. 그의 발견은 훗날 '월리스 선'으로 알려지게 되었다.

(내가 알게 된) 새로운 사실 하나. 월리스 역시 다윈과 마찬가지로 맬서스의 '인구론'에서 적자생존이라는 아이디어를 떠올렸다.

4장의 주인공은 헨리 월터 베이츠라는 낯선 인물이다. 베이츠는 월리스의 동료로 월리스가 아시아로 떠난 뒤에도 아마존에 남아 총 11년 동안 탐험했다. 『종의 기원』을 읽은 베이츠는 자신이 수집한 나비를 생각하면서 의태(擬態) 현상이야말로 자연선택 과정을 보여주는 증거라는 사실을 깨달았다. 베이츠의 연구는 다윈의 진화이론에 강력한 힘이 되었다. 다윈은 『종의 기원』에서 자연선택을 동물의 사육에 지나치게 의존하고 있었는데, 자연으로부터 풍부하고 독립적인 증거를 무궁무진하게 제공했기 때문이다.

월리스와 베이츠는 어느 주말 다윈의 집에 모여 토론을 벌였다고 한다. 세 탐험가들의 토론이라니! 멋지지 않은가!

제1부가 자연선택이라는 이론을 만든 탐험에 관한 이야기라면, 제2부는 이 이론을 바탕으로 특정 생물 종을 탐험하는 이야기다. 유인원과 인간 사이의 '잃어버린 고리'를 찾아 자바로 떠난 외젠 뒤부아의 탐험(5장), 버지스 혈암에서 '캄브리아기 폭발'이라는 현상을 발견하고 캄브리아기에 생물이 갑자기 나타난 게 아니라 그 이전에도 생물이 있었다는 것을

밝힌 찰스 스콧(6장), 몽골과 고비 사막에서 오비랍토르, 벨로키랍토르를 찾아낸 로이 채프먼 앤드루스(7장)의 이야기는 마치 영화 〈인디아나 존스〉 시리즈를 보는 것 같다. 백악기와 신생대 제3기의 경계(K/T 경계)에서 공룡의 대멸종 원인을 밝힌 월터 앨버레즈(8장)에 이르면 이제 탐험에는 물리학과 화학 그리고 우주학이 중요한 요소가 된다. 9장과 10장은 다시 '잃어버린 고리'에 관한 이야기다. 9장에서는 존 오스트롬이 공룡과 조류를 이어주고, 10장에서는 닐 슈빈이 어류와 네 발 달린 척추동물을 잇는다.

제3부는 인류의 역사에 관한 비교적 잘 알려진 탐험가들의 이야기다. 진화에 대해 별 관심을 보이지 않던 사람들 가운데 인류의 진화라는 주제가 나오면 열을 내는 사람들이 있다. 그들의 주장 가운데 하나는 "왜 인류 조상의 화석은 없는가?"라는 것이다. 사실 무지 많다. 구하기가 정말 힘든데도 말이다. 작가 션 캐럴은 제3부의 머리말에서 재미있는 이야기를 한다.

> "왜 박물관 전시관과 보이지 않는 창고에 공룡 화석이 수북이 쌓여 있는지 한번 생각해볼 만하다. 공룡이 남긴 뼈는 그 크기가 엄청나 찾기 쉬울뿐더러 다른 것보다 쉽게 부서지지 않고, 마지막으로 공룡은 지질학적으로 꽤 긴 시간 동안 번성했던 동물이 아닌가.
>
> 원시인류 화석을 찾는 것은 예나 지금이나 완전히 다른 문제다. 우리의 조상은 떼를 지어 드넓은 대륙을 떠돌아다니지도 않았고, 해저 깊숙한 곳에 살지도 않았다. 또한 다른 동물들처럼 그 수가 많지도 않았고 시간과 공간이라는

차원에서 훨씬 더 제한된 분포를 보였다. 몸통뼈는 두개골로부터 쉽게 분리되고, 두개골은 조그만 충격에도 산산이 부서진다."

11장은 루이스 리키와 그 가족의 탐험 이야기다. 재밌는 사실 둘. 루이스 리키는 신앙심이 매우 돈독해서 나중에 어른이 되면 선교사가 되고 취미로 조류학을 즐기려고 했으며, 케임브리지 대학에 입학하기 위해 그가 학업능력을 증명하려 제출한 서류는 키쿠유 부족의 말을 완벽하게 한다는 부족장의 인증서였다.

루이스 리키는 1963년 호모 하빌리스 화석을 발견하고 그 업적으로 유명해지자 주로 강연 등의 활동을 했고 화가 출신의 아내 메리 리키가 다수의 고인류 화석을 발견한다. 루이스의 세 아들도 고인류 화석 발굴에 참여하는데 이 가운데 둘째 아들 리처드 리키는 1972년에 호모 루돌펜시스 화석을 발견한다. (『진화론 산책』의 원서는 『종의 기원』 발간 150주년이 되던 해인 2009년 출간되었으므로, 리처드 리키의 아내 미브 리키와 딸 루이스 리키가 2012년 호모 루돌펜시스를 새로 발견한 이야기는 당연히 안 나온다.)

12장과 13장의 탐험은 사뭇 다르다. 분자생물학이 탐험 수단이 된다. 12장은 1954년에 특정한 연구에 대한 공로가 아니라 그동안의 모든 공로를 인정받아 노벨 화학상을 받고, 1963년에는 핵무기 실험 금지 운동의 공로로 노벨 평화상을 받은 라이너스 폴링이 그 주인공이다. 라이너스 폴링은 다윈의 『종의 기원』과 조지 게일로드 심프슨의 『진화의 의미』를 읽고 화학자에서 반핵운동가로 진화했다. 그는 반핵운동가로 활동하면서도 화학 연구를 진지하게 했으며, 알부민 단백질의 아미노산 서열 변화 연구를 통해 분자시계 개념을 만들었다. 이로써 그 전까지 진화 연구자들이 사용했던 화석과 방사성 동위원소라는 시간 측정 도구에 새로운 기준이 생긴 것이다.

인간 알부민과 비교해 보면 침팬지와 고릴라 알부민이 가장 비슷했으며, 그 뒤를 이어서 긴팔원숭이, 오랑우탄, 큰긴팔원숭이 같은 아시아 영장류, 구대륙 원숭이, 신대륙 원숭이, 여우원숭이와 안경원숭이 같은 선유인원의 순서로 인간 알부민과 달라지는 결과가 나왔다. 이로써 '유인원, 인간, 구대륙 원숭이가 3,000만 년 전에 동시에 공통조상에서 갈라졌다'라는 1967년 당시 고생물학계의 이론은 폐기되었으며, 유인원은 불과 1,000만 년 전에 기원했고 인간이 유인원에서 갈라진 시점은 500만 년 전으로 훨씬 더 최근이라는 생각이 등장했다.

13장의 주인공은 앨런 윌슨과 스반테 파보다. 그들은 네안데르탈인과 현생인류의 미토콘드리아 DNA 분석을 통해 인류의 기원을 추적했다. 그 결과 아프리카의 호모 에렉투스가 아프리카, 유럽, 아시아, 오스트레일리아로 진출해 거기서 현대인으로 진화했다는 다지역 기원설이 폐기되고 아프리카에서 발생한 호모 사피엔스가 전 세계로 퍼져 나갔다는 아프리카 기원설이 정설로 받아들여지게 되었다.

이제 우리에게 남은 탐험지는 없는 것인가? 션 캐럴은 이렇게 말한다.

> "사람이라면 하나의 여정이 끝날 때, 아니면 어떤 일의 기념일이 다가올 때 그동안 자신이 어떤 길을 걸어왔는지, 그리고 앞으로 가야 할 길에 무엇이 펼쳐질 것인지 잠시 생각해보는 것이 당연하다."

2001년 미국의 국립과학연구협의회는 다음과 같은 성명을 발표했다.

> "다른 행성에 존재하는 생명체를 발견하는 것이 아마도 21세기에 일어날 가장 중요한 과학적 진보가 될 것이다. 그리고 그것은 철학적으로 매우 큰 의미를 갖게 될 것이다."

푸하! 이제 탐험을 떠나기가 점점 힘들어진다. 사파리복 구입도 어려운데 이제 우주복은 어디서 주문해야 한단 말인가!

지금까지 나온 션 캐럴의 책은 모두 세 권이다. 『이보디보, 생명의 블랙박스를 열다』(김명남 옮김, 지호 펴냄) 『한 치의 의심도 없는 진화 이야기』(김명주 옮김, 지호 펴냄) 그리고 이번에 나온 『진화론 산책』. 세 권 모두 놓칠 수 없는 책이다. 특히 『이보디보』는 진화를 연구하는 새로운 학문인 '진화발생생물학'을 소개하는 최고의 책이다. 아직 션 캐럴의 책을 읽지 않은 독자라면 『진화론 산책』→『한 치의 의심도 없는 진화 이야기』→『이보디보』처럼 발행연도의 역순으로 읽을 것을 권한다. [이후에 그의 책이 한 권 더 출간되었다. 2016년에 나온 『세렝게티 법칙』(조은영 옮김, 곰출판 펴냄)이다.]

『진화론 산책』의 원제는 '*Remarkable Creatures*'다. 원제보다는 번역서의 제목이 내용을 더 잘 담은 것 같다. 하지만 뭔가 부족해 보인다. 『진화론 모험』 또는 『진화론 탐험』은 어땠을까? 이 책에 등장하는 거의 모든 주인공들은 자연사박물관을 제집 드나들 듯했다. 아직 사파리복을 구입하지 못하셨다면 자연사박물관에 오시라. 마실 복장으로!

가장 경이로운 자연의 걸작

소어 핸슨, 『깃털』

"6,500만 년 전 지구의 육상세계를 지배하던 공룡들이 멸종했다."라고 어린이들은 말한다. "절제하지 못하고 대책 없이 덩치만 키우던 공룡은 결국 멸종의 길을 걷고 말았다."라면서 경제평론가들은 재벌들의 문어발 행태를 비판한다. 한국 재벌들의 문어발식 경영은 비판받아야 마땅하지만, 재벌을 죄 없는 공룡에 빗대는 것은 옳지 않다.

왜냐하면 공룡은 실패한 생명이 아니기 때문이다. 공룡이야말로 생명의 위대한 성공담의 주인공이다. 공룡은 자그마치 1억 6,000만 년 동안이나 육상을 지배했다. 지구에 출현한 지 겨우 20만 년밖에 안 된 호모 사피엔스들이 공룡의 실패를 운운하는 것은 그야말로 어불성설이다. 그리고 공룡은 사실 멸종하지도 않았다. 지구에는 지금도 자그마치 4,000억 마리의 공룡이 살고 있다. 바로 '새'라는 이름으로.

공룡과 새를 연결하는 실마리는 바로 새의 날개에 달린 깃털이다. 하지만 깃털의 용도는 비행이 전부가 아니다. 비행에 적응된 깃털 수는 겨우 수십 개에 불과하다. 나머지 깃털에는 다른 용도가 있다. 첫째는 위장이다. 진한 색과 얼룩 반점 무늬의 깃털이 많다는 것은 모든 새의 가장 성공적인 색상 계획이 바로 위장이라는 사실을 잘 입증한다.

둘째는 과시다. 말레이 제도에 사는 큰극락조 수컷은 옆구리에서 길게 뻗어 나와서 몸길이의 두 배가 넘는 수백 개의 겉깃털로 머리에서 꼬리까지 화려한 색상으로 치장했다. 이유는 한 가지. 암컷에게 자신의 매력을 과시하기 위한 것. 이것을 본 사람들은 새의 깃털로 모자와 옷을 장식했다. 덕분에 수백만 마리의 새들이 살해당했다. 한때 남아프리카공화국에서 타조 깃털은 금과 다이아몬드 다음으로 수출액이 많은 물품이었다.

그러나 깃털의 진짜 기능은 따로 있다. 보온이 바로 그것. 물새는 절대로 물에 젖지 않는다. 깃털 단장 기름을 바른 덕분에 겉깃털 사이로 물이 새지 않기 때문이다. 새의 깃털 가운데 대부분은 솜깃털이다. 솜깃털은 피부 근처에 따뜻하고 건조한 공기 주머니를 수없이 품고 있어서 추운 날씨에도 견딜 수 있게 해준다. 덕분에 새들은 아무런 보호 장구를 갖추지 않고도 히말라야 산맥을 넘을 수 있다.

2012년 여름 우리나라에서는 '시조새' 논란이 일면서 하마터면 생물 교과서에서 시조새가 제외될 뻔했다. 다행히 시조새와 새가 수각류라고 일컬어지는 육식공룡에서 진화했다는 사실이 과학계에서는 이미 오래전에 합의된 견해라는 사실이 인정되어 교과서에서 겨우 살아남았다. 과학자들은 이 상황을 보고 '정말 국격 돋는다!'라고 표현했다.

그런데 갑자기 하늘을 날기 위해서 공룡에 깃털과 날개가 생긴 것일까? 그렇지 않다.

인간의 모자 장식은 새의 과시용 깃털에서, 슬리핑백 속의 깃털은 새의 체온을 유지하는 솜깃털에서 기원했다. 하지만 깃으로 만든 펜에 조응하는 기능은 자연에서 찾을 수 없다. 이것은 깃털의 효용성이 애초 진화된 목적에만 한정되는 것이 아님을 말해준다. 이것은 자연의 진화과정에서 일반적인 현상이다. 깃털과 날개가 처음부터 비행을 위해 존재한 것은 아니다. 깃털과 날개가 생겼고 이것이 나중에 비행에 사용된 것이다.

새의 울음소리를 연구하던 미국의 생물학자 소어 핸슨은 오래전부터 깃털의 세세한 사항에 사로잡혀 있었다. 그는 『깃털』(하윤숙 옮김, 에이도스 펴냄)에서 깃털의 구조와 기능 그리고 문화적인 용도뿐만 아니라 깃털이 언제 어디로부터 어떻게 왜 진화했는지를 추적했다. 이를 위해 깃털 진화의 대가인 리처드 프룸이나 새는 공룡이 아니라고 주장하는 밴드(BAND, Birds Are Not Dinosaurs) 그룹의 앨런 페두차 그리고 고생물학계의 새로운 거두인 베이징 대학교의 쉬싱(徐星)과 인터뷰하고 마치 독자들이 그들과 마주하고 있는 것처럼 대화를 소개한다.

이 책은 깊이 있는 내용을 다루지만, 현장 생물학자들의 생생한 체험이 녹아 있어 재밌게 읽힌다. 그리고 저자가 지지하지 않는 이론도 자세하면서도 유머러스하게 그리하여 호감이 가도록 소개하고 있다. 독자들은 과학자의 자세가 어떠해야 하는지를 느낄 수 있을 것이다.

책에는 백 가지도 넘는 새의 이름이 나오며, 이 중에는 우리나라 이름이 없는 새들도 많다. 일일이 이름을 찾고 또는 이름을 지어준 번역자 하윤숙의 성실함에 경의를 표한다.

공룡은 새로 남아 있다. 가장 강력한 증거는 깃털이다. 깃털을 쓰다듬으면서 공룡이 새로 진화하는 과정을 느껴보면 어떨까? 그런데 우리의 아이들이 가장 친숙한 새인 닭의 깃털을 만져볼 기회조차 없다는 것은 매우 유감이다.

어느 날 쥐라기로부터 불어온 바람

누걸 딕슨, 『캄프토사우루스 미식 기행』

경남 고성군 바닷가에는 공룡 발자국 화석이 남아 있다. 거대한 공룡 발자국을 따라 꼬마가 아빠 손을 잡고 도란도란 속삭이며 걷는다. 1억 년의 시차를 둔 산책. 아름답다. 그들과 몇 발자국 떨어져 걷는데 부자의 대화 소리가 들린다. "아빠, 공룡이 왜 이곳을 걸었을까요?" "물 마시러 왔겠지." "그렇구나. 그런데 아빠, 공룡은 바닷물을 먹었나요?" 이렇게 부자의 대화는 중단됐고 공룡 발자국이 다 끝날 때까지 결국 아빠의 대답은 엿듣지 못했다.

분명히 공룡 발자국 앞에는 남해 바다가 펼쳐져 있지만, 공룡이 바닷물을 마셨을 리는 없다. 공룡이 살던 중생대에는 아마 이곳은 호숫가였을 테다. 우리나라에는 중생대 표준화석인 암모나이트가 하나도 출토되지 않았다. 왜냐하면 당시 한반도 주변에는 바다가 없었기 때문이다. 상전벽해. 1억 년은 그만큼 긴 세월이다.

8~10세 어린이들은 자연사박물관의 학예사들보다 공룡 이름을 더 많이 알고 있다. 하지만 공룡에 관한 아이들의 관심은 곧 식고 만다. 공룡

으로 먹고살기 힘들어서가 아니다. (물론 전 세계적으로 공룡 학자는 100명 정도에 불과하다.) 아이들의 관심을 확장시킬 만한 장치가 없다는 게 가장 큰 문제다. 각 공룡의 특징을 설명한 책들은 많으나 공룡이 살던 시대 전체를 보여주는 책이나 전시는 보기 어렵다. 어린이도 충족을 못 시켜주는 상황이니 어른은 오죽할까.

여전히 가슴속에 공룡을 품고 있는 어른들이 공룡과 그 시대에 대해 진지하게 볼 수 있는 책은 『공룡 오디세이』(스콧 샘슨 지음, 김명주 옮김, 뿌리와이파리 펴냄)가 유일하다고 해도 과언이 아니다. 천문학, 우주론, 미생물학, 생태학 등 폭넓은 학문들을 종합해서 공룡을 살아 있는 동물로 그려내는 데 성공한 책이다. 하지만 정반대로 이 책은 너무나 큰 그림을 그리고 있어서 공룡과 각 공룡이 살던 시대의 모습을 상상하기는 오히려 어렵다. 자그마치 1억 6,000만 년 동안이나 지구 육상 세계를 지배했던 공룡을 이해하는 것이 아프리카를 탈출한 지 기껏해야 6만 년밖에 안 된 호모 사피엔스들에게 쉬운 일은 아닐 것이다.

우리가 직접 가보는 게 제일 확실하다. 방법은 타임머신을 타는 것. 1억 5,000만 년 전 쥐라기 후기로의 시간여행의 안내인은 고생물학을 전공한 논픽션 작가 두걸 딕슨이다. 여행 출발지는 도쿄, 런던, 뮌헨, 뉴욕으로 제각각이지만, 도착지는 북아메리카 대륙 중서부에 있는 모리슨 평야다.

두걸 딕슨의 『캄프토사우루스 미식 기행』(장성주 옮김, 함께읽는책 펴냄)에서 우리는 시간여행을 하면서 우선 역동적인 지구의 모습을 보게 된다. 흩어져 있던 대륙들이 하나로 뭉쳐진다. 현재 가장 많은 생물들이 살고 있는 해안선은 점차 대륙 한가운데의 척박한 사막으로 바뀌고, 지금은 사라진 바다와 호수들이 나타난다. 그리고 거기에 거대한 생물들이 살고 있다.

고작 공룡의 부스러기 턱뼈 조각이나 발가락뼈를 찾기 위해 여행을 떠난 게 아니다. 여행안내인 두걸 딕슨은 우리를 쥐라기 후기의 모리슨 평야에 내려놓는다. 이제 우리는 여기서 살아남아야 한다. 모리슨 평야는 위험이 가득한 땅이다. 덕분에 우리는 실감나게 중생대 생태계와 공룡을 경험한다. 가장 중요한 것은 먹을 것을 찾는 일. 어떤 식물을 먹어야 하는지, 우리가 사냥할 만한 크기의 공룡은 어떤 것인지, 공룡의 시체로 만들 수 있는 도구는 어떤 게 있는지 그리고 어떤 공룡을 만나면 뒤를 돌아다볼 것도 없이 도망쳐야 하는지를 몸소 익히는 중생대 체험 여행이다.

시간여행 콘셉트를 사용했다고 해서 과학적인 내용까지 황당하지는 않다. 철저하게 해부학적이고 생태적인 관점에서 설명한다. 따라서 공룡이 실제로 변온동물이었는지, 공룡의 피부에는 얼마나 많은 털이 있었으며, 새끼들을 양육했는지, 그 많은 공룡을 다 누가 먹여 살렸는지 등 많은 부분들은 가능성으로만 남아 있다. 두걸 딕슨은 단언하지 않는다. 최근의 연구 성과들을 소개하면서 어떻게 해석하는 것이 과학적인지만 우리에게 안내한다. 덕분에 독자들은 열린 마음으로 쥐라기 공원을 여행할 수 있다. 상세한 그림 정보와 함께 공룡 이름이 무지 많이 나오는 신나는 책이다.

인간의 코는
왜 그리도 오뚝할까?

스티븐 제이 굴드, 『힘내라 브론토사우루스』

인간의 코는 왜 그리도 오뚝할까? 이것을 두고 '안경을 걸기 위해서'라고 생각하는 바보는 없을 것이다. 하지만 조금만 근원적인 문제로 들어가면 우리는 이런 입장에 쉽게 서곤 한다.

우주론의 '인류 원리'에 대한 해석이 바로 그렇다. 우주가 탄생하는 과정에서 수많은 변수들이 조금만 달랐다면 태양, 지구, 그리고 생명은 없었을 것이다. 분명한 사실이다. 하지만 이것을 두고서 우주에 이러저러한 물리법칙이 있는 까닭은 바로 인류를 탄생시키기 위해서라고 생각할 근거는 없다. 그러나 그렇게 가르치라고 주장하는 분이 많다. 2014년 3월 인문학 분야의 한 원로 교수는 어느 신문에 기고한 글에서 '우주에 인간이 존재한다는 것은 어떤 의미인가?', '인간에게 우주는 무엇인가?'라는 질문에 과학이 답해야 한다면서 '우연히 생겼어요' 같은 대답은 답이 아니라고 주장했다.

대부분의 과학자, 특히 생물학자들은 그런 글에 대해 과학에 대한 이해가 부족한 인문학자의 듣기 좋은 이야기라고 평한다. 그런데 진화생물학자들도 비슷한 착각을 하곤 한다. 그 예를 과일과 같은 이름이 붙어 있는 키위라는 새에서 찾을 수 있다.

뉴질랜드는 불과 천 년 전까지만 해도 인류뿐만 아니라 육지에 사는 어떠한 포유류도 접근하지 못한 땅이었다. 뉴질랜드는 천적이 없는 새들의 천국이었다. 여기에는 타조처럼 날지 못하는 거대한 새가 자그마치 13~20종이나 살고 있었다. 이 가운데는 타조 무게의 두 배가 넘는 것들도 있었다. 사람들은 날지 못하는 거대한 새들을 쉽게 멸종시켰다. 이제 뉴질랜드에 남아 있는 날지 못하는 새는 3종의 키위가 전부다. 아마도 키위가 살아남은 까닭은 크기가 닭 정도에 불과하고 야행성이었기 때문일 것이다.

키위 새는 과일 키위처럼 생긴 몸통에 기다란 부리를 달아놓은 것처럼 생겼다. 키위에게서 가장 놀라운 사실은 알의 크기다. 보통 키위 크기의 새들이 70그램 정도의 알을 낳는데, 키위 알은 420그램이나 된다. 평균보다 6배나 큰 것이다.

여기에는 '왜'라는 물음이 제기된다. 전통적인 진화생물학자들은 알이 크면 새끼도 크고 충분히 발생한 상태로 부화하며, 그 새끼는 부화한 후에 부모의 최소한의 보살핌으로도 스스로 보호할 수 있다는 장점을 찾아냈다. 그러고는 자연선택에 의해 키위는 큰 알을 가지게 되었다는 전통적인 모범답안을 제시했다.

하지만 리처드 도킨스, 에드워드 윌슨과 함께 진화이론의 삼대 스타에 속하는 스티븐 제이 굴드는 다르게 생각했다. 그는 '현재의 유용성은 역사적 기원과 일치하지 않을 수 있다'라는 금언을 반복한다. 우리의 코

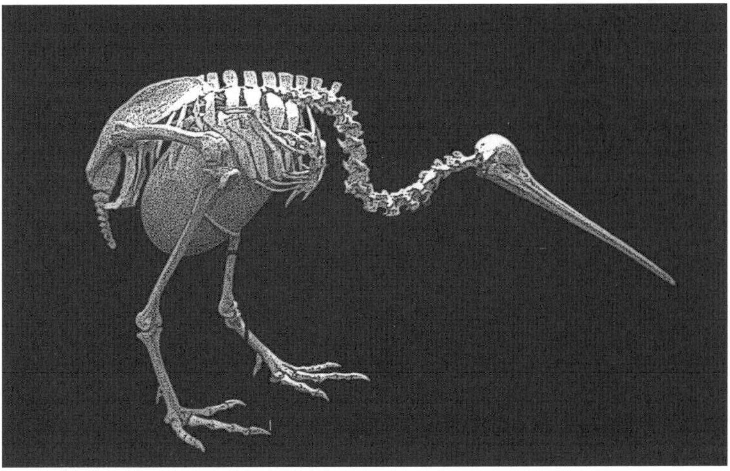

가 안경을 걸기 위해 그렇게 생긴 게 아닌 것처럼, 키위의 커다란 알도 어떤 이득 때문에 그렇게 된 것이 아니라는 것이다.

키위는 컸던 새가 작게 진화한 계통진화적 왜소종이라는 게 굴드의 주장이다. 어떠한 육상 포유류도 없는 뉴질랜드에서 키위는 포유류와 같은 생활 방식을 택했다. 조류 가운데 유일하게 양쪽에 난소가 있으며, 같은 크기의 포유류의 수태기간과 같은 80일의 부화기간, 굴파기 습성, 모피 같은 깃털, 후각에 의존하는 야행성 먹이 찾기 습관이 있다. 키위의 조상은 거대한 새였지만 점차 작아졌다. 하지만 알의 크기는 몸의 크기와는 다른 비율로 줄어드는 경향이 있다. 뉴질랜드는 천적이 없는 살기 좋은 환경이므로 알이 수란관을 따라 내려가는 동안 거대한 알로 인해 배가 부푼 채 겁 없이 뒤뚱거리며 돌아다녔을 것이다. 그러니 모든 것을 자연선택으로만 몰지 말라는 것이 굴드의 주장이다. 이걸 보고서 자연선택에 따른 진화론이 틀렸다고 주장하는 창조과학자들을 보면 안쓰러울 따름이다.

『힘내라 브론토사우루스』(김동광 옮김, 현암사 펴냄)는 스티븐 제이 굴드가 생전에 '이러한 생명관'(This View of Life)이라는 제목으로 연재한 에세이를 모아서 펴낸 다섯 번째 책이다. 굴드가 엄선한 35편의 에세이가 실려 있다. 재밌다. 굴드는 서로 다른 이야기를 함께 병렬하는 특이한 기벽이 있다. 그는 키위의 알 크기와 자유의 종에 새겨진 '패스와 토'라는 문구를 함께 이야기한다. 어떤 사람들은 이것을 두고 '융합'적인 지식인의 전형이라고 주장하기도 한다. 우리 사회의 융합이 어설픈 까닭이다. 인문학은 인문학대로 과학은 과학대로 치열하게 연구하다가 그 경계에서 자연스럽게 만나는 게 제대로 된 융합이라는 한 공학자의 말을 가슴에 새길 때다.

우주는 곤충으로 가득 차 있다

스콧 쇼, 『곤충 연대기』

나는 서대문자연사박물관에서 일한다. [2016년에 서울시립과학관으로 자리를 옮겼다.] 이름이 낯설게 느껴지는 독자들이 많겠지만 세계 유수의 자연사박물관 관계자들이 한국에 오면 반드시 들르는 곳이다. 한국에서 가장 오래된 공립 자연사박물관이며 가장 많은 과학자가 근무하는 자연사박물관이기도 하다. 물론 런던 자연사박물관이나 스미스소니언 또는 파리 자연사박물관에 비하면 규모는 많이 작다. 하지만 단 두 시간 동안에 38억 년 생명의 역사를 체계적으로 일견할 수 있는 곳은 서대문자연사박물관을 제외하면 전 세계 어디에도 없다. 작지만 아주 치밀하게 전시가 잘 되어 있는 곳이다. 그런데 이런 서대문자연사박물관에서도 생물 이름을 깨알같이 작은 글씨로 적어 놓고 단지 다양성만을 보여주는 것 같은 부분이 있으니 바로 곤충 코너다.

그렇다. 곤충은 너무나 많다. 지구에 존재하는 동물의 75퍼센트가 곤충이다. 지구는 곤충의 행성이라고 해도 과언이 아닐 정도다. 지구에 곤충이 얼마나 많은지 상자를 놓고 생각해 보자. 가로, 세로, 높이 2킬로미터짜리 상자를 상상해 보자. 이 상자가 어마어마한 것 같지만 지구인 71억 명을 모두 넣으면 상자에 가득 찬다. 사람은 큰 동물이다. 숫자도 어마어마하게 많다. 하지만 상자 하나에 모두 들어간다. 그렇다면 지구에 있는 개미를 다 모으면 어떻게 될까? 마찬가지로 개미도 같은 크기의 상자를 가득 채울 수 있다. 그런데 지구에는 개미 같은 곤충이 수도 없이 많다. 따라서 다른 것들은 친절하고도 자세하게 설명하는 서대문자연사박물관도 곤충만은 다양성과 아름다움만을 강조하는 전시 기법을 사용하고 있다.

지구에 사는 사람은 단 한 종이지만 이름이 있는 곤충만 100만 종이 넘는다. 아마 열대우림에 존재하는 곤충만 해도 1,000만 종은 넘을 것이다. 과학자들은 곤충이 문자 그대로 지구를 지배하고 있다고 말한다. 그런데 『곤충 연대기』(양병찬 옮김, 행성B 펴냄)의 작가 스콧 쇼는 한 발 더 나아가 '곤충 우주 가설'을 제안한다. 이 가설은 간단히 말해서, '우주는 곤충으로 가득 차 있다'는 것이다. 이 말은 다른 행성에도 지구와 같은 곤충들이 우글거릴 것이라는 뜻은 아니다. 어느 행성이든 지구와 비슷한 자연사가 있다면, 그 행성에서 가장 풍부하고 다양한 생명은 (지구의 곤충과 비슷하게) 외골격과 작은 체구를 지닌 생명체일 것이라는 말이다.

우리는 곤충을 어릴 때부터 배웠지만 잘 모른다. 초등학교 과학시험에는 이런 문제가 흔히 나온다. '곤충을 세 부분으로 나누면 어떻게 되나요? 정답 : □ □ □'. 간단한 문제이지만 성인 가운데 □ 세 개를 쉽게 채우는 사람이 의외로 많지 않다. 물론 네모에 들어가는 말이 '죽' '는' '다'는 아니다.

스콧 쇼는 나처럼 자연사박물관에서 일한다. 미국 와이오밍 대학교의 곤충박물관 큐레이터인 스콧 쇼는 같은 대학에서 곤충학 교수를 겸하고 있다. 29개 나라에서 162종의 새로운 곤충을 발견하여 이름을 붙였으며, 다른 사람이 발견하여 그의 이름을 붙인 곤충도 15종이나 되는 정통 곤충학자다. 그런데 글이 놀랍다. 보통 교양 과학서로 읽히지 않는다. 마치 추리소설을 읽는 것 같다. 아니나 다를까 스콧 쇼는 자신이 『통섭』과 『개미언덕』을 쓴 사회생물학의 아버지 에드워드 윌슨과 『풀하우스』와 『힘내라 브론토사우루스』를 쓴 단속평형설의 창시자 스티븐 제이 굴드, 그리고 『쇼생크 탈출』과 『미저리』, 『유혹하는 글쓰기』를 쓴 소설가 스티븐 킹에게서 글쓰기 솜씨를 배웠다고 고백했다.

책은 2장 '절지동물의 등장'부터 본격적인 자연사 이야기를 펼친다. 다세포생물이 등장한 고생대 캄브리아기부터 중생대와 신생대에 이르는 지구사의 핵심적인 변화를 시간 순으로 설명하고, 그와 관련된 곤충의 진화사를 풀어낸다. 지금까지 자연사에 관한 책을 단 한 권도 읽지 않은 사람도 캄브리아기-오르도비스기-실루리아기로 이어지는 고생대 지구 환경에서 절지동물이 바다에서 등장하여 육지로 상륙하는 과정을 생생히 목격할 수 있다. 자연사의 꽃은 '멸종'이다. 멸종이란 새로운 생명이 등장할 수 있는 틈새를 만들어주는 귀하고 아름다운 사건이다. 멸종 중의 멸종은 대멸종이다. 6장 '고생대의 대학살'과 9장 '백악기의 흥망성쇠'는 굳이 스콧 쇼의 주요 테마인 곤충에 얽매이지 않더라도 훌륭한 서사를 보여준다.

스콧 쇼는 곤충의 생김새와 행동, 특성이 왜 그렇게 생겨났는지에 대해 진화학적인 관점에서 설명하는데, 가설이 분분한 내용도 자기 이론을 고집하지 않고 골고루 균형 있게 다룬다.

앞에 나온 초등학교 과학문제의 □ 안에 들어갈 말은 '머리', '가슴', '배'다. '머리, 가슴, 배'라는 전형적인 곤충의 겉모습을 갖춘 시기는 대략 4억 1,900만 년 전 무렵으로 추정된다. 식물이 다양해지면서 곤충이 먹을거리가 많아졌다. 3억 5,400만 년 전 무렵에는 곤충에 날개가 달리기 시작한다. 이때부터 1억 5,000만 년 동안 곤충은 하늘을 독차지했다.

3일만 시간을 내서 『곤충 연대기』를 읽어보자. 그리고 서대문자연사박물관에 방문해서 스콧 쇼의 '곤충 우주 가설'이 맞는지 따져보자.

진화의 산증인

리처드 포티, 『삼엽충』

내 서랍에는 삼엽충이 하나 들어 있다. 독일 유학 시절 벼룩시장에서 만난 모로코 친구에게서 산 것이다. 3천 원쯤 줬던 것 같다. 다리 같은 부속지나 눈의 흔적은 없고 그저 삼엽충인 것만 알 수 있는 화석이다. 힘들거나 우쭐해질 때 이 단단한 돌을 만지면서 5억 년 전 바다 풍경을 그려보며 마음을 가다듬곤 한다.

삼엽충을 모르는 사람은 없다. 심지어 서대문자연사박물관을 방문한 어느 아빠도 유모차에 앉아 있는 꼬마에게 "삼엽충은 고생대의 표준화석이야."라고 이야기할 정도다. 우리는 고등학교 때부터 외웠다. '고생대는 삼엽충, 중생대는 암모나이트.' 이것만 외우면 생물 문제 하나를 건질 수 있었다. 하지만 삼엽충에 대해 우리가 아는 건 여기까지다. 왜냐하면 중고등학교 교과서가 딱 여기까지만 이야기하기 때문이다.

5억 4,000만 년 전에 홀연히 등장하여 무려 3억 년이라는 장구한 세월을 살다가 다시 홀연히 사라진 삼엽충은 생명 진화의 비밀을 풀 열쇠다. 마침내 그 열쇠를 돌려서 비밀의 문을 열어 뭇 사람들에게 보여준 사람은 런던 자연사박물관의 과학자 리처드 포티다. 그는 고대 바다 밑에 우글거렸던 삼엽충을 30년 넘게 연구한 학자다. 다른 남자 아이들은 여자 친구를 찾아 헤맬 나이인 열네 살에 리처드 포티는 삼엽충을 처음 만났고 5억 년 전으로 시간여행을 떠날 작정을 했다. 그는 평생의 연구를 『삼엽충』(이한음 옮김, 뿌리와이파리 펴냄) 한 권에 담았다.

> "이윽고 나는 삼엽충을 발견했다. 그 암석은 그 동물을 사이에 두고 쩍 갈라졌다. 나는 반으로 갈라진 암석 두 조각을 손에 들고 있었다. 왼손에는 그 동물 자체가 박힌 채 볼록 튀어나온 반쪽이 들려 있었고, 오른손에는 나머지 절반이 있었던 오목한 주형이 담긴 반쪽이 들려 있었다. 양쪽은 서로 꽉 껴안은 채 변화무쌍한 수억 년의 세월을 묻힌 상태로 살아남았다. 삼엽충의 길고 가느다란 눈이 나를 응시했고 나도 마주 바라보았다. 그것은 5억 년이라는 세월을 뛰어넘어 전율을 느끼게 했다." (15쪽)

"음, 무수히 많은 삼엽충들이 나열되어 있는 지루한 책이겠군."이라고 지레짐작하는 분들 계실 거다. 지금까지 발견된 삼엽충 화석 종은 적어도 1만 5,000종이 넘는다. 복잡한 라틴어 이름들을 읽는 것은 분명 고역이다. 하지만 포티는 단순한 학자가 아니다. 자연사박물관에 전시를 하고 대중들이 어떻게 수용하는지를 매일 경험하는 '느낌을 아는' 전문가다. 그는 불과 몇 종의 삼엽충만을 갖고도 3억 년에 걸친 삼엽충의 역사를 술술 풀어간다. 이때 삼엽충을 연구하면서 겪은 개인적인 일화를 적절히 끼워 넣는 일은 현장 과학자들만이 할 수 있는 일이다.

이 책에는 리처드 포티가 삼엽충을 대할 때 느끼는 흥분과 열정 그리고 그들을 연구하면서 얻은 지식이 고스란히 녹아 있다. 포티는 삼엽충의 이야기를 통해서 진화가 어떻게 이루어졌으며, 과학이 어떤 식으로 발전하고, 얼마나 많은 과학자들이 활약했는지 흥미진진하게 풀어낸다.

삼엽충 이전의 세계는 어땠을까? 어둠의 세계였다. 눈이 아예 발달하지 않은 세계를 상상해 보자. 어떤 생물도 아직 눈이 없는 세계를 말이다. 그 세계에서는 다른 감각들이 주변세계를 파악하는 일을 대신 떠맡았을 것이다. 접촉의 세계, 더듬이의 세계였을 것이다. 아름다움조차 청각이나 촉각이나 후각으로 표현할 것이다. 눈이 있기 전에 빛이 감각에 무슨 소용이겠는가?

이때 눈이 등장했다. 최초의 눈은 진주였다. 삼엽충의 깜빡이지 않는 수정체는 화학적으로 진주와 똑같다. 진주도 탄산칼슘의 다른 형태니까. 삼엽충은 방해석 수정체들의 모자이크 눈으로 수중세계를 보았다. 삼엽충의 눈은 세상을 읽어낸 돌이었으며, 삼엽충의 탄생은 곧 눈의 탄생이었다.

삼엽충은 크기와 모양 그리고 살아가는 양식이 다양했다. 국냄비만 한 커다란 삼엽충이 있었는가 하면 퇴적물을 헤집고 다니면서 먹이 알갱이를 찾는 1센티미터도 안 되는 크기의 청소부 삼엽충도 있었다. 삼엽충은 자신들의 세계를 수많은 생태 지위들로 쪼갰다. 덕분에 그들은 '고생대의 딱정벌레'가 되었다.

서대문자연사박물관에 찾아 온 사람들 가운데는 "아직도 삼엽충 연구를 더 할 게 있나?"라고 말하는 분들이 있다. 탐구에 끝이 어디에 있는가! 과학이 발전할수록 탐구할 영역은 더 넓어진다. 우리는 분자생물학에 힘입어 삼엽충의 현생친척들을 모두 비교하는 법을 알게 될 것이다. 그들의 해부구조에 대해 어떤 질문을 해야 하며, 삼엽충이 그 특유의 등딱지를 어떻게 만들었는지 상세하게 알게 될 것이다.

삼엽충은 진화가 어떻게 일어났느냐에 관한 가장 격렬한 논쟁 가운데 몇 가지의 핵심에 놓여 있다. 삼엽충은 복잡하고 화석이 많아서 신종이 어떻게 형성되는지에 관해 빛을 던져줄 아주 유용한 '실험재료'가 될 것이다. 이를테면 삼엽충은 진화 과학의 초파리라고 할 수 있다.

삼엽충은 징그럽게 보일 수도 있지만 경이롭고 사랑스러우며 우리에게 대단히 많은 교훈을 준다. 공룡의 매력을 인정하는 독자라면 공룡보다 두 배나 오래 존속했던 삼엽충에게도 그에 걸맞은 영광을 부여해야 한다.

> "삼엽충은 무려 3억 년 동안, 거의 고생대 내내 존속했다. 늦깎이로 등장한 우리가 어떻게 감히 그들에게 '원시적'이나 '성공하지 못한'이라는 꼬리표를 붙일 수 있단 말인가? 인류가 산 기간은 그들이 산 기간의 0.5%에 불과한데." (38쪽)

그런데 3억 년 이상 지구를 지배했던 삼엽충은 왜 사라졌을까? 지구 대륙이 판게아로 통합될 때 삼엽충이 사라졌다. 새로 합쳐진 초대륙의 환경은 삼엽충을 허락하지 않았다. 그때 민물로 나아가는 모험을 감행한 삼엽충은 없었다. 새로운 환경에는 새로운 모험이 필요했다.

고생물학 책은 일상적인 걱정을 사소한 것으로 날려버리는 마력이 있다. 뿌리와이파리 출판사는 '오파비니아 시리즈'를 꾸준히 내면서 한국 독자들의 갈증을 해소해 주고 있다. 격려할 일이다.

삼엽충이 살았던 3억 년의 세월에 관심이 있다면 태백고생대자연사박물관을 방문해 보자. 적어도 고생대에 관해서만큼은 우리나라 최고의 박물관이다. 박물관 바로 앞에는 개천이 흐른다. 눈이 어둡지 않다면 개천가 바위에 박혀 있는 삼엽충과 완족류 화석을 쉽게 발견할 수 있을 것이다.

야생화들이 말을 걸어올 때

이유미, 『한국의 야생화』

몹시 곤고한 시절이 있었다. 피곤하다거나 궁색하다는 말로는 충분하지 않은 시절이었다. 같이 책을 쓴 적이 있는 천문학자가 길을 떠나자고 했다. 무턱대고 태백산맥 깊이 차를 몰았다. 이제 고개 하나만 넘으면 바다가 보일 것 같은 기분이 들 무렵, 등진 햇빛을 받은 집 한 채가 보였다. 묵기를 청하자 주인은 집을 비워줬고, 객들은 벌레에 쏘이며 별을 봤다. 무슨 놈의 별마다 다 이름이 있는지 나를 위로한답시고 해주는 별 이야기는 끝이 없다. 하지만 깊은 산중의 좁은 하늘엔 별을 피해 눈 둘 곳마저 없다. 가슴에 내리는 별빛이 오히려 무거웠다.

어스름하게 동이 틀 무렵 집을 나섰다. 곡기를 원하는 배를 움켜쥐고 주차장에 차를 세웠지만 주변 가게는 아직 열지 않았다. 하릴없이 산길을 올랐다. 어느새 넓은 구릉이 나왔고 날이 밝았다. 아뿔싸! 야생화 천지다. 꽃을 피해 발을 디딜 틈조차 없다. 식물도감에서 그림으로만 보았던 야생화들이 아름답고 싱그러운 모습으로 내게 말을 건넸다. 하지만 나는 그를 부르지 못했다. 이름을 몰랐기 때문이다.

곤충이나 새의 경우라면 이름만 알면 우리는 그 생물을 골라낼 수 있다. 예를 들어 호랑나비나 노랑부리저어새를 단 한 번도 본 적이 없는 사람도 사진을 보면 어느 나비가 호랑나비인지 어느 새가 노랑부리저어새인지 단번에 구분할 수 있다. 그런데 식물은 다르다. 비비추가 왜 비비추인지 기린초는 왜 기린초인지 그 유래가 잘 전해지지 않는다. 그래서 꽃은 이름을 익히는데 시간이 오래 걸리고 자주 만나야 이름을 기억할 수 있다.

거실 탁자 위에 야생화 도감 한 권쯤 널브러져 있으면 좋다. 심심할 때마다 아무 데나 펴서 보는 거다. 문제는 웬만한 집에는 다 있는 학습용 도감을 펴는 순간 곧 잠에 빠진다는 것. 아무리 아름다워도 건조한 정보에 둘러싸인 꽃은 수면제 이상이 아니다. 아름다운 꽃을 재밌게 읽을 수는 없을까? 여기에 딱 맞는 책이 있다. 국립수목원 연구원이자 [현재는 원장이다] 문화재 전문위원으로 일하는 이유미 박사가 사진과 함께 정리한 『한국의 야생화』(다른세상 펴냄)가 그것이다.

야생화란 학술적인 용어가 아니다. 같은 꽃이라도 지방에 따라 불리는 이름도 다르고, 꽃에 얽힌 설화나 전설도 제각각이다. 글쓴이는 이 꽃이 영어로는 어떻게 불리는지, 야생화를 보존하기 위해 해야 하는 일은 무엇인지, 혹시 집에서 키울 수 있는 야생화라면 그 요령은 무엇인지 친절하게 설명하고 있다. 자그마치 500가지 야생화에 관한 정보가 담겼지만 마치 이모가 이야기하듯 술술 읽힌다.

나는 울릉도와 제주도에서 생물다양성 연구를 하면서 내 또래의 여성과 한 팀이 된 적이 있었다. 숲을 걸으면서 그리고 밤에 술잔을 기울이면서 해주는 식물 이야기가 맛깔났다. 나 혼자 듣기에는 너무 아까웠다. 그녀에게 출판을 권유했다. 주변 사람들이 모두 웃었다. 알고 보니 그녀는 우리나라에서 가장 유명한 식물 관련 필자인 이유미 박사였던 것이다.

참, 내 곤고함을 풀어준 그 야생화를 만난 곳은 곰배령이었다. 우리는 새벽에 도착해서 그냥 올라갔지만 원래는 미리 허가를 받아야 한다. 정말 아름다운 곳이다. 이곳을 찾기 전에 『한국의 야생화』를 한 번이라도 보고 간다면 야생화들과 얘기를 나눌 수 있을지도 모른다.

살아 있는 모든 것들은 어떻게 생겨났을까?

대니얼 록스턴, 『진화란 무엇인가』

진짜가 나왔다. 짧은 책이라서 얼른 읽어 치우려고 후루룩 읽다가 깜짝 놀라 표지에서 저자 이름을 찾아봤다. 대니얼 록스턴. 낯선 이름이다. 검색해 봤더니 역시 우리나라에는 번역된 책이 없다. 찾아봤다. 『주니어 스켑틱』의 편집자다. 『스켑틱』은 우리나라에도 나온다. 칼 세이건, 에드워드 윌슨, 스티븐 제이 굴드가 극찬한 잡지다. 『스켑틱』의 편집자인 마이클 셔머의 책은 우리나라에 많이 나와 있으며 모든 회의주의자들의 모범이다. 나도 그의 책으로 과학적인 사고 체계를 세우는 데 큰 도움을 받았다.

대니얼 록스턴이 진화를 조곤조곤 설명한다. 『진화란 무엇인가』(김옥진 옮김, 두레아이들 펴냄)는 어린이 그림책이다. 하지만 아마도 저자는 교회학교 교사를 위해 이 책을 썼을 것이다. 진화에 반감이 있는 아이와 부모의 질문에 대답하기 딱 좋게 구성했다. 가르치는 것만큼 좋은 학습법은 없다. 이 책의 장점은 중요한 질문에 쉽게 대답한 것이다. 그런데 더 중요한 장점은 개념을 정확하게 설명했다는 것이다. 쉽게 설명하기 위해 대충 넘어가지 않는다.

> "이 책에서 여러분은 진화가 이런저런 일을 어떻게 하는지 읽게 될 것입니다. 그러나 사실 진화는 아무 일도 '하지' 않습니다. 진화는 일들이 일어나는 과정입니다. 진화가 이런저런 일을 한다고 말하는 것은 그저 빠른 이해를 돕는 하나의 지름길, 즉 이 세계의 일들을 우리에게 익숙한 인간의 행동과 비교하는 하나의 방법입니다. 진화의 뒤에서 어떤 일을 조종하는 그런 지능, 즉 그런 뇌는 없습니다. 진화는 마치 날씨처럼 자연스럽고 아무 생각 없이 그냥 일어나는 과정입니다." (17쪽)

다윈의 자연선택에 의한 진화이론은 간단하다. ① 모든 생물은 살아남아 생식하려 애쓰지만 많은 생물이 실패한다. (지구에 사는 수컷 가운데 4퍼센트만이 짝짓기에 성공한다.) ② 우연히 이로운 형질을 갖고 태어난 생물의 생식 가능성이 가장 높다. ③ 부모는 자신의 이로운 형질을 자손에게 전해준다. 그렇다면 이로운 형질은 도대체 어떻게 발생하는가? 여기에 대해 우리는 찰스 다윈보다 훨씬 많이 알고 있다. 안타깝게도 찰스 다윈은 멘델의 유전 법칙조차도 알지 못했다.

> "DNA 속에는 생물을 자라게 하는 화학적으로 암호화된 지시사항이 들어 있는데, 이것을 '유전자'라고 부릅니다. (…) 많은 이들이 이 유전 암호를 청사진과 같은 것으로 묘사합니다. (…) 그러나 생물학자 리처드 도킨스는 DNA가 요리법에 좀 더 가깝다고 생각합니다. 청사진은 어떤 것을 묘사

하지만 요리법은 어떤 것을 만드는 과정을 묘사합니다. 케이크 요리법처럼 DNA는 성장 과정에 대한 일련의 지시사항입니다. (…) 만약 생물이 청사진을 갖고 있다면 유기체 전체에 큰 영향을 주지 않고도 어떤 한 부분이 옮겨지거나 다시 설계되거나 대체될 수 있을 겁니다. 그러나 요리법을 잘못 읽어 뜻하지 않게 요리 시간을 다르게 했거나 설탕 대신 소금을 넣었다고 가정해 보세요. 케이크 전체가 달라집니다." (18쪽)

진화에 관한 모든 책은 거의 같은 예를 소개한다. 영국에서 산업혁명기에 회색가지나방의 색깔이 변한 사건은 빠질 수 없는 전형적인 사례다. 특히 아동서는 이런 틀에서 벗어날 생각을 하지 않는다. 하지만 아이들도 이런 이야기는 숱하게 들었다. 지루하다. 새로운 이야기도 있어야 한다. 책은 어린이 책의 형태를 띠고 있고 서술도 쉽게 되어 있지만 최근 연구를 피해가지 않는다. 예를 들어 흔히 이보디보(EvoDevo)라고 부르는 '진화발생생물학'의 핵심 내용도 서술되어 있다.

"어떤 유전적 지시사항은 매우 중요해서 그 어떤 변화라도 나쁠 수 있습니다. 예를 들어 모든 동물은 눈을 만들어내는 '마스터 유전자'를 공유하고 있습니다. 이 유전자에 변화가 생기면 기형의 눈이 만들어지거나 아예 눈이 만들어지지 않습니다." (19쪽)

유전자 부동(浮動, drift)은 진화 메커니즘을 설명할 때 피할 수 없는 개념이다. 단어를 듣고 무슨 뜻인지 알 수 없는 말이다. 사전에는 '생물 집단의 생식 과정에서 유전자의 무작위 표집으로 나타나는 대립형질의 발현 빈도 변화를 가리키는 생물학 용어'라고 나온다. 설명을 읽어도 무슨 말인지 이해하기 어렵다. 어쨌든 유전적 부동에 의해 지속적으로 변화하는 대립형질 발현 빈도는 진화의 주요 원인 가운데 하나다. 이걸 책에서는 22~23쪽에 한쪽 반의 짧은 설명과 그림으로 간단하면서도 분명하게 설명한다.

56쪽의 짧은 책이다. 몇 개의 기본적인 설명을 제외하면 모두 문답이다. 이 책에 나오는 열일곱 개의 질문은 진화가 궁금한 사람뿐만 아니라 진화를 못 믿겠다는 사람들이 던질 만한 것들이다. 예를 들면 "그런데 새로운 종으로 진화되는 것을 우리가 실제로 본 적이 있나요?" 같은 것이다. 십여 년 전만 해도 진화론자들의 대답은 "진화는 아주 오랜 시간 동안 서서히 일어나는 것입니다. 불과 수십 년을 사는 인간이 그것을 경험할 수는 없지요"였다. 모르고 한 이야기였다. 리처드 도킨스의 『지상 최대의 쇼』(김명남 옮김, 김영사 펴냄)에는 과학자들이 목격한 무수한 예가 나온다. 대니얼 록스턴은 런던 모기를 예로 들었다.

> "영국 런던에 지하철이 생긴 1880년대에 야생에서도 비슷한 일이 일어났습니다. 지표면의 모기들이 따뜻한 지하터널 안 아래쪽에 번식 군집을 만들었습니다. 이 지하의 모기들은 새로운 먹이 공급원을 찾았고, 오늘날 지표면의 모기들과는 더 이상 함께 새끼를 낳지 않습니다. 뚜렷이 구분되는 두 개의 종으로 분리된 것입니다." (23쪽)

이 책의 매력은 진화에 무한한 가치를 부여하지는 않는다는 것이다. 진화에 푹 빠진 사람들이 있다. 이들은 모든 것을 자연선택의 결과로 설명하려고 한다. '왜 눈 위에 눈썹이 있을까?'라고 물으면 그게 생존에 유리했든지 더 매력적으로 보였을 것이라고 억지 설명을 붙인다. 잘 모른다. 어쩌면 그냥 별 이유 없이 거기에 눈썹이 생겼을 수도 있다. 책은 진화라는 게 꼭 완벽한 결과를 만들지는 않는다고 설명한다.

이 책은 질문을 하는 책이다. "진화는 우리 눈처럼 복잡한 것을 어떻게 만들어 냈을까요?" 같은 질문처럼 내가 교회학교 교사를 할 때 들었던 공격적인 질문들이 당연히 포함되어 있고 새로운 통찰을 얻을 수 있는 질문도 있다. 과학 교사는 물론이고 교회학교 교사도 반드시 읽어야 할 어린이 책이다.

3부

누구에게나 자신만의 우주 하나씩은 필요하다

『숲에서 우주를 보다』를 읽으면 누구에게나 자신만의 우주가 하나씩 필요하다는 사실을 깨닫는다. 어떤 사람은 망원경으로 우주를 찾고, 어떤 사람은 현미경으로 우주와 만난다. 보통 사람들은 어디서 우주를 찾을까. 내 아내는 성서에서 찾는다고 하더라. 나는 차라리 자신만의 자연이 있었으면 좋겠다고 생각한다. 황무지를 가더라도 3평방미터 안에서 어마어마한 일이 일어난다. 1주일에 한 번씩만 살펴봐도 그렇다. 이 우주 속에서 인간이 얼마나 작은 존재인지 느낄 수밖에 없다.

"You are here!"

크리스토퍼 포터, 『당신과 지구와 우주』

험상궂게 생긴 제복의 사나이들이 기관총을 든 채로 다가오자 나는 태연한 척 물었다. "Where am I?" 몇 년 전 아버지를 모시고 브뤼셀을 여행하다가 나도 모르게 자동차로 왕궁 후문을 가로막고 섰을 때의 일이다. "Where am I?"는 보통 "내가 어디에 있습니까?"가 아니라 "여기가 어딥니까?"로 번역한다. 브뤼셀의 왕궁을 경비하던 군인은 나보다도 영어를 못해서인지 아니면 화가 나서인지 "You are here!"이라고 대답했다. 물어본 나와 대답한 군인은 잠시 멍하니 있었다. 하긴 이것보다 더 명확한 대답이 어디에 있겠는가? 그런데 정작 궁금한 것은 '여기가 도대체 어디냐?'는 것이다. 현장에 있지 않은 사람도 그 위치를 알 수 있는 이름이나 주소를 요구하는 것이다.

"당신은 여기에 있다!"라고 외치는 책이 있다. 『당신과 지구와 우주』(전대호 옮김, 까치 펴냄)의 원제가 '*You Are Here*'이다. 저자는 도대체 무슨 말을 하려는 것일까? 명색이 과학책인데 이렇게 막연한 이야기를 해도 되는 걸까? 책 쓴 사람이 과학자 맞아? 저자 크리스토퍼 포터는 대학에서 수학과 과학사, 과학철학을 공부한 출판인이다. 딱히 과학자라고 하기도 그렇고 아니라고 잡아뗄 수도 없는 사람이다. 다만 점점 세분화되고 어려워져서 과학자끼리도 말이 잘 통하지 않는 시대에 과학과 대중의 중간에 서 있는 사람이라는 것은 분명하다. 그는 아마 과학자들에게서 많은 원고를 받아 보았을 것이다. 그리고 첫 번째 독자로서 원고를 읽을 때마다 성에 차지 않았던 모양이다. 그래서 출판인이 직접 저자로 나서지 않았을까.

그는 길을 찾는다. 저자로서가 아니라 독자로서. 그래서 묻는다. "Where am I?" 그는 누구에게 물었을까? 어떤 피아니스트가 말했다. "길을 찾을 때는 이미 길을 알고 있는 사람에게 묻지 말라. 대신 길을 찾는 사람에게 물으라." 왜 그럴까? 대부분 길을 아는 사람은 지름길을 알려준다. 그런데 굳이 길을 아는 사람에게 길을 묻는 것은 그에게는 막다른 골목과 수많은 굽이길을 다니며 얻은 지혜가 있을 것이라는 짐작 때문이다. 그러나 길을 아는 사람은 길을 찾는 사람에게 친절하게도 지름길을 알려준다. 그리고 처음부터 지름길을 간 사람은 지혜를 얻을 기회가 없다. 또 이젠 그 지름길이 남아 있지 않을 수도 있고, 달라졌을 수도 있다. 하여, 길은 직접 길을 찾는 사람에게 물어야 하는 것이다. 크리스토퍼 포터는 스스로 길을 찾던 역사 속의 수많은 사람들에게 묻는다. 그들이 포터에게 한 대답이 바로 이것이다. "You are here!"

그가 말하는 '여기'란 모습이 매번 변하기는 하지만 어쨌든 우주와 지구다. 이것은 객관적인 사실이다. 원래 과학책은 객관적인 사실을 서술하는 게 기본이다. 그런데 포터는 우주에 관한 객관적인 사실들뿐 아니라 그것들을 파헤쳐 온 과학의 역사를 아우르고 있다. 그 이유를 역자인 전대호는 "우리의 자리는 객관적인 우주 속의 한 위치일 뿐만 아니라 우리가 만들어 온 역사 속의 한 위치이기도 하니까."이라고 말한다.

나는 제1장이 왜 있어야 하는지 모른다. 작가는 여러 가지 이야기를 주저리주저리 읊었다. 뭐, 어쩌겠는가? 책 쓴 사람 마음이다. 조금 읽다가 흥미 없으면 건너뛰면 된다.

제2장 '크기의 26등급'에는 난감한 숫자가 가득하다. 우리가 일상에서 만나는 대부분의 물체의 크기인 1~10미터(1등급)에서 시작해서 27등급까지 나간다. 한 등급은 10배 차이다. 26등급은 10의 25승~26승 미터다. 이것을 억, 조, 경 따위로 읽을 수는 없다. 다행히 시간의 단위처럼 보이지만 사실은 거리의 단위인 '광년'이라는 편리한 단위가 있다. 26등급은 10억~100억 광년이며 27등급은 100억~1,000억 광년이다. 그 이상의 등급은 필요 없다. 왜? 우리가 있는 우주의 크기가 137억 광년에 불과(?)하기 때문이다. 그 이상의 크기는 아무런 의미가 없다. 아예 없는 것이니까.

제3장 '「자에는 자로」: 측정에 대한 반성'은 과학의 토대인 측정 그 자체에 대한 반성을 다룬다. 과학적 방법이란 무엇이며, 측정이란 과연 어떤 행위일까? 그리고 1미터가 어떻게 정의되었고 그 정의는 어떻게 왜 변화했는가를 따진다. 미터법이 처음 제정될 때는 적도에서 극점까지 거리의 1,000만 분의 1을 1미터로 정의했다. 이제는 진공에서 빛이 299,792,458분의 1초 동안 이동한 거리를 1미터로 정의한다. (나는 299,792,458을 '에구구(299) 다 때려 치고(79) 이사(24)가요. 오빠(58)!'라고 암기한다.)

그런데 이 정의는 빛의 속도가 우주 어디에서 측정하든 똑같다는 믿음을 근거로 한다. 이 믿음에 의문을 제기하는 사람도 있지만, 결국 거리는 시간에 의해 정의되며, 이 둘은 서로 다른 것이 아니다. 이야기는 자연스럽게 달력의 이야기로 넘어간다. 근대 과학이란 결국 시간을 정의하는 것이다.

따라서 제4장과 제5장에서 고대 문명의 우주관에서 시작해서 아인슈타인의 상대성이론에 이르기까지의 과학사를 설명하는 것은 매우 자연스럽다. 5장까지 읽고 나면 책이 완결된 것 같은 느낌이 든다. 그런데 크리스토퍼 포터는 책을 끝내지 않고 다시 시작한다. 제6장 '또 다른 출구'는 제2장의 반전이다. 이번에는 점차 더 작은 것으로의 여행을 떠난다. 전개는 빤하다. '나노 기술'에 관한 책들이 흔히 서술하는 방식을 그대로 사용한다. 한 등급씩 작은 것들을 찾아가다가 '원자'와 만난다. 원자의 크기는 10의 -9~-10승 미터다. 1~0.1나노미터에 해당한다. 이 책이 100년 전에 나왔으면 여기에서 멈췄을 테지만, 지금은 더 나가야 한다. 우리가 알고 있는 가장 작은 알갱이인 쿼크와 전자의 지름은 기껏해야 10의 -18승 미터, 즉 10억 분의 1나노미터 정도다.

거대한 우주 이야기를 끝내고서 다시 이 작은 세계를 논하는 이유는 양자역학과 상대성이론이라는 현대 물리학(제7장)을 이야기하기 위해서다. 현대 물리학은 우리가 살고 있는 우주의 탄생(제8장), 별과 은하의 형성(제9장) 그리고 마침내 우리가 살고 있는 지구의 역사(제10장)를 다루는 토대가 된다. 이렇게 해서 또 한 권의 책이 끝나는 것 같다.

그런데 포터가 말하려는 것은 우리가 있는 장소가 우주와 지구라는 사실, 즉 'here'이 아니다. 가장 중요한 주어, 바로 'You'가 아직 나오지 않았다. 그래서 그는 세 번째 책을 마저 쓴다. 30억 년 전에 시작한 생명의 역사(제11장)와 인간의 역사(제12장)가 시작된다. 드디어 그는 "You are here!"이라는 거대한 3부작을 완성하였다. 그리고 그는 마지막 제13장 '우리가 여기 있네'에서 우주와 나의 관계에 대한 깊은 철학적 성찰을 한다.

우리와 만물은 137억 년 전에 우주를 가득 채웠던 원초적인 수소에서 나왔다. 우리가 이해하는 우주는 우리와 별개가 아니다. 우리는 우주와 분리될 수 없다. 우주는 우리와 함께 움직인다. 이것을 깨닫는다면, 우리는 우주를 덜 괴롭히게 될 것이다. 지구에 살고 있는 모든 인류는 15만 년 전에 살았던 한 어머니의 후손이다. 또 인간의 DNA는 우리가 30억 년에 걸친 생명의 진화의 산물임을 말한다. 여기가 어디인가? 당신과 내가, 그리고 만물이 서 있는 곳이다. 그리고 우리가 우주다.

그의 결론을 한 문장으로 말하면 이렇다. "우주와 지구를 망치지 말고 착하게 살자!"

순전히 물리학 때문에

『최무영 교수의 물리학 강의』

살다 보면 "그래, 바로 이거야!" 할 때가 있다. 사는 게 보람 있고 행복하다고 느낄 때 말이다. 고등학교에 입학하던 해 3월이 그랬다. 물상이 아니라 물리와 화학을 처음 배웠을 때다. 이제 세상을 좀 알 수 있는 방법을 곧 깨닫게 될 것 같았다. 어찌 기쁘지 않겠는가?

그런데 화학과 달리 물리는 나를 금방 배신했다. 첫날의 감동은 두 달이 채 가지 않았고, 이후 재수 생활을 하던 종로학원에서 신일생 선생님에게 배우던 몇 달을 제외하고는 도대체 물리학에서 기쁨을 얻지 못했다. 그러고는 물리학에 대한 열등감에 시달렸다. 나는 우울하고 공격적으로 바뀌었으며 때로는 반사회적이기도 했다. 순전히 물리학 때문에.

약 30년 가까이 쌓인 열등감을 단 이틀 만에 씻어준 책이 있으니, 『최무영 교수의 물리학 강의』(책갈피 펴냄)가 그것이다. 최 교수가 『프레시안』에 연재하던 시절 몇 편을 읽고 감명(!)받았던 차에 2008년 12월 말에 책으로 엮여서 출판되자 즉시 구입했다. [2019년 1월 전면 개정판이 나왔다. 아래 글은 2008년 판에 대한 이야기다. 나는 아직 전면 개정판을 보지 못했다.] 그런데 책에 대한 주변의 칭송이 너무 자자했다. 그래서 읽기 싫어졌다. 두껍기는 또 얼마나 두꺼운가? (자그마치 560쪽이다.) 결국 2만 2천 원이나 하는 비싼 책을 사놓고 읽지도 않는다는 아내의 핀잔을 들을 때까지 책은 책꽂이에 그냥 꽂혀 있었다. 그때부터 딱 이틀을 이 책에 온전히 투자했다. 아니, 내 영혼이 이 책에 사로잡혔다. (조금 과한가? 그렇지 않다. 책을 읽는 동안에는 밥 먹는 시간도 아까웠다.)

먼저 경고하자면, 우선 질량이나 속도, 가속도, 기본 입자가 무엇인지 모르는 사람은 이 책을 잡을 필요가 없다. 최무영 교수의 물리학 강의는 원래 인문사회계 학생을 위한 교양강좌를 책으로 엮은 것으로 무지 친절하게 물리학의 세계를 안내하지만, 그 친절이 아무런 사전 지식이 없는 사람에게까지 미치지는 못할 것 같다. 그렇다고 해서 각종 수식이나 미적분학을 이해해야 하는 것은 아니니 너무 겁먹을 필요도 없다. 둘째, 신자유주의와 세계화, 개발지상주의 또는 이명박 정권과 친한 사람은 정치적인 입장을 드러내지 않는 다른 저자의 책을 찾아보는 게 좋다. 속 뒤집힌다. 물론 최무영 교수가 마구잡이로 비난하거나 선동하는 타입은 절대로 아니다. 책의 부제대로 그의 비판에는 해학과 재치 그리고 과학적인 근거가 있다. 따라서 자신이 신자유주의 신봉자라고 하더라도 약간의 포용력만 있으면 참아 넘길 수 있고, 또 그래야 건강에 좋을 것 같다.

책은 마치 한 학기 동안 강의한 것처럼 꾸며져 있으나 짧은 시간에 이루어진 것이 아님은 분명하다. 하지만 독자는 그저 한 학기 동안 명교수의 강연을 듣는다고 생각하며 읽으면 된다. 학생들에게 말하듯이 쓰여 있는 책의 서술 방식과 (실제로 강의 녹취를 기본으로 하였다) 마치 PPT 화면을 보는 것 같은 착각을 일으키게 하는 많은 천연색 화보 덕분에 실제로 교수 앞에 앉아 있다는 느낌이 들 정도다. 또 중간 중간에 꼭 독자가 질문하고 싶은 대목에 실제로 학생이 질문을 한다.

25강으로 이루어진 책은 8부로 되어 있다. 제1부는 '과학이란 무엇인가'다. 여기에는 한 학기 동안 강의할 모든 내용을 함축하여 설명하면서 앞으로 전개될 내용에 대한 기대를 갖게 한다. 앞으로 나올 모든 내용은 제1부에서 제기된 문제를 다룬다. 따라서 이 책은 아무 데나 기분 내키는 대로 펼쳐 읽을 수 있는 책이라기보다는 처음부터 차근차근 생각하며 읽어야 하는 책이다.

제2부는 '물질의 구성 요소'를 다룬다. 원자에서 쿼크에 이르는 기본 입자와 물리 법칙의 대칭성이 주요 대상이다. 과학자들은 숫자를 좋아한다. 또 지수(10의 몇 제곱 같은 것들)도 좋아해서 쉽게 사용하지만 일반인들은 이걸 더 어려워한다. 최무영 교수는 시간과 길이를 지수로 설명하면서도 다양한 예를 제시하여 그 의미를 명확히 이해하게 해준다. 이쯤 읽다 보면 이 책은 단순히 물리학 입문서가 아니라 과학사 책으로 읽힐 수도 있다는 사실을 깨닫게 된다. 그리고 자꾸 '왜?'라고 묻게 된다. 독자가 '왜?'라고 할 무렵에 또는 독자가 묻기도 전에 최무영 교수는 스스로 '왜?'라고 묻고 독자에게 생각할 틈을 준다.

양성자, 중성자, 전자와 같은 기본 입자는 지금까지 자그마치 대략 260가지 정도 알려져 있다. (물론 책에는 중요한 것만 몇 가지 서술하니 걱정하지 마시라.) 그런데 정작 우주에 자연적으로 존재하는 원소는 92가지뿐이다. 92가지 원소를 만들자고 260가지 기본 입자가 있다는 게 말이 되는가?

당연히 안 된다. 따라서 물리학자들은 더 기본적인 요소가 있을 것이라고 생각하게 되었고, 그게 바로 쿼크라는 것이다. 쿼크를 이해하고 나면 물리학에 등장하는 다양한 대칭성이 자연스럽게 이해된다.

나는 제3부 '자연현상의 역학적 기술'을 가장 감명 깊게 읽었다. '고전역학', '공간과 시간', '상대성이론', '양자역학', '측정과 해석'이라는 장으로 구성되었는데, 내가 고등학교와 대학교를 거치면서 진짜 물리학이라고 생각했던 것들을 다루었다. 최무영 교수의 물리학 강의는 아름답다. 모름지기 강의는 이렇게 해야 한다. 내가 그 앞에 앉아 있는 학생이었다면 강의가 끝날 때마다 환호성을 지르고 때로는 기쁨의 눈물을 흘렸을 것 같다. (이 대목은 빼야 될 것 같기도 하지만 솔직한 심정이다.)

제4~7부는 '혼돈과 질서', '거시현상과 엔트로피', '우주의 구조와 진화', '복잡계와 생명현상'을 다룬다. 아마 수강생들은 이 대목에서 가장 큰 흥미를 느꼈을 것 같다. 나도 물론 흥미로웠지만 제2~3부에서 이미 너무 크게 감동해서 그런지 오히려 이 대목은 차분하게 읽어나갈 수 있었다.

마지막 제8부는 '과학과 현대사회'인데 흔히 말하는 STS(과학, 기술, 사회)에 해당한다. 최무영 교수는 우리가 흔히 말하는 '과학기술'이 뭐냐고 묻는다. '과학적 기술'일까? 그런데 우리는 'scientific technology'라는 말을 들어본 적이 없다. 영어로는 'science and technology'다. 하지만 우리나라에서는 '과학=기술'이라고 왜곡되어 있다. 여기에는 소위 실용주의가 한몫한다. 한편 현대 과학이 유전자에 품고 있는 환상을 지적하는 대목에서는 '시스템 생물학'의 한 단면을 엿볼 수 있어 매우 흥미롭다.

정작 생화학자들은 아직도 '유전자'에서 헤매고 있는데 물리학자는 새 길을 찾고 있는 것이다. 최무영 교수는 정선과 에셔 등의 다양한 그림을 사용하여 물리학을 설명한다. 그리고 미국에서 공부한 학자답지(?) 않게 순우리말로 물리학을 설명한다. 광자(光子)도 그의 손에 들어가면 '빛알'이 된다.

이제 열등감은 확실히 씻었고, 본격적으로 물리학을 공부하고 싶다.

우주비행의 모든 것

톰 존스, 『우주에서 살기, 일하기, 생존하기』

우주여행을 꿈꿔보지 않은 사람이 어디에 있겠는가. 그런데 어떤 장면을 가장 꿈꾸시는가? 나는 우주로 떠나는 장면이 아니라 지구로 돌아오는 순간의 장엄함을 경험하고 싶다. 지구로 향하는 우주선에 앉아 있다. 옆 창으로 차가운 회색의 달이 지나친다. 그리고 눈앞에 푸르고 흰 행성이 놓여 있다. 점점 커진다. 어느 순간 눈앞에 검정색 우주는 사라지고 푸른 지구만 가득하다. 그러다가 우주선이 공기와 마찰하면서 덜덜덜 떨리더니 옆 창으로 화염이 보인다. 마지막 순간에 지구와 충돌한다. (터지지는 않는다. 무사히 내린다.) 내 무릎에는 힘이 없다. 도저히 설 수 없다. 아! 중력이라니…. 누구의 주제런가! 맑고 고운 중력!

아쉽게도 내 평생 우주에 나가볼 일은 없을 것 같다. 기술이 문제가 아니라 돈이 문제다. 설마 내가 살아 있는 동안 민간인 우주여행이 실현되지 못하기야 하겠는가. 돈이 웬수다. 영화 〈그래비티〉와 〈마션〉은 그래서 좋았다. 영화에서야 재난이 발생하지만 그것은 영화니까 상관없다. 아! 〈마션〉에서 아쉬운 점은 있었다. 식물학자 출신의 주인공은 자신이 수확한 감자 가운데 일부를 다시 심는다. 하지만 감자는 서너 달이 지나야만 다시 싹이 돋는다. (그냥 특수한 감자라고 해두자.)

실제로 우주여행을 할 기회는 없겠지만 머릿속으로 시뮬레이션 해보는 것은 어떨까? 우주인이 되어 보는 것이다. 고산이나 이소연 박사보다 더 힘든 훈련을 하고 더 멀리 더 멋진 여행을 하는 거다. 시뮬레이션인데 못할 게 무엇인가? 그런데 어떻게? 책으로는 모든 것을 다 할 수 있다. 『우주에서 살기, 일하기, 생존하기: 우주비행사가 들려주는 우주비행의 모든 것』(톰 존스 지음, 승영조 옮김, 북트리거 펴냄)이 바로 그것. 글쓴이는 네 번의 우주비행과 세 번의 우주유영을 마친 베테랑 우주비행사로 행성 과학자이자 항공우주 전문가다. 우주여행에 대해 떠벌일 수 있는 모든 조건을 다 갖춘 사람이다. 그가 말한다.

> "이 모험의 순간들 가운데 가장 특별했던 것은 우주정거장에서 세 번째 우주유영을 마무리할 때가 아니었나 싶다. (…) 나는 일손을 멈추고 우주정거장 앞부분 핸드레일을 잡고 주위를 둘러보았다. 투명한 헬멧 바이저를 통해 바라본 우주는 숨 막히도록 아름다웠다. 우주 시대의 커다란 우주선이 관성의 힘으로 자연스럽게 지구 둘레를 돌고 있었고, 나는 이 우주선의 맨 앞머리에 서 있었다. (…) 바로 발아래 약 400킬로미터 지점에서는 태평양의 찬란한 푸른 바닷물이 고요히 소용돌이치는 눈부신 흰 구름에 쓸리고 있었다. (…) 조물주가 펼쳐 놓은 이 우주의 장엄한 무대를 바라본다는 것은 얼마나 크나큰 선물인가!" (11~12쪽)

머리말을 읽다 보면 나도 모르게 흥분하게 된다. 하지만 우주여행에서 흥분은 금물. 철저하게 차가운 머리로 대비해야 한다. 베테랑 우주인인 저자는 단조로운 문체로 본문을 썼다. 15개의 챕터에 315개의 질문과 대답을 배치했다.

2장의 13번 질문은 '우주비행 시 필요한 체력은 어떻게 단련하나?'이다. 이 질문을 앞에 둔 나는 곧 책을 덮게 될 것 같다는 생각이 들었다. 그런데 어떤 체력이 이미 갖추어져 있어야 한다는 말 대신 어떤 코치들이 어떤 방식으로 훈련시킨다는 이야기가 있다. 좋다. 끝까지 갈 수 있을 것 같다.

3장의 8번 질문은 '우주로 가는 과정은 고통스럽나?'이다. 저자는 말한다. 딱히 여유롭지는 않지만 온갖 불편한 느낌을 압도할 만큼 유쾌하다고 한다. 우주왕복선은 궤도에 진입하기 약 1분 전에 최고 가속도가 지구 중력의 세 배인 3G에 이르게 된다. 숨을 쉬기 힘들고 손을 들어 정확한 방향을 가리키기 어렵다. 하지만 몇 초만 지나면 엔진이 정지하고 자유낙하 상태가 된다는 것을 되새기며 그저 꾹 참고 견디면 된단다. 그래 몇 초를 못 참겠는가? 난 잘 참을 수 있을 것 같다.

질문의 대부분은 과학적이고 기술적인 것들이다. 5장의 12번 질문인 '우주에서 필요한 산소를 어디에서 얻나?'에서 나는 아주 중요한 정보를 얻었다. 우주비행사에게는 매일 0.8킬로그램의 산소가 필요하다. 내가 매일 마시는 물의 질량만큼 산소를 마신다. 우주선에서는 고체 리튬 과염소산염 탱크를 반응시켜서 얻는다. (발열반응이니 이때 발생한 열을 활용할 수 있을 것이다.) 물론 공기 중의 습기와 오줌에서도 산소를 추출한다.

요즘 우주비행사들은 조금 불쌍하다. 1960년대 우주인들보다 활동 영역이 훨씬 적다. 글쓴이가 우주정거장에 갔을 때 고도는 356킬로미터 정도였다고 한다. 지구 반지름이 6,400킬로미터인 걸 생각하면 '풉!' 소리가 절로 난다. 아폴로 우주인들은 그것보다는 1,000배나 더 멀리 갔다. 나도 고도 10킬로미터까지는 날아봤다. 요즘 우주인과 나는 경험에서 큰 차이가 없다. 우주여행에 대한 자신감이 더 솟는다.

8장 19번과 20번 질문에 따르면 우주복을 입은 채 콧구멍을 팔(?) 수도 있고, 우주복을 입고 볼 일을 볼 수도 있다. (하지만 난 정거장 안으로 들어올 때까지 참기로 한다.) 11장 3번 질문은 '재진입을 할 때도 발사할 때만큼 흥분되었나?'이다. 내가 꿈꾸는 바로 그 우주여행의 장면 아닌가. 그의 대답 가운데 일부를 그대로 옮겨본다.

> "발사할 때는 조종실 창으로 텅 빈 하늘만 보였다. 그러나 재진입할 때는 빠른 속도로 근접하는 지구를 조종실 창으로 내다볼 수 있었다. 그뿐만 아니라 우주선이 지구 대기에서 공기 분자와 충돌하면서 생기는 플라스마가 뜨겁게 이글거리며 우주선을 감싼 멋진 모습도 볼 수 있었다. 조종실 앞과 옆, 위 창문에서 펼쳐지는 빛 쇼는 20분 이상 계속되었다." (231쪽)

내가 꿈꾸던 장면과 비슷하다. 그런데 재진입할 때는 발사할 때와는 달리 소리가 전혀 나지 않았고 활주로를 향해 음속 장벽을 뚫으며 서행하는 마지막 5분간을 제외하면 진동도 거의 없었다고 한다. 약간 실망이다. 하지만 경험자가 그렇다고 하는데 어쩌겠는가.

가장 인상적인 질문은 13장의 38번 질문이었다. '만약 돌아올 수 없다고 해도 다른 세계로 우주여행을 떠나겠나?' 베테랑 우주비행사는 뭐라고 대답했을까? 대답을 알고 싶다면 15,500원을 투자하시라.

필멸의 물리학자가 좇는 불멸의 꿈

이강영, 『불멸의 원자』

웹진 『크로스로드』가 이강영 교수에게 칼럼 연재를 요청했을 때까지 이강영 교수는 대중을 위해 글을 발표한 적이 없었다. 그런데도 한 편의 원고가 아니라 연재를 요청하게 된 사연은 아직도 미스터리다. 이강영 교수는 '페르미 해법'이라는 제목의 코너에 무려 3년이 넘도록 연재했고, 그 글이 묶여 나온 책이 『불멸의 원자: 필멸의 물리학자가 좇는 불멸의 꿈』(사이언스북스 펴냄)이다. 연재를 시작한 후에야 그의 출세작이 된 『LHC, 현대 물리학의 최전선』(사이언스북스 펴냄) 『보이지 않는 세계』(휴머니스트 펴냄) 같은 역작이 출간되었고, 그는 일약 과학 파워 라이터의 명성을 얻었다.

물리학의 최전선을 연구하는 이강영은 『불멸의 원자』를 고대 그리스 철학자 이야기로 시작해서 고대 그리스 철학자 이야기로 끝맺는다. 데모크리토스의 주장은 간단하다. 만물은 원자로 이루어져 있다. 인간이든 책상이든 그 무엇이든 모두 쪼개고 쪼개면 원자가 된다. 고대 그리스 사람들은 물, 불, 공기, 흙이라는 네 가지 원소를 생각했지만 우주에는 94

가지의 원소가 있고, 사람들이 만들어낸 원소까지 치면 118가지나 된다. 하지만 우리 몸을 이루는 원소는 몇 가지 되지 않는다. 인간의 몸을 구성하는 원자를 200개라고 하면 그중 126개는 수소이고, 51개는 산소이며, 19개는 탄소, 3개는 질소이고, 나머지 원소들은 모두 합쳐야 하나 정도다. 이강영은 어려운 이야기를 쉽게 한다.

사람은 죽는다. 책상은 썩고 녹슨다. 모두 다 사라진다. 이강영은 말한다. "죽음은 늘 가까이 있고, 인생에서 정말 드물게도 모든 사람에게 공평한 일이기에 어떤 의미에서는 인간의 가장 친밀한 사건이었다." 하지만 원자는 변하지 않는다. 원자는 불멸의 존재다.

책은 크게 4부로 구성되어 있다. 1부 '불멸의 원자'는 입자물리학 이론의 기초 개념을 소개한 에세이다. 2부 '쉬운 듯 우아하게'에서는 국내 독자들에게 낯선 천재 물리학자들의 일화를 소개한다. 물론 목적은 일화가 아니라 그들의 과학적 사고법이다. 2부를 읽다 보면 과학은 지식이 아니라 태도임이 분명해진다. 3부 '입자 전쟁'은 입자물리학이 현대 물리학의 최종 심판자로 자리매김하게 된 실험의 역사를 서술한다. 그리고 마지막 4부 '자연이 건네는 말'에서는 물리학자들의 자연관과 과학관을 엿볼 수 있다.

아리스토텔레스 자연학의 핵심은 '자연은 헛된 일을 하지 않는다'이다. 아리스토텔레스에 맞섰던 갈릴레이의 자연관도 바로 이것이다. 똑같다. 하지만 아리스토텔레스의 자연에는 목적이 있다. 따라서 중세 시대까지의 과학은 '왜?'라는 질문을 추구했다. 이에 반해 과학혁명을 완성한 뉴턴이 '자연은 특정한 목적이 없다'라고 이야기한 이래로 이것은 현대 과학의 자연관이 되었다. 현대 과학은 '왜?'와 '누가?'라는 질문 대신 '어떻게?'와 '언제?'라는 질문을 던진다.

입자물리학은 어려운 학문이다. 하지만 노선할 반하나. 책은 어렵지 않다. 오히려 재밌다.

인정한다. 나는 무식하다.

갈릴레오 갈릴레이, 『두 우주 체계에 대한 대화』

서울대학교 인문학연구소가 '일반인과 대학생을 위한 동서고전 200권'을 선정하여 발표한 것은 1993년의 일이다. 목록에는 한국문학 26권(13), 동양문학 19권(5), 서양문학 55권(12), 동양사상 40권(1), 서양사상 60권(11)이 실렸다. 당시에는 인터넷이 별 볼 일 없던 시절이고 또 좁은 신문지면에 200권이 모조리 소개될 리가 없으며 또 논술이니 하는 것은 들어본 적도 없으니 별일 없이 지나갔지만, 나는 이런 목록을 보면 기가 죽는다. 괄호 안에 적은 숫자는 이 목록에 오른 책 가운데 2009년 현재 내가 읽은 책의 권수다. 설마 그것을 다 읽어야 교양인이 된다는 뜻은 아니겠지?

그런데 2005년 2월 서울대학교가 '서울대학교 학생들에게 추천할 만한 권장도서 100권'의 목록을 선정하여 발표했을 때는 이야기가 달라졌다. 사이버 공간은 100권의 목록을 저장하기에 충분했고, 이 목록은 서울대에 다니는 자녀를 두고 싶어 하는 부모들의 심리를 이용하고픈 사람들에게 꽤 가치가 있었다. 이 목록에는 한국문학 17권, 외국문학 31권,

동양사상 14권, 서양사상 27권과 함께 과학기술 분야 11권이 따로 정리되어 있었다. 나는 과학자이고 대학에서 과학사를 강의했다. 그렇다면 나는 과학기술 분야의 권장도서를 모두 읽었을까?

우선 목록의 첫 번째 책은 코페르니쿠스의 『천구의 회전에 관하여』와 갈릴레이의 『두 우주 체계에 대한 대화』 그리고 뉴턴의 『프린키피아』 선집인데, 여기에 포함된 책 세 권 모두 읽지 않았다. 나는 그런 책이 우리나라에 출판되어 있는지도 몰랐다. 베이컨의 『신논리학』 역시 강의에는 인용하는 책이지만 구경도 못했다. 모리스 클라인의 『수학의 확실성』, 찰스 길리스피의 『객관성의 칼날』, 로얼드 호프만의 『같기도 하고 아니 같기도 하고』는 금시초문의 제목이다.

인정한다. 나는 무식하다. 과학자의 탈을 쓰고도 중요한 목록의 책을 읽지 않았고, 책의 존재조차 몰랐다. 그런데 궁금하다. 이 책의 목록을 만든 사람은 정말 이 책을 모두 읽어 보고서 대학생들이 꼭 읽어야 하는 책으로 선정했는지 말이다.

나는 1998년 서해문집에서 나온 『천체의 회전에 관하여』를 2003년에야 샀고, 조금 읽다 금방 덮고 말았다. 도대체 무슨 이야기를 하는지 이해할 수 없었다. 딱히 내가 무식해서라기보다는 코페르니쿠스의 설명이 무지 어렵고, 또 우리가 지금 알고 있는 체계와 다르기 때문인 것 같다. 이때 나는 생각했다. '고전을 고전 그대로 읽는 것은 무의미할 수 있다. 특히 끊임없이 반증되는 과학 분야에서는.' 예를 들어 아리스토텔레스의 『동물학』이 발견되어 번역된다고 해서 우리가 그것을 읽을 필요는 전혀 없을 것이다. 때로 고전은 그저 역사적으로만 의미가 있을 따름이다.

정작 읽을 책도 없는 고전 목록을 발표한 서울대학교는 다행히 2006년에 대학출판부를 통해 『과학고전선집: 코페르니쿠스에서 뉴턴까지』(홍성욱 편역)를 펴냈다. 이 책에는 앞에서 말한 『천구의 회전에 관하여』『두 우주 체계에 대한 대화』『프린키피아』를 비롯하여 데카르트와 하비 그리고 뉴턴의 주요 저작의 핵심 부분이 발췌 번역되어 있다. 이 가운데 갈릴레이의 『두 우주 체계에 대한 대화』는 내가 과학과 과학사에 대한 새로운 눈을 뜰 수 있게 해주었다. 갈릴레이는 단순히 피사의 사탑 전설이나 망원경으로 목성의 위성을 발견한 것으로만 설명하기에는 위대한 인물이었다.

그러나 갈릴레이의 글은 충분히 복잡하고 어려워서 메가스터디에서 주관하는 과학 논술시험 문제 지문으로 아주 적절했다. 그런데 모든 사람이 과학 논술시험을 봐야 하는 것은 아니지 않은가? 갈릴레이가 들려주는 이야기를 쉽게 청소년들에게 전달할 방법이 없을까? 만화 말고 글로…. 아직은 없는 것 같다. 하지만 꽤 훌륭한 만화책이 있기는 하다. 김영사가 펴내고 있는 〈만화로 만나는 '서울대 선정 인문고전 50선'〉 시리즈의 제15권인 『두 우주 체계에 대한 대화』(정창훈 글, 유희석 그림)가 그것이다.

대학에서 천문학을 전공하고 『과학소년』『별과 우주』『뉴턴』 등의 어린이 과학잡지의 편집장으로 활동한 저자 정창훈은 이 책에서 단순히 원전을 만화로 풀어내는 데 머물지 않고, 자신의 눈으로 갈릴레이를 재해석하였다.

과학은 가치중립적이라고 하지만, 인간의 사상을 억압한 적도 있다.

천동설이 그 예다. "객관적인 사실을 다루는 과학이 어째서 2천 년 동안이나 진실을 왜곡하고 반대 이론을 탄압할 수 있었는가?" 이것은 갈릴레이가 차마 입으로 표현하지 못한 문제였고, 정창훈은 바로 이 질문으로 책을 시작한다.

책은 크게 세 부분으로 구성되어 있다. 첫째 부분에는 『두 우주 체계에 대한 대화』가 어떤 책이며 갈릴레이는 누구인지를 설명한다. 도대체 갈릴레이는 왜 이 책을 써야 했는지, 왜 대화체로 써야 했으며, 등장하는 세 명의 캐릭터가 상징하는 인물은 누구인지 그리고 당시의 시대상은 어떠했는지를 과학사의 시각으로 친절하게 서술한다. 책의 대부분을 차지하는 둘째 부분은 원 저작의 요약판으로 살비아티, 사그레도, 심플리치오라는 세 명의 주인공이 펼치는 4일간의 대화를 '그림을 통해' 흥미진진하게 설명한다. 이 그림이 없다면 정말로 이해하기 힘든 내용이다. 셋째 부분에는 4일간의 대화만으로는 설명이 부족한 부분에 대한 추가 정보가 제공되어 있다.

단연 이 책의 백미는 둘째 부분이다. 내가 『천체의 회전에 관하여』를 읽을 때 힘들었던 이유는 지금 알고 있는 우주와 코페르니쿠스가 알고 있던 우주가 다르기 때문이다. 이 점은 갈릴레이라고 해서 예외가 아니다. 하지만 저자 정창훈은 갈릴레이가 그렇게 쓴 이유를 당시 과학 수준에서 이야기해 준다. 그리고 그렇게 반증되는 것이 바로 과학의 속성임을 설명해 준다. 수백 년 차이가 나는 시대가 서로 소통되고 있는 것이다.

갈릴레이가 굳이 만화로 표현해야만 이해가 쉬운 글을 쓴 까닭은 반대 집단을 억압하고 자신의 주장을 강요하던 시대 때문이다. 하지만 갈릴레이 시대를 특별히 욕할 게 못 된다. 갈릴레이가 로마 가톨릭 교회로부터 복권된 것은 1992년 10월의 일이다. 황영조가 몬주익 언덕에서 독일과 일본 선수를 따돌리고 올림픽 마라톤에서 우승하던 그 여름에도 지구는 비합법적(!)으로 태양을 돌고 있었다. 우리는 민주주의 시대에 살고 있지만 아직도 천동설과 같은 권위주의는 우리 시대에 설 자리가 매우 많다. 그래서 시민에게 이 책이 더욱 값진지도 모른다.

화학의 처음이자 끝

톰 잭슨, 『주기율표』

2005년은 세계 물리(학)의 해였다. 알베르트 아인슈타인의 3대 이론이 나온 지 100년이 되는 해이며, 그가 서거한 지 50년이 된 해이기 때문이다. 그렇다면 2009년은 무슨 해였을까? 찰스 다윈의 『종의 기원』이 나온 지 150년 된 해이면서 다윈의 탄생 200주년이 되는 해라는 것을 생각하면 '세계 진화의 해'쯤 돼야 할 것 같은데 실제로는 '세계 천문의 해'였다. 갈릴레오 갈릴레이가 망원경을 들어 하늘을 관찰한 지 꼭 400년이 된 해이면서 아폴로 11호를 타고 인류가 달에 착륙한 지 40년이 된 해였기 때문이다. 다윈주의자인 나로서는 사뭇 안타까운 일이지만 납득할 수 있다. 50년만 더 기다리면 세계 진화의 해 또는 세계 다윈의 해가 올 테니까 참을 수 있다.

2011년은 세계 화학의 해였다. IUPAC(국제 순수·응용화학 연맹)의 전신인 국제화학협회 창립 100주년이 되는 해이기 때문이다. 그러나 이보다 더욱 큰 이유는 퀴리 부인이 라듐 발견의 공적으로 노벨 화학상을 받은 지 100주년이 되는 해이기 때문이다. 과학에서 양성 평등의 기초를 마련했다는 점에서 그 어느 노벨상보다 값지다고 할 수 있다. 그런데 세계 물리의 해와 세계 천문의 해에 전 세계에서 다양한 행사가 많았던 것과는 달리 세계 화학의 해는 소리 소문도 없이 지나갔다. 그만큼 화학은 대중에게 인기가 없다. 인기는커녕 환경 파괴의 주범으로 매도되기 일쑤다.

화학에게 다시 한 번 기회가 왔다. 2019년은 세계 주기율표의 해이다. 화학은 싫어해도 주기율표에는 매력을 느끼는 사람들이 제법 많다. 서울시립과학관 1층에는 주기율표 모양의 사물함이 있는데, 여기가 포토 존으로 자리를 잡았을 정도다. 올해가 세계 주기율표의 해인 이유를 생각하면 떠오르는 사람이 있다. 러시아 화학자 드미트리 멘델레예프다. 올해는 그가 주기율표를 발표한 지 꼭 150주년 되는 해이다.

1869년 당시 서른다섯 살이던 멘델레예프는 주기율표에 관한 첫 번째 논문을 발표했다. 그런데 주기율표를 만든 사람은 멘델레예프뿐만이 아니었다. 당시 모든 화학자들은 원소에서 규칙성을 발견하고 그들을 효과적으로 배치할 수 있는 방법을 찾는 꿈을 꾸고 있었다. 하지만 멘델레예프 외에는 아무도 기억하지 않는다. 이유가 있다. 다른 사람들은 자신들이 알고 있는 원소가 전부일 것이라고 생각했다. 알고 있는 원소로 완벽한(?) 주기율표를 만들었다. 하지만 멘델레예프는 달랐다. 당시 알려진 62종의 원소를 배열하면서 빈 칸을 만들었다. 자신의 주기율표가 완벽하지 않다는 것을 인정한 것이다. 멘델레예프는 자신은 아직 모르지만 빈칸을 채울 원소가 반드시 있으며 언젠가는 발견될 것이라고 주장했다. 갈륨, 게르마늄, 토륨, 우라늄, 지르코늄, 헬륨, 아르곤 등 무수히 많은 원소들이 거기에 해당한다.

현재 우리가 사용하고 있는 주기율표는 멘델레예프 주기율표와 다르다. 멘델레예프는 원소들을 원자량 순서대로 배열했지만 현대 주기율표는 양성자 순서대로 배열했다. 그럼에도 불구하고 우리는 주기율표 하면 멘델레예프를 떠올린다. 그의 아이디어가 아직도 통용되고 있고, 그는 자신이 알고 있는 게 전부가 아니라는 겸손과 함께 언젠가는 그 자리가 채워질 것이라는 직관을 보여주었기 때문이다. 후배 과학자들은 101번에 멘델레븀이라는 이름을 부여하여 멘델레예프를 기리고 있다.

주기율표는 화학의 처음이자 끝이다. 화학이란 만물의 근원이 되는 원소 사이에 일어나는 온갖 결합과 반응으로 이루어진 학문인데, 원소들은 아무하고나 반응하고 결합하지 않는다. 그들이 결합하고 반응하는 데는 일정한 논리가 있는데, 그 논리를 마치 그림처럼 그려놓은 것이 바로 주기율표다. 주기율표는 인포그래픽의 결정체라고 할 수 있다. 주기율표만 확실히 이해하고 있으면 모든 화학 분야의 기초는 갖춘 셈이다.

주기율표를 다룬 훌륭한 책이 많다. 2017년에 나온 『주기율표로 세상을 읽다』(요시다 다카요시 지음, 박현미 옮김, 해나무 펴냄)도 그중 하나다. 하지만 주기율표를 인포그래픽의 차원으로 보는 책은 별로 없다. 그 점에서 『주기율표: 인포그래픽으로 만나는 원소의 세계』(톰 잭슨 지음, 장정문 옮김, 소우주 펴냄)는 소장할 가치가 있는 책이다. 기본적으로 그림책이다. DK에서 나오는 테이블 북과 유사하다. 화려하고 멋진 그래픽 주변으로 텍스트들이 뿌려져 있다. 이런 책들이 대개 그렇지만 텍스트만 놓고 보면 너무 함축적이어서 이해하기 어렵다. 괜찮다. 그래서 그래픽이 있는 것이다.

책은 4부로 구성되어 있다. 제1부는 주기율표 자체에 대한 이야기다.

주기율표는 무엇인지, 어떻게 생겼는지, 어떤 구성요소가 있는지를 차근차근 보여준다. 중고등학교 과학시간을 설렁설렁 보낸 사람도 어려움 없이 읽을 수 있는 빤한 내용이다. 40~41쪽의 '원소 발견의 연대표'는 이 책의 백미다. 한 바닥에 원소 발견의 과학사를 이보다 더 명확하게 표현한 책을 본 적이 없다. 어느 시대에 어느 나라에서 어떤 기술 덕분에 어떤 원소가 발견되고 만들어졌는지 한눈에 알 수 있다. 구리, 납, 금, 철처럼 태곳적부터 사용하던 원소들이 있는가 하면, 칼륨, 나트륨, 칼슘과 플루오린 같은 원소들은 1800~1810년 사이에 전기분해 기술이 생기면서 알려지게 되었다. 산업혁명기에는 광물자원 속에서 원소들이 발견되고 19세기 말부터는 방사능 덕분에 발견되는 원소들이 있다. 그리고 제2차 세계대전 이후에는 인공원소들이 합성되기 시작했다. 작년에야 이름이 붙은 118번까지의 원소들도 정확히 표시되어 있다.

제4부는 각 원소를 설명한 평범한 내용이다. 다른 책들도 비슷하게 다룬다. 이 책의 미덕은 2~3부에 있다. 제2부 '밖에서 바라보기'와 제3부 '안에서 들여다보기'는 주기율표를 매개로 한 화학 교과서다. 종로학원에서 내게 화학을 가르쳐주셨던 조용호 선생님의 화학 교육방법과 판박이다. 물론 조용호 선생님은 아름다운 인포그래픽 대신 무작정 외우라는 말씀만 하셨다. 우리는 무작정 암기했지만 이 책의 인포그래픽을 보다 보면 저절로 외워질 것 같다. 원자의 크기와 밀도, 반응성, 전도율, 경도와 강도, 이온결합과 공유결합의 원리가 주기율표로 설명된다.

과학교사라면, 아니 화학교사라면 이런 책은 두 권씩 소장해야 한다.

탄생에서 죽음까지

나가타 가즈히로, 『단백질의 일생』

생화학을 生化學이 아닌 生花學으로 착각하고 대학에 간 사람으로 이렇게 말하기는 심히 부끄럽지만 "생화학(biochemistry)은 현대 사회에서 가장 중요한 학문"이라고 할 수 있다. 실제로 하버드와 MIT 대학이 있는 미국 매사추세츠 주의 케임브리지 대학가에서 가장 많이 팔리는 책이 윌리엄 스트렁크의 『스타일의 요소』(*The Elements of Style*)와 레닌저와 그 제자들이 펴낸 『레닌저 생화학』(*Principles of Biochemistry*)이다.

그러니까 하버드와 MIT에서 가장 중요한 과목은 글쓰기와 생화학이라는 이야기다. 설마 하버드와 MIT 학생들이 모두 생물학도 또는 의학도이겠는가? 전공과 상관없이 생화학 지식은 누구에게나 필요한 시대가 되었다는 뜻이다. 적어도 세상의 리더가 되려고 한다면 말이다. 우리나라라고 해서 크게 다르지 않다. 소위 명문대학에서는 인문계 학생을 위한 생명과학 수업이 인기다. 전공은 아니지만 생화학에서 무엇을 다루는지는 알고 싶어 한다는 뜻이다.

그런데 생화학을 공부하기가 처음에는 쉽지 않다. (하긴 그렇지 않은 게 뭐가 있겠는가!) 수업에 들어가면 교수가 보여주는 슬라이드는 그냥 그림이고 텍스트는 그냥 영어일 뿐이다. 고등학교 때 『생물 Ⅱ』를 배우지 않은 사람에게 대학의 생화학 또는 생명과학은 어려워도 너무 어렵다. 하지만 몇 개의 도그마만 깨우치고 나면 생화학처럼 저절로 학습이 되는 분야도 드물다. 최소한의 암기만 완수하면 나머지는 자동으로 이해된다.

문제는 첫걸음이다. 첫걸음만 잘 떼면 된다. 하지만 자기 인생이 어떻게 될지 고등학교 때 어찌 알겠는가? 『생물 Ⅱ』를 선택하지 않은 사람에게 뜀틀 역할을 할 책이 필요하다. 그런데 대부분의 생명과학 교양서는 생명과학 자체를 다루기보다는 과학(Science)-기술(Technology)-사회(Society)의 관계를 살펴보는 STS 부류이기 십상이다. 아니면 아주 작은 분야만 다루든지.

특이하게도 물리학과를 졸업한 일본의 세포생물학자 나가타 가즈히로가 쓴 『단백질의 일생』(위정훈 옮김, 파피에 펴냄)은 대학에서 비전공자 또는 전공자로서 생명과학을 공부하려는 사람, 출판사에서 생물학 분야의 교양서를 기획하고 편집하려는 사람에게 디딤판 역할을 하기에 알맞은 책이다.

생화학이란 결국 단백질을 연구하는 학문이다. 탄수화물도 나오고 지질도 나오고 DNA와 RNA같은 핵산도 중요한 요소지만 결국은 단백질로 귀결된다. 생명 현상이란 원래 단백질 작용이기 때문이다. 일찌감치 프리드리히 엥겔스는 『반듀링론』(김민석 옮김, 중원문화 펴냄) 제8장에서 "생명이란 단백질의 존재 양식이며, 이 존재 양식은 본질적으로 이들 단백질의 화학적 구성분(構成分)이 끊임없이 자기를 경신(更新)하는 데 있다."

라고 했을 정도다. 그런데 이게 뭔 말이냐!

나가타 가즈히로는 엥겔스보다 훨씬 친절하다. 그는 머리말에서 퀴즈를 세 개 낸다. (1) 사람 몸의 세포는 몇 개나 될까? (2) 사람 몸의 DNA를 모두 연결하면 길이가 얼마나 될까? (3) 세포 속에는 단백질이 몇 개나 있을까? 궁금하실 테니 간단히 답만 말하면 사람의 세포 수는 60조 개(학자에 따라서는 30조~100조 개에 달한다), 전체 DNA 길이는 1,000억 킬로미터, 세포 한 개 안에 들어 있는 단백질은 80억 개다. 이 많은 단백질이 쉴 새 없이 DNA를 복제하고 거기서 RNA를 전사하고 단백질로 번역한다. 그리고 단백질도 사람처럼 탄생-성장-성숙-노화-죽음의 드라마를 연출한다. 이 과정이 바로 생명 현상이다.

책은 6장으로 구성되어 있다. 제1장은 '단백질이 사는 세계'다. 물론 단백질은 세포라는 우주 안에 산다. 생명의 세포는 약 200종류다. 세포의 주인공은 당연히 단백질이다. 단백질은 누구나 아는 것처럼 스무 가지 아미노산으로 구성된다. (아미노산 종류는 많지만 단백질을 구성하는 아미노산은 스무 가지뿐이라는 말이다.) 단백질의 설계도는 이중나선 구조인 DNA 위에 있는데, DNA는 핵막 안쪽에 있으므로 외줄기 mRNA로 전사(傳寫)되어 아미노산 분자를 연결하는 리보솜이라는 구조에 의해 단백질로 번역된다. 세포에는 핵 외에도 DNA가 있는 곳이 있다. 바로 미토콘드리아다. 미토콘드리아는 태곳적에는 독립적인 박테리아였다. 어느 순간부터인가 산소 환경에서 견디지 못하는 박테리아에 잡아먹혔으나 소화되지 않고 공생하게 되었다. 그게 우리의 세포다. 미토콘드리아 DNA는 어머니에게서만 물려받는다. 세포는 기본적으로 모계사회인 것이다.

제2장 '탄생'은 유전암호 해독을 본격적으로 다룬다. 생명의 정보는 'DNA → RNA → 단백질'로 흐른다. 이것을 생물학의 '중심원리'(central dogma)라고 한다. 여기에 필요한 모든 구조와 활동물질은 단백질이다. DNA를 복제하고, DNA를 RNA로 전사하고 그리고 RNA를 단백질로 번역하는 모든 과정을 단백질이 담당한다. 이렇게 생명 활동을 담당하는 단백질을 효소라고 한다. (건강에 좋다는 비싼 효소를 아무리 먹어봐야 소용없다. 위장 속에서 산산이 부서진다. 그냥 계란 흰자위를 먹는 것과 같다.) 피부에 좋다는 콜라겐도 단백질이다.

아무래도 최소한의 산수는 피할 수 없다. 왜 단백질은 네댓 가지가 아니라 무려 스무 가지의 아미노산으로 구성되어 있을까? 다양성 때문이다. 대부분의 단백질은 500개 정도의 아미노산으로 이루어져 있다. 그러면 20^{500}개 정도의 다양성이 생긴다. (죽을 때까지 셀 수 없는 숫자다.) 핵산은 네 개의 염기(DNA는 ATGC, RNA는 AUGC)로 구성되어 있는데 단백질을 합성할 때 세 개의 염기를 한 묶음으로 읽어서 아미노산을 배정한다. 그 이유도 간단하다. 두 개를 사용하면 4^2 즉 16가지 경우만 나오지만, 세 개를 사용하면 4^3 즉 64가지 경우가 나와서 스무 가지 아미노산에 대한 암호를 만들고도 남기 때문이다.

3장부터 6장은 세포의 성장, 다양한 단백질의 기능과 수명 그리고 핵산과 단백질의 폐기를 다룬다. 『레닌저 생화학』을 읽든 『단백질의 일생』을 읽든 책을 덮고 나서 조카에게 해줄 수 있는 이야기는 똑같다. 생화학자가 아닌 교양인이라면 당연히 『단백질의 일생』을 보는 게 맞다.

(속도가 아니라) 속력

밥 비먼, 『ZOOM 거의 모든 것의 속도』

'힘이란 무엇인가?' 이런 질문은 마땅히 물리학 시간에 들었어야 했다. 그랬다면 일반물리학이 내내 재밌었을 것이다. 그런데 이 질문을 하신 분은 일반화학을 담당하신 교수님이었다. 뭐, 아무려면 어떤가? 누군가 물었고 거기에 대한 답을 찾았다는 게 중요하지…. 힘이란 '물체의 운동 상태를 바꾸는 원인'이다. 힘이 없으면 서 있던 물체가 움직이거나 움직이던 물체가 서지 못한다. 물체의 이동 방향을 바꾸지도 못한다.

이걸 뉴턴은 $F=ma$라고 간단하게 표현했다. 그렇다. 정작 중요한 물리법칙은 $E=mc^2$, $e=h\upsilon$처럼 간단히 표현된다. 그래서 아름답다. $E=mc^2$, $e=h\upsilon$는 어마어마한 내용을 담고 있지만 우리 일상생활과는 아무런 상관이 없다. 두 공식을 몰라도 비행기를 띄울 수 있고 화력발전소 터빈을 돌릴 수 있다. 하지만 뉴턴의 제2운동법칙 $F=ma$는 다르다. 우리의 삶은 사실 이 공식 하나로도 충분히 설명할 수 있다.

$F=ma$에서 F는 힘, m은 질량, a는 가속도다. 가속도란 시간당 속도의 변화를 말한다. 가속도가 0이라고 해서 물체가 운동을 하지 않고 가만히

서 있는 것은 아니다. 일정한 속도로 움직이고 있는 물체도 있으니까 말이다. 이렇게 가속도가 0인 운동을 우리는 등속운동이라고 한다.

그렇다면 우리는 '속도란 무엇인가?'라는 질문을 떠올릴 필요가 있다. "속도가 뭐라니? 시간당 움직인 거리잖아. 나를 무시하는 거야?"라고 성내고 싶은 사람도 있을 것이다. 이게 성낼 일이 아니다. 결코 쉬운 문제가 아니기 때문이다. 속력과 속도를 구분하는가? "인생은 속도가 중요한 게 아니야! 중요한 것은 방향이라고, 방향!" 이 문장을 읽고도 아무렇지도 않다면 속력과 속도를 구분하고 있지 않은 거다. 속력은 그냥 빠르기다. 이와 달리 속도는 방향을 이미 포함하고 있는 개념이다. 자동차 두 대가 서울과 인천에서 출발하여 1시간 만에 각각 인천과 서울에 도착했다면 이때 두 차의 속력은 같다고 할 수 있지만 속도는 같지 않다. 방향이 다르기 때문이다. 우리는 일상생활에서 속도를 이야기하지 않는다. 대부분의 경우 속력을 말한다.

우주의 모든 입자, 물체, 생명, 행성과 항성 그리고 은하는 움직이고 있다. 속력과 방향이 변하고 있다. 즉 속도가 변하고 있다. 왜냐하면 힘을 받기 때문이다. 각각의 속도는 다 다르다. 그렇다면 혹시 속도를 통해서 우주를 이해할 수 있지 않을까? 우주 삼라만상의 기원을 다룬 『거의 모든 것의 역사』(빌 브라이슨 지음, 이덕환 옮김, 까치 펴냄)처럼 말이다. 『ZOOM 거의 모든 것의 속도』(밥 버먼 지음, 김종명 옮김, 예문아카이브 펴냄)가 바로 그런 책이다. 이 책은 우주 삼라만상의 (속도가 아니라) 속력을 다루고 있다.

속력에는 한계가 있다. 그 한계는 초속 299,792,458미터. 빛의 (속도가 아니라) 속력이다. 도대체 빛의 속력을 어떻게 숫자로 정확하게 측정했냐고? 측정한 게 아니라 정한 것이다. 빛이 299,792,458분의 1초 동안 간 거리를 1미터라고 정했기 때문에 나온 숫자다. (기억나시는가? 에구구(299) 다 때려 치고(79) 이사(24)가요, 오빠(58)! 정 안되면 그냥 빛의 속력은 초속 30만 킬로미터라고 기억하자.)

지구에서 멀리 있는 은하들은 초속 8만 킬로미터로 멀어진다(34쪽). 하지만 우리은하에서 가장 가까운 은하인 안드로메다은하는 겨우 초속 2,200킬로미터의 속력으로 멀어지고 있다(27쪽). 우리가 맨눈으로 보는 별들은 모두 우리은하에 속한 것들이다. 태양을 비롯해서 우리은하에 있는 별들은 모두 은하의 중심을 돌고 있다. 그런데 아무리 빨라야 초속 1,000킬로미터를 넘지 않는다(28쪽).

지구는 태양을 시속 107,280킬로미터의 속력으로 공전한다. 자전 속력은 간단하지 않다. 위도에 따라 다르다. 적도에 서 있는 사람은 1,660킬로미터의 속력으로 자전하지만 위도 5도 올라갈 때마다 자전 속력은 6.4킬로미터씩 줄어들어서(76쪽) 서울 사람들의 자전 속력은 시속 1,337킬로미터다. 초속 371미터 정도이니 초속 340미터인 음속보다 빠르다.

거대한 숫자는 그만 보자. 부지런함의 상징인 개미는 시속 320미터의 속력으로 움직인다(155쪽). 역시 비행이 빠르다. 파리는 시속 16킬로미터의 속력으로 비행하고 잠자리의 비행 속력은 무려 시속 64킬로미터에 달한다(157쪽). 가장 빠른 동물은 치타와 돛새치다. 둘 다 시속 110킬로미터다(166쪽). 물론 동물의 속력은 이동 거리에 따라 다르다. 장거리를 비행하는 새들은 대략 시속 30~50킬로미터다(168쪽).

이런 이야기 좋아하는 사람이라면 390~391쪽의 '자연에서의 속도'

표만 보면 된다. 책에 이런 이야기들만 나열되어 있다면 굳이 지면을 내어 서평을 쓰기 아깝다. 이 책의 백미는 제2부 '빨라지는 속도 이해하기(심화편)'에 있다. 2부는 속도의 과학사이자 기상학의 역사다. 물리학과 천문학의 역사와 연결되어 있는 것은 당연하다. 그런데 이 책은 그 당연함을 뛰어넘는다. 11장 '인체와 관련된 거의 모든 속도'와 14장 '찰나의 순간을 포착한다는 것'은 우리 자신을 숫자로 이해하게 해준다. 수소와 산소가 반응해서 물이 된다. 하지만 그 순간을 본 사람은 아무도 없다. 물이 만들어지는 데 걸리는 시간은 피코세컨드(1조 분의 1초) 단위이기 때문이다(315쪽).

항상 숫자가 제일 중요하다. 숫자로 이해하지 않으면 우리는 공포에 빠진다. 달걀이 살충제에 오염되었다는 것은 중요한 정보가 아니다. 얼마나 오염되었느냐가 중요하다. 책에는 크고 작은 다양한 숫자가 나온다. 숫자는 비교하라고 있는 것이다. 그런데 유감스럽게도 책에는 미터와 피트, 킬로미터와 마일이 혼재되어 있다. 마일법을 사용하는 미국 사람들만 불행하면 된다. 미터법을 쓰는 우리마저 불행할 필요는 없다. 단위 환산을 해주는 게 마땅하다.

우리에게 가장 중요한 속력은 일상생활에서의 이동(속도가 아니라) 속력일 것이다. 이반 일리치가 쓴 『행복은 자전거를 타고 온다: 에너지와 공정성에 대하여』(신수열 옮김, 사월의책 펴냄)에는 이런 이야기가 나온다. 미국인은 연평균 1,600시간을 써서 1만 2,000 킬로미터를 이동한다. 이것은 시속 7.5킬로미터에 불과하다는 것이다. 우리라고 다르지 않다.

힘, 불, 기술, 아름다움, 흙

휴 앨더시 윌리엄스, 『원소의 세계사』

스승의 날이 다가오는 것도 아닌데 다시 조용호 선생님을 떠올렸다. 1980년대 종로학원의 화학 선생님. 지금 생각하면 조용호 선생님은 주기율표 환원주의자였다. 모든 것은 주기율표로 통한다. 내가 배운 화학의 90퍼센트는 그에게 배운 것이다. 항상 그렇지만 마지막 10퍼센트가 결정적이기는 하다.

나는 화학을 공부했고, 원소를 좋아하며, 주기율표에 여전히 신기해하고, 주기율표를 만든 멘델레예프를 사랑한다. 정식 출간은 되지 않았지만 멘델레예프에 관한 짧은 책을 써서 잡지의 부록으로 나간 적도 있고, 초등학생용 과학책 시리즈물의 '원소' 편을 쓴 적도 있다. 몇몇 출판사에서 원소에 관한 본격서를 써보라는 제안을 받았지만 고사했다. 『원소의 왕국』(피터 앳킨스 지음) 『주기율표』(프리모 레비 지음) 『세상을 바꾼 독약 한 방울』(존 엠슬리 지음) 『사라진 스푼: 주기율표에 얽힌 광기와 사랑, 그리고 세계사』(샘 킨 지음)까지 나왔는데 원소에 대해 더 이상 쓸 말이 뭐가 있단 말인가? 웬걸! 또 있다. 화학을 전공한 과학저술가가 쓴 『원소의

세계사: 주기율표에 숨겨진 기상천외하고 유쾌한 비밀들』(휴 앨더시 윌리엄스 지음, 김정혜 옮김, 알에이치코리아 펴냄)이 그것이다.

『원소의 세계사』를 펼치면서 받은 첫인상은 『사라진 스푼』과 매우 비슷한 책이라는 것이다. 사람들에 관한 인상은 첫 3초에 결정된다지만, 책은 다르다. 한참 읽은 후에야 그렇지 않다는 것을 깨달았다. 『사라진 스푼』이 원소를 빙자하여 생물학에서 천문학에 이르는 자연과학 전반을 다루는 책이라면 『원소의 세계사』는 원소를 빙자하여 세상 이야기를 하는 문화사 책이다.

원소로 문화사를 쓴다는 게 가능한 일일까? 가능하다. 그 이유를 저자 휴 앨더시 윌리엄스는 이렇게 말한다.

> "원소들은 영원했다. 즉 빅뱅이 있은 직후에 만들어졌고, 인류가 멸망한 후에도 지구에 머물 것이며, 지구의 모든 생명체는 물론이고 지구 자체가 죽음의 행성이 된 이후에도 존재를 이어갈 것이다. (…) 세상의 모든 일은 역사에서 일어나고, 지리학에서 고유한 위치를 차지하며, (…) 또한 더도 말고 덜도 말고 딱 원소들로만 물질적으로 구성된 것이기도 하다. 동아프리카 대지구대, 금란의 영역, 뉴턴의 프리즘, '모나리자' 등 모든 것이 원소 없이는 불가능하다." (13쪽)

원소는 세상을 구성한다. 그렇다면 세계사와 문화사 역시 원소로 이뤄져 있을 게 아닌가, 라는 게 저자의 생각이다. 원소의 관점에서 세계사를 재구성한다면 물-불-공기-흙이라는 상투적인 큰 제목을 붙일 수도 있으런만, 그는 힘-불-기술-아름다움-흙이라는 다섯 가지 주제로 문화사를 꾸린다.

'힘'이라고 하면 가장 먼저 떠오르는 원소는 뭘까? 내가 천박(친박이 아니다)해서인지는 몰라도 '힘'이라는 단어는 '금'이라는 원소와 연결된다. 『사라진 스푼』은 '돈으로 쓰이는 원소들'이라는 챕터에서 아연(Zn), 금(Au), 텔레늄(Te), 유로퓸(Eu), 알루미늄(Al)을 다뤘다. 그런데 『원소의 세계사』는 '힘'이라는 챕터에서 금(Au), 백금(Pt), 철(Fe), 플루토늄(Pu)과 수은(Hg)을 다룬다. 유럽인들은 금에 대한 욕망으로 신대륙을 찾았고, 중국의 진시황은 불로장생의 영험을 믿고 수은(Hg)을 찾았던 게 아닌가? 『해리 포터』에서도 덤블도어 교장 선생님과 볼드모트가 금을 만들고 불로장생의 영약을 만들 수 있다는 마법사의 돌을 두고서 다투지 않는가.

역사적으로 살펴보면 로마 제국은 청동, 스페인은 황금, 영국은 철과 석탄을 소유함으로써 제국의 힘을 가지게 되었다. 그렇다면 현대의 힘은 어디에서 오는가? 저자는 (내가 제일 중요하게 생각하는) 금 대신 플루토늄을 얘기한다. 20세기 초강대국 사이의 균형은 우라늄을 사용하는 핵무기와 우라늄으로 만드는 플루토늄에 의해 유지된다는 것이다. 뭐, 상식이다. 평소에 원소와 관련지어 생각해 본 바가 있는 것은 아니어도, 듣고 보면 빤한 이야기 아니겠는가. 이렇게 생각할 즈음마다 저자는 재미있는 요소를 던져준다.

> "각 원소는 하나 혹은 두 글자로 줄여진 원소기호를 가진다. 표준적인 규칙에 따르면 플루토늄의 기호는 Pl이 돼야 했지만 우리는 Pu를 선택했다."고

> 그[시보그]가 설명했다. P. U.는 예로부터 미국 영어에서 악취를 뜻하는 비속어이고, 따라서 불쾌한 느낌을 준다. "우리는 우리의 작은 장난이 비난을 살 수도 있을 것이라고 생각했지만, 비난은커녕 장난을 알아채는 사람조차 거의 없었다." (102쪽)

아뿔싸! 나도 그랬다. 단 한 번도 플루토늄의 원소기호에 의심을 품어본 적이 없다. 전 세계 화학자들이여, 뭐 하셨나?

지표면의 매장량은 백금이 황금보다 열 배나 더 많다. 그럼에도 불구하고 (오로지 백금의 녹는점이 철보다도 훨씬 높고, 심지어 숯불로 만들 수 있는 최고 온도보다 훨씬 높아서 예전에는 제련하기가 어려웠기 때문에) 백금이 가장 가치 있는 금속이라는 인식이 퍼졌고, 실제로 백금이 더 비싸다. 그래서 골든 디스크보다 더 많이 팔린 음반을 플래티넘 디스크라고 한다.

『원소의 세계사』와 『사라진 스푼』은 비슷하면서도 많이 다르다. 『원소의 세계사』는 확실히 문화사에 가깝고, 『사라진 스푼』은 상대적으로 과학책의 성격을 더 띤다. 예를 들어 유로퓸(Eu)에 관한 설명을 들어 보겠다. 유럽은행은 유로화를 제조할 때 위조지폐를 분간하기 위해 첨가하는 유로퓸이 포함된 형광제를 썼다. 물론 이름 때문에 선택된 것이다.

> "사람들이 정말로 궁금했던 것은 이런 효과를 만들어낼 수 있는 수많은 잉크 중에 하필이면 왜 유로퓸이 포함된 잉크가 선택됐느냐 하는 것이었다. 어찌 됐건 이것은 결국 유럽연합의 이름으로 발행되는 새로운 지폐가 이것과 동일한 아이디어를 기념하기 위해 명명된 화학원소를 포함함으로써 교묘

하게 강화되는 사명을 보유해야 한다는 정치적인 결정이었다." (『원소의 세계사』, 481쪽)

"화학자들은 유로퓸 염료가 두 부분으로 이루어져 있다는 사실을 안다. 하나는 분자의 대부분을 이루는 수용기, 즉 안테나 부분이다. 안테나는 들어오는 빛 에너지를 붙잡아 그것을 유로퓸이 흡수할 수 있는 진동 에너지로 바꾸어 그 에너지를 분자 끝부분으로 전달한다. 거기서 유로퓸의 전자들이 에너지를 받아 더 높은 에너지 준위로 도약한다. 그러나 전자들이 도약을 했다가 추락하면서 빛을 방출하기 직전에 들어온 에너지 중 일부가 도로 안테나 쪽으로 돌아간다." (『사라진 스푼』, 294쪽)

그렇다. '원소'에 관한 또 하나의 번듯한 책을 가지게 된 것이다. 모두 읽자. 건강에 좋다.

‘물리적으로 올바르지 않다’

우종학,『블랙홀 교향곡』

아내는 애니메이션 〈톰과 제리〉를 못 보게 한다. 누구의 잘못이든 간에 언제나 톰이 일방적으로 그것도 심각한 폭력을 당하는 게 ‘정치적으로 올바르지 않다’고 판단했기 때문이란다. 그래서 아이와 나는 몰래 본다. 내가 보여주고 싶지 않은 만화는 따로 있다. 〈코요테와 로드러너〉(Wile E. Coyote and the Road Runner)가 그것이다. ‘빕, 빕’이라는 소리를 내며 달리는 타조처럼 생긴 조류를 쫓던 코요테는 자신이 절벽의 끄트머리를 벗어났다는 것을 깨닫는 순간 그냥 수직으로 추락한다. 뉴턴의 운동법칙을 완전히 무시하는 이 애니메이션은 ‘물리적으로 올바르지 않다.’

미국의 폭력성과 〈톰과 제리〉의 상관관계에 대해서는 알려진 게 없지만, 미국 대학생의 80퍼센트가 〈코요테와 로드러너〉에서처럼 물체가 추락할 것이라고 생각한다는 통계는 이 만화의 폐해를 잘 보여준다.

그렇다면 “왜 사계절이 생기는가?”라는 질문에는 어떻게 대답을 할까? 미국 하버드 졸업생 가운데 80퍼센트는 “겨울엔 지구가 태양에서 멀어지고, 여름에는 지구가 태양에 가까워지기 때문”이라고 대답했다고 한다. 이게 맞는다면 북반구와 남반구의 계절이 반대인 현상은 설명할 수 없다. 그리고 사실 지구와 태양 사이의 거리는 (북반구의) 겨울에 훨씬 더 가깝다.

지금 이 글을 읽는 독자 가운데는 "그렇다면 왜 사계절이 생기지?"라고 여전히 마음속으로 묻고 있는 이들이 많겠지만, 초등학생 고학년들은 이미 그 답을 알고 있다. 뭐, 괜찮다! (나도 그 답을 확실히 안 지 9년밖에 안 됐다.) 어쩌겠는가? 그것을 친절히 가르쳐준 선생님도, 그 이야기를 재밌게 풀어 쓴 책도 우리 세대에게는 없었던 것을.

문제는 이런 게 한두 개가 아니라는 것이다. '블랙홀'과 '빅뱅'. 요즘에는 초등학생들도 다 아는 말이지만, 난 이 말은 대학을 졸업한 후에야 새겨들었다. 그리고 그에 대해 꽤나 읽었다고 생각했지만 제대로 알지 못했다. 아니, 뭘 물어야 할지를 몰랐다.

"블랙홀로 여행을 떠나는 것이 가능한가요?" "블랙홀에 들어간 사람이 사라지는 것을 관찰할 수 있나요?" "블랙홀로 빨려 들어간 빛이나 물질은 어디로 가나요?" "블랙홀에 빨려 들지 않으려면 어떻게 해야 하나요?" "블랙홀은 서로 잡아먹나요?" "블랙홀을 통한 우주여행이나 시간여행이 가능한가요?" "빛까지 빨아들이는 블랙홀이 있는지 어떻게 알 수 있나요?"

이렇게 친절하게 대신 물어준 사람은 우종학 서울대 천문학과 교수. 그는 블랙홀 연구의 최전방에 서 있는 천문학자다. 은하 중심에 존재하는 거대 블랙홀은 그의 주요 연구 대상이다. 2009년 여름 그의 이름을 들었다. 『종교전쟁』(김윤성·신재식·장대익 지음, 사이언스북스 펴냄)의 세 저자와 저녁식사를 하는데 저자 가운데 한 명이 "9월이면 우종학이 온다며…. 그러면 과학과 종교에 대한 재밌는 논의들이 많아질 거야."라고 지나가듯 이야기했고, 나는 그의 이름을 수첩에 적었다. 그리고 그의 책을 두 권 샀다. 그중 한 권이 『블랙홀 교향곡』(동녘사이언스 펴냄)이다.

200페이지가 넘는 과학책 가운데도 쉽게 쓰인 책은 꽤 있다. 하지만 재미와 깊이는 반비례하는 경우가 많다. 그런데 이 책은 다르다. 이 책은 내가 읽은 어느 천문학 책보다도 쉽게 쓰여 있지만 깊이가 있고 최근 연구 동향과 결과까지 실려 있다. 천문학과 학생들이 여기에 실린 내용을 다 알고 있지는 않을 것이라고 확신한다. 이게 『블랙홀 교향곡』의 미덕이다. (그런데 왜 이런 제목을 달았는지는 도통 모르겠다.)

이 책의 중요한 부분은 세 챕터다. 블랙홀에 대한 개념과 역사적 배경을 다룬 2장, 블랙홀에 대한 독자의 의문을 풀어주는 3장, 살아 있는 블랙홀이라고 할 수 있는 퀘이사를 다룬 6장이 그것이다. 하지만 달랑 이 3챕터만 있다면 이 책은 어렵거나 토막지식만을 알려주는 책이 되고 만다. 저자는 1장에서 블랙홀에 대한 관심을 끌어내고, 4장과 5장에서는 블랙홀의 이론적 배경이 되는 상대성이론과 천문학의 기본인 망원경을 소개하고 7장과 8장에서는 은하와 별의 일생을 이야기함으로써 블랙홀을 별의 일생 가운데 중요한 한 장면으로 만든다. (그래서 '교향곡'인가?)

우종학은 친절한 교회 주일학교 선생님처럼 이야기한다. 책에서는 '한별'이라는 가상의 박사가 등장하는데, 우종학은 한별 박사의 입을 빌려 말한다. 한별 박사는 우종학의 또 다른 책 『무신론 기자, 크리스천 과학자에게 따지다』(IVP 펴냄)에도 등장한다.

어릴 때부터 과학자의 길을 꿈꾸었고, 그 길을 걷게 된 그에게 '창조-진화' 논쟁을 비롯하여 과학과 신앙의 관계를 이해하는 일은 커다란 숙제였다. 그는 과학과 신앙이 대립하는 것처럼 보이는 이슈들을 깊이 고민했고 그 결과 '유신진화론'이라는 입장에 서게 되었다. (정작 그는 이런 평가에 동의하지 않는다.) 즉 진화론을 받아들이는 기독교인인 것이다.

우종학은 이 책에서 창조과학의 문제점을 조목조목 짚어낸다. 과학을 신뢰하지 못하고 두려워하는 창조과학자들이 '하나님'의 섭리를 과학적으로 증명하려는 자기모순을 갖고 있음을 드러낸다. 그에 따르면 교회가 진화를 받아들이지 못하는 까닭은 '과학에 대한 두려움'과 '복음에 대한 불신'이다.

창조과학이 절대적인 위치를 차지하고 제3의 시각을 거론하는 것조차 용납되지 않는 한국 기독교에서 이 책은 상당한 충격을 줄 것으로 예상되었지만, 웬걸 책이 나온 지 수개월이 지났지만 이 책을 읽었다는 신앙인이 주변에 한 명도 없다. (유감천만!)

대충 아는 것은 모르는 것보다 못한 경우가 많다. 2008년 9월의 일이다. 우주 탄생의 비밀을 밝히기 위한 유럽입자물리학연구소(CERN)의 양성자 빔이 성공적으로 발사된 가운데, 이 실험이 블랙홀을 일으켜 지구를 소멸시킬 수도 있다는 이야기를 들은 인도의 한 소녀가 정신적 충격을 받은 후 자살했다. 누군가가 대충 쓴 기사 때문에 패닉 상태에 빠진 사람이 한둘이 아니었다. 인도 동부에서는 수천 명의 사람들이 사원으로 달려가 구원의 기도를 벌였으며, 지구 종말에 대비해 식량을 비축하기도 했단다.

블랙홀이든 진화든 무식하면 두렵다. 두려우면 지는 거다. 그래서 많은 과학책은 안타까운 마음에 빨리 무식에서 벗어나라고 독촉한다. 그런데 친절한 우종학은 두려움에서 벗어나라고 윽박지르는 대신 예쁜 주일학교 선생님의 모습으로 손을 잡고 끌어준다. 이게 그의 미덕이다.

찰스 다윈의 『종의 기원』을 읽느라 고생하느니 윤소영의 『종의 기원, 자연선택의 신비를 밝히다』를 읽는 게 나았던 것처럼, 스티븐 호킹의 『시간의 역사』보다 우종학의 『블랙홀 교향곡』이 더 나았다.

생각의 오류를 깨뜨리는 질문

루이스 캐럴 엡스타인,『NEW 재미있는 물리여행』

과학 좀 해보겠다거나 아니면 과학 좀 재밌게 가르쳐보겠다고 마음먹은 사람치고 이 책 읽어보지 않은 사람 없다.『재미있는 물리여행』(루이스 캐럴 엡스타인 지음, 강남화 외 옮김, 꿈결 펴냄). 솔직히 말하면 별로 재미는 없다. 왜냐하면 자꾸 틀리기 때문이다. 책은 간단한 물리 문제를 낸다. 너무나 간단해서 틀릴 게 없는 단순한 문제다. 그런데 자꾸 틀린다. 우리가 갖고 있는 오개념(誤槪念) 때문이다. 처음에 생기는 짜증을 극복하고 나면 어느덧 한 단계 성숙한 자신을 발견하게 하는 책이다. 책에 나오는 문제를 몇 개 살펴보자.

> "장총에서 총알이 수평으로 빠른 속력으로 발사되고, 동시에 다른 하나는 같은 높이에서 떨어집니다. 어느 총알이 먼저 닿을까요? ⓐ 떨어뜨린 총알 ⓑ 발사된 총알 ⓒ 둘 다 동시에 닿는다." (155쪽)

아주 간단한 문제이지만 지구 인구의 70퍼센트는 'ⓐ 떨어뜨린 총알'이라고 틀린 대답을 할 것이다. 정답은 ⓒ. 여기에 대해서 책은 이렇게 설명한다.

> "두 총알 모두 같은 수직 거리를 같은 가속도로 낙하하기 때문입니다. 따라서 동시에 땅에 떨어지게 됩니다(중력은 움직이는 물체에도 여전히 작용합니다)."

실제 책의 설명은 이것보다 다섯 배 길게 이어지며, 삽화도 있다. 총알의 운동을 (공기 저항 외에는) 어떤 힘도 작용하지 않는 수평 방향의 운동과 중력가속도로 가속되는 수직 방향의 운동으로 분해해서 생각하면 간단한 문제다. 위 문제를 틀린 사람도 다음 문제를 풀면 위안을 받을 수 있다.

> "속도가 엄청나게 빠른 총알은 발사 후 전혀 아래로 떨어지지 않고 30미터 이상을 날아갈 수 있을까요? ⓐ 가능하다 ⓑ 가능하지 않다." (157쪽)

정답은 당연히 ⓑ다. 사람들은 흔히 총알이 충분한 에너지를 가진다면 아래로 전혀 떨어지지 않은 채 얼마간 수평 거리를 이동할 수 있다고 생각한다. 하지만 그럴 수는 없다.

> "물체의 속력이 한순간이라도 중력을 '꺼버릴' 수는 없습니다. 심지어 레이저 빔도 발사된 후에는 아래로 휘어집니다. 또 아래로 가속하는 정도는 물체의 속력과 관계없이 일정합니다."

바로 앞에서 수평으로 발사된 총알 문제의 해설을 본 사람이라면 이 문제를 풀지 못할 수가 없다. 이런 식으로 책은 중력은 절대로 피할 수 없는 힘이라는 것을 확인시켜준다. 이렇게 쓰고 있자니 『인류의 기원』의 저자 이상희 교수가 트위터에 쓴 글이 떠오른다. "진화를 어떻게 반대합니까? 동성애를 어떻게 반대합니까? 중력을 어떻게 반대합니까?" 책에는 이런 식으로 쉬운 것 같지만 우리가 잘못 이해하고 있는 개념을 콕 집어내는 문제들이 이어진다.

> "가끔 해질녘 하늘을 볼 때 구름의 색깔이 붉은색을 강하게 띠는 것을 볼 수 있습니다. 그리고 어떤 때는 붉은색을 약하게 띠기도 합니다. 이 중에서 붉은색을 강하게 띠는 구름은 보통 어떤 구름일까요? ⓐ 낮게 떠 있는 구름 ⓑ 높게 떠 있는 구름." (357쪽)

책 중간 이후에 나오는 문제이므로 이쯤 되면 책에 적응이 되어서 자기 생각과 다른 답을 고르게 된다. '노을은 수평선 쪽에 진한 것 아닌가? 그렇다면 답은 ⓐ이겠네. 하지만 보나마나 내가 평소에 생각했던 것이 틀렸을 게 뻔하니까 실제 정답은 ⓑ일 거야.' 그렇다. 답은 독자의 생각과 달리 ⓑ다. 여기에 대해 저자는 이렇게 설명한다.

> "정답은 ⓑ입니다. 그림을 볼 때, 낮게 떠 있는 구름에서 산란되어 공기를 통과하는 빛의 경로보다 높게 떠 있는 구름에서 산란되어 공기를 통과하는 빛의 경로가 세 배나 긴 것을 알 수 있습니다. 빛이 공기를 통과하는 경로가 길

수록 그 빛은 좀 더 붉은색을 띱니다. 그런데 가끔은 다양한 높이에 떠 있는 구름도 있습니다. 이때 어떤 구름이 높게 떠 있고 어떤 구름이 낮게 떠 있는지 알 수 있을까요? 낮은 구름이 가장 어둡습니다. 왜 그런지 알겠지요? 가장 덜 어두운 구름이 가장 높이 떠 있는 것이고 따라서 가장 붉게 보입니다. 스스로 직접 확인해 보세요."

무슨 말인지 알겠는가? 말로만은 쉽게 설명이 되지 않는 부분이 있다. 그런데 책에는 모든 페이지에 쉽게 설명하는 삽화가 있다. 삽화를 보면 직관적으로 이해가 된다. 노을이 붉게 보이는 이유와 높은 구름이 더 붉게 보이는 이유는 같다. 빛이 통과되는 거리에 따라서 더 붉게 보이는 지점이 다른 것일 뿐이다.

원서의 제목은 '*Thinking Physics*'이며 한국어판의 부제는 '생각의 오류를 깨뜨리는 328가지 물리 질문'이다. 328가지의 질문은 역학, 유체, 열, 진동, 빛, 자기와 전기, 상대성이론과 양자 등 물리학의 모든 분야를 다루기에 거의 충분하다. 저자는 루이스 캐럴 엡스타인. 작은 대학에서 물리학 교수를 지냈다. 그의 관심은 교사와 대학생들이 오개념 없이 물리학을 배울 수 있는 데 집중되어 있다.

엡스타인은 일부러 상식적으로 모순되는 것처럼 보이는 물리학의 면면을 보여주는 문제만을 골랐다. 자기 생각의 오류를 바로잡는 것은 쉬운 일이 아니다. 가끔가다가 짜증도 난다. 하지만 이 과정을 통해서 아르키메데스, 갈릴레이, 뉴턴, 맥스웰과 아인슈타인의 마음을 사로잡았던 문제들을 풀어보게 될 것이다.

나는 논술고사가 한창일 때 유명 사립학원의 과학논술고사 문제를 출제하는 아르바이트를 한 적이 있다. 지금 생각해보면 말도 안 되는 문제들이었다. 과학 고전에서 지문을 끌어내고 거기에 대한 수학적, 과학적, 문학적 지식을 서술하게 하는 식이었다. 차라리 『재미있는 물리여행』 유형의 문제를 내고 오답은 오답대로 정답은 정답대로 자신의 논리를 서술하게 하는 것이 더 유익했을 것 같다.

『재미있는 물리여행』은 저작권 개념이 없던 1980년대에 한국 유명 출판사에서 번역 출판되었지만, 국제 저작권 협약인 베른협약에 우리나라가 가입한 이후에도 출판사의 부실한 저작권 관리로 인해 오랫동안 저작권 계약 없이 출판되었다. 독자들은 본의 아니게 해적판을 구입한 셈이었다. 출판사가 다르기는 하지만 마침내 정식 계약에 따라 출판된 것을 참으로 다행으로 여긴다. 그 사이에 원서도 30퍼센트 정도 개정되었고 이번에 번역된 책은 최신 개정판을 정본으로 삼았다. 저자 엡스타인에게 미안하고 죄송한 마음이 들어서 새로 구입했다. 화장실에 두고 핸드폰 대신 볼 책이다.

참 문제와 답이 같은 쪽에 나오는 경우 답이 뒤집혀 인쇄되어서 책을 뒤집어 봐야 한다. 독서대에 올려놓고 읽을 수 없다는 것은 엄청난 단점이다.

모든 것에 관한 과학

존 랭곤 외, 『과학, 우주에서 마음까지』

대학에 개설되는 수많은 강좌 가운데 '과학사'만큼 학생들에게서 극단적인 '강추(강력추천)'와 '비추(비추천)'를 함께 받는 과목이 또 있을까? 과학과 역사라는 어찌 보면 상반되는 성질이 있을 것 같은 두 분야를 한데 엮어 놓았으니 그럴 만도 하다. 그래서인지 '과학사'는 대학에 따라 폐강 직전인가 하면, 대형 강의실이 꽉 차기도 한다. 여기에는 몇 가지 이유가 있는데 전문적인 교과서를 교재로 사용하느냐, 아니면 교재 없이 강의하면서 학생들에게 대중교양서를 참고도서로 제시하느냐 하는 문제를 중요한 요소로 꼽을 수 있다.

인기 있는 과학사 교수들이 참고도서로 흔히 제시하는 책으로는 제이콥 브로노우스키의 『인간 등정의 발자취』(김현숙·김은국 옮김, 바다출판사 펴냄)와 제임스 매클렐란 등이 쓴 『과학과 기술로 본 세계사 강의』(전대호 옮김, 모티브북 펴냄) 등이 있다. 물론 우리나라의 만화책 『과학은 흐른다』(전5권, 정혜용 글, 신영희 그림, 부키 펴냄)도 빼놓을 수 없다. 여기에 새로운 목록이 하나 더 추가되었다. 『과학, 우주에서 마음까지』(존 랭곤·브루스 스터츠·앤드레아 지아노폴루스 지음, 정영목 옮김, 지호 펴냄)가 그것이다. 새로운 목록이 추가된다는 것은 이전의 책만큼 훌륭하면서도 동시에 다른 책이라는 뜻일 게다.

이 책의 첫째 특징은 전문 과학사가들 대신 가장 잘나가는 대중 과학 저술가들이 썼다는 점이다. 『디스커버』의 선임 편집자이자 『타임』의 편집위원이었으며 『뉴욕타임스』 과학 섹션의 기고 작가였던 존 랭곤도 그 가운데 한 명이다. 나머지 두 명인 브루스 스터츠와 안드레아 지아노폴루스 역시 유명한 대중 과학 잡지의 편집장 출신이다. 저자들은 너무 깊이 들어가지 않으면서 과학적인 교양으로 꼭 알아야 할 내용들을 '하늘' '사람의 몸' '물질과 에너지' '생명' '지구와 달' '마음과 행동'이라는 여섯 개의 테마로 정하고 각 영역에서 이루어진 과학 이론 발전의 역사를 담았다. 여기에는 물리학, 화학, 생물학, 지구과학, 심리학, 뇌과학, 의학 등 거의 모든 과학 분야가 망라된다. 피타고라스와 아르키메데스, 히포크라테스부터 갈릴레이, 뉴턴, 다윈을 거쳐 제임스 왓슨과 스티븐 호킹, 리처드 파인만에 이르기까지 핵심적인 과학자들과 그들의 이론을 간략히 소개하였다.

둘째 특징은 영문 원서의 출판사가 '내셔널지오그래픽 소사이어티'라는 것에서 짐작할 수 있듯이, 잡지 『내셔널지오그래픽』을 보거나 같은 이름의 다큐멘터리 TV 채널을 시청하는 것처럼 읽어나가게 된다는 점이다. 연대기적으로 흘러가는 본문은 과학의 역사와 발전 방향을 한눈에 통시적으로 파악할 수 있게 구성했다. 각 시대의 과학과 관련된 많은 이미지들을 배치하고 중심적인 과학자들의 생애를 담은 연보와 시대별 과학의 발전을 요약한 연표를 제시하여 손쉽게 과학의 전개 양상을 볼 수 있다. 이 책은 마치 잘 짜인 한 편의 다큐멘터리처럼 책을 읽는 모든 이들에게 자연의 진리를 탐구해 온 인류의 영원한 여정을 알려준다.

셋째 특징은 과학 이론의 변천과 발전 과정에 방점을 찍은 다른 과학사 책들과는 달리, 중간 중간 나오는 팁과 박스를 이용하여 역사적으로 중요한 과학 이론과 발명, 개념들을 좀 더 상세히 알려준다는 것이다. 여기에는 '달력 체계' '별의 일생' '체액 이론' '암과 아포토시스(세포 자살)' '박테리아와 바이러스' '4원소설' '주기율표' '종의 분류법' '광합성' '기후 변화' '정신병' '프로이트와 융' 등 유용한 과학 지식들이 가득하다. 이를 통해 과거의 이론부터 현대적 개념까지 많은 것을 배울 수 있다.

이 책을 옮긴 정영목은 뛰어나기로 소문난 영어 번역자이지만 과학에는 문외한이다. 문외한이 갖는 장점은 독자의 눈으로 글을 본다는 것일게다. 그는 문장 하나하나를 자신이 이해할 수 있도록 옮겼다. 이 과정에서 그는 원서에 있던 몇 가지 크고 작은 오류들을 집어내고 수정할 수 있었다. 때로는 원서보다 더 좋은 번역서를 만날 수도 있는 것이다.

책 제목과 관련하여 에피소드 한 가지. 원서의 제목은 '*Theories for Everything*'이다. 번역자에게 물었다. "만물이론이군요?" 번역자가 되물었다. "만유이론은 어때?" 정작 출간된 한글판 제목은 『과학, 우주에서 마음까지』였다. 그제야 원서의 제목이 다시 보였다. 'Theory'가 아니라 복수형인 'Theories'였으며, 전치사도 'of'가 아니라 'for'였다. 이 책은 전자기력, 강력, 약력, 중력을 하나로 통합하는 가상의 이론인 '모든 것의 이론'(Theory of Everything, ToE)에 관한 책이 아니라, 그야말로 '우주에서 마음까지'를 아우르는 모든 과학 이론에 관한 책인 것이다.

이제 코앞에 다가온 2009년은 과학사에 있어서 매우 뜻깊은 해이다. 찰스 다윈 탄생 200주년이사 그의 『종의 기원』 출간 150주년이며, 길릴레이가 망원경을 이용하여 천체를 관측한 지 400년이 된 해로 유네스코가 정한 '세계 천문의 해'이기도 하다. 즉, 과학사에 있어서 가장 중요한 두 사건, 지구가 우주의 중심이 아니며, 인간 역시 많은 생물 가운데 하나임을 밝힌 그 현장을 기념하는 때인 것이다. 『과학, 우주에서 마음까지』와 함께 과학사의 벅찬 새해를 맞는 것은 어떨까?

4부

인간은
외롭지 않다

인류 사회, 특히 민주 사회에는 여왕 따위는 필요 없다. 인류의 조상은 개체 수준의 선택과 집단 수준의 선택이 상호 작용을 함으로써 진사회성이 진화했기 때문이다. 그 결과 인류는 지구에 가장 위협적인 존재이기는 하지만 생명의 가장 위대한 성취물이기도 하다. 조상들이 특별히 설계되었거나 위대했기 때문이 아니다. 그저 운이 좋았다. 역사란 망한 나라들의 이야기다. 역사를 통해 망하지 않을 방법을 배운다. 마찬가지로 인류사를 통해 우리가 지구에서 살아나갈 방책을 고민하고 지혜를 찾아야 한다.

인류는 어떻게
빙하기에서 살아남았나?

브라이언 페이건, 『크로마뇽』

이런 말을 들으면 약 오르고 열불 나실 독자 분들도 혹 계시겠지만…. 굳이 말하자면, 나는 최근 3주 동안 마다가스카르를 탐험했다. 그것도 공짜로! 사진으로만 보던 카멜레온, 도마뱀붙이, 여우원숭이를 직접 보고 만지고 입 맞추었다. 마카코마카코 여우원숭이의 그 보드라운 털과 탐스러운 꼬리, 그리고 은은한 향기는 아직도 그 느낌이 여전하다.

내가 만난 것은 동물만이 아니다. 이살루 국립공원에 갔을 때는 해발 1,000미터의 백악기 지층보다 300미터 높은 쥐라기 지층을 걸었다. (쥐라기가 백악기보다 앞선 시대다.) 높이 융기한 쥐라기 지층에서 내려다본 계곡 저편 백악기 지층은 남북의 길이가 400킬로미터에 달하는 거대한 평원이다. 마치 아프리카 대륙의 사바나와 같은 풍경이다. 평원을 내려다보니 온갖 상상이 떠올랐다.

"그날 새벽 나는 강가를 따라 걷다가 작은 언덕에 올랐다. 나무가 듬성듬성한 사바나는 척박하면서도 나름대로 평화로운 묘한 풍경을 보여준다. 밤새

들렸던 온갖 비명과 나를 위협하던 울부짖음 그리고 갖가지 동물이 짝짓기 하는 소리는 이제 더 이상 들리지 않는다. 바람에 이리저리 흔들리는 풀밭 사이로 사자는 보이지 않고 얼룩말 떼가 한가로이 배를 채우고 있을 따름이다.

원주민 열세 명이 길을 간다. 팔은 무릎에 닿을 정도로 길지만 키는 1미터가 조금 될까 말까? 침팬지만 하다. 그래도 골상을 보아 하니 두뇌의 크기는 유인원보다는 훨씬 크고 앞니는 작다. 그리고 무엇보다도 두 발로 똑바로 서서 걷는다. 그러니 침팬지나 보노보는 아니다. 이들은 열셋이나 되지만 나를 두려워하는 눈치다. 내 아이폰에서 터지는 플래시와 셔터 음에 움찔한다. 그 가운데 가장 크고 건강해 보이는 여인에게 말을 건네려 하자 그들은 줄행랑을 친다." (이정모의 상상)

내가 상상한 그 여인은 루시(Lucy). 최초(?)의 직립원인 호모 에렉투스의 한 명이다. (마가가스카르에는 원시인들이 살지 않았다. 마다가스카르에 사람이 첫 발을 내딛은 것은 불과 2,000년 전의 일이다.) 호모 사피엔스와 호모 에렉투스의 조우(遭遇)라니! 여우원숭이와의 만남과는 비교할 수 없는 극적인 만남일 것 같았는데, 좀 더 생각해 보니 별로 드라마틱한 장면은 아니다. 신체와 지능 그리고 가지고 있는 도구에 있어서 워낙 큰 차이가 있다 보니 일방적인 두려움이 있었을 것 같다. 그리고 두 종 사이의 남녀가 사랑을 불태울 일도 없을 것 같다.

그러면 이런 만남은 어떠한가? 크로마뇽인, 그러니까 호모 사피엔스와 네안데르탈인이 마주쳤다면 그들 사이에는 어떤 관계가 맺어졌을까?

그들은 동시대를 살았으며, 뇌와 몸집의 크기가 비슷했다. 말은 통하지 않았지만 충분히 사랑할 수 있는 관계다. (지금도 전혀 말이 통하지 않으면서 사랑을 맺는 관계는 얼마든지 있다.)

네안데르탈인이 만난 호모 사피엔스를 우리는 특별히 크로마뇽인이라고 한다. 그런데 어찌 되었는지 네안데르탈인은 멸종되었는데 크로마뇽인들의 후예들은 아직도 살아 있고, 우리가 바로 그 후예다. 왜 이런 일이 벌어졌을까? 고고학과 인류학계의 세계적 석학이자 베스트셀러 작가인 브라이언 페이건 교수는 이 문제에 천착했다. 그는 3만 년 전에 멸종한 네안데르탈인과 달리 크로마뇽인들이 기후와 환경이 극단적으로 변하는 환경 속에서 살아남은 이유를 『크로마뇽』(김수민 옮김, 더숲 펴냄)이라는 고고학 책에 풀어냈다. 나는 이 책을 호모 에렉투스 외에는 그 어떤 인류 종도 살았던 적이 없는 마다가스카르에서 읽었지만 매우 흥미진진했다.

책이 흥미진진한 이유는 책이 주는 정보뿐만 아니라 서술방식 때문이기도 하다. 원래(?) 고고학 책은 (나에게는) 어렵고 재미없다. 하지만 페이건은 EBS 다큐멘터리를 보듯 이야기를 실감나게 재현했다. 페이건은 네안데르탈인과 크로마뇽인의 극적인 만남으로 책을 시작한다.

> "털옷을 걸친 한 무리의 크로마뇽인 가족이 천천히 움직인다. 손에 창을 든 사냥꾼 남편과 말린 고기가 들어 있는 가죽 가방을 맨 아내, 그리고 그들의 아들과 딸 이렇게 네 식구다. (…) 갑작스런 돌풍이 강 건너편에 내려앉아 있던 어둠을 들어올렸다. 순간 소년이 소리를 지르며 한 곳을 가리키고는 겁

에 질려 엄마 곁으로 달려간다. (…) 짙은 속눈썹에 우락부락하고 털이 무성한 얼굴이 강기슭 맞은편에 있는 덤불숲에서 이들을 조용히 주시하고 있다. 무표정한 얼굴로 그러나 경계하는 눈빛의 네안데르탈인이 추위에 얼어붙은 듯 미동도 없이 서 있다. 아이들의 아버지는 강 건너편을 바라보고 창을 흔든 뒤 어깨를 으쓱해 보인다. 네안데르탈인의 얼굴은 나타났을 때처럼 소리 없이 사라진다. 아버지는 끊임없이 눈동자를 굴리며 계속해서 주위를 살핀다. 동굴로 오르면서 아버지는 아이들에게 목격하기도 힘들고 대면하는 일도 거의 없는 조용한 이웃에 대해 이야기해 준다. 그가 태어나서 처음으로 그들을 봤을 때 그의 아버지와 할아버지 세대에는 그들의 수가 지금보다 더 많았다. 그러나 이제 그들을 보는 일이 드물어졌다. 그들은 우리와 다른 사람이라고 아버지는 설명한다. "그들은 우리처럼 말하지 않고 우리는 그들을 이해하지 못하지만 우리에게 어떤 해도 끼치지 않는다. 우린 그저 그들을 무시하면 된다." (4~5쪽)

크로마뇽인은 열대 아프리카에서 5만 년 전 시작되어 1만 5,000년 전쯤 빙하시대가 끝난 뒤까지 계속된 최초의 현생 인류다. 지금까지 나온 크로마뇽인에 대한 책은 대개 예술을 통해 그들을 정의한다. 입에 잘 붙지도 않는 이상한 이름의 동굴 이름을 외우는 것 때문에 내가 잠깐 배운 세계사를 싫어했을 정도로 예술이 중요했다. 페이건은 다른 방식으로 접근한다. 예술은 존재의 일부였을 뿐 그들만큼 변화무쌍한 기후와 환경 속에서 살았던 인류 종은 거의 없다. 크로마뇽인이 살아남은 까닭은 호모 사피엔스가 가진 독특한 적응력과 창조력 그리고 기회주의적 특성 때문이다. 예를 들면 페이건은 크로마뇽인의 가장 혁신적인 발명품은 귀가 달린 바늘이라고 한다.

> "별로 대단할 것 같아 보이지 않는 이 도구가 역사를 바꿨다고 해도 과언이 아니다. 변변치 않아 보이는 이 바늘은 초기 인류의 가장 위대한 혁신 중 하나인 불의 사용과 지위를 나란히 한다. 수만 년 동안 네안데르탈인과 그들의 선조들은 추위로부터 몸을 보호하기 위해 망토처럼 동물의 가죽을 몸에 걸쳤었다. 네안데르탈인들은 수석으로 만든 송곳으로 가죽에 구멍을 뚫은 다음, 긴 섬유나 끈을 이용한 '실'을 구멍에 넣어 잡아당기면서 가죽들을 이었다. 하지만 그 후 바늘귀가 달린 바늘이 제작되자 여자들은 바늘을 이용해 몸에 꼭 맞는 여러 겹을 덧댄 옷을 만들 수 있었다.
> (…) 저체온증을 예방하기 위한 방법으로 옷을 덧입거나 벗는 방법은 그들이 외부 기온에 상관없이 따뜻한 체온을 적절히 유지할 수 있는 비결이었다. 네안데르탈인이 겹쳐 입는 맞춤옷을 만들지 못했던 것이 북유럽 평원에서 일정 기간 이상을 거주하지 못했던 이유일 수도 있다." (262~263쪽)

또한 크로마뇽인들은 사냥과 채집, 그리고 거주지를 옮길 때 서로 협동하는 것이 기본이었다. 그들은 누구도 혼자 활동하지 않았으며 서로 도우며 해결했다. 그들에게 협동 능력은 필수였다. 또한 효율적인 무기를 가졌으며 (하도 생생하게 서술하여 무기와 그 사용법에 대한 자세한 설명을 읽다 보면 따라서 해보고 싶을 정도다) 무엇보다도 그들은 계획과 생각을 할 줄 아는 사람들이었고, 동물과 식물, 환경과의 관계를 소중히 여길 줄 알았다. 그들은 자신들을 둘러싼 환경과 일치하는 삶을 살았던 것이다.

우리가 크로마뇽인에게 배워야 할 것은 바로 이것이다. 그들은 독창성과 즉흥성이 모두 필요한 세계에 살았다. 이것은 우리도 마찬가지다. 그들은 복잡한 문제에 맞닥뜨렸을 때 한계와 고정관념이 없는 유연한 사고와 할 수 있다는 정신으로 해결책을 찾았다. 크로마뇽인들은 이런 능력들을 이용해 기후 변화가 빠르게 일어나고, 겨울이 혹독하며, 따뜻하고 식량이 풍부한 계절이 일반적으로 짧았던 세계에서 살아남을 수 있었던 것이다. 그렇다면 우리도 그러해야 하지 않을까?

여기에 짚고 넘어가지 않을 수 없는 사실이 있다. 어떻게 된 게, 나는 고등학교 졸업할 때까지 네안데르탈인은 크로마뇽인(호모 사피엔스)의 직접적인 조상이라고 배웠다. 생물 시간에도 그렇게 배웠고 역사 시간에도 그렇게 배웠다. 단지 두 종에 대해서만이 아니다. 당시까지 알려진 모든 인류 종은 직접적인 조상-후손 관계로 배웠고 그렇게 시험을 치렀다. 지금 생각하건대, 아마 책에 딱히 그렇게 기록되어 있지는 않았을 것이다. 하지만 선생님은 그렇게 이해하고 가르쳤으며, 우리는 그렇게 배우고 그걸 믿고 있었다.

돌이켜 생각해 보건대, 나는 우리나라에서 대학원을 졸업할 때까지 진화이론을 제대로 배워본 적이 없다. 진화이론을 제대로 배우신 선생님을 만난 적이 없었기 때문이다. 요즘 생물학 교과서를 쓰시는 분들도 나와 같은 세대일 테니 아마 비슷한 처지일 것이다.

나는 서대문자연사박물관 재직 시절 청소년과 성인들을 대상으로 가끔 전시물 해설을 하곤 했다. 우리 세대야 헤켈의 계통반복설을 죽어라 익혔으니 그 그림이 뇌리에 박혀 있는 게 당연하지만, 요즘 고등학생이 계통반복설을 설명하는 그림을 찾는 걸 보면 어이가 없다. 헤켈의 계통반복설이 조작이라는 게 밝혀진 게 언제인데…. 혹시 아직도 교과서에 실려 있는 게 아닐까?

만약 그렇다면, 우리나라의 생물학자들은 과학자의 탈을 쓴 일부 기독교인들의 청원에 따라 교과서에서 시조새와 말의 진화를 삭제하도록 한 교과부와 출판사를 욕할 처지가 아니다. (이 대목에서 굳이 밝히자면, 나는 기독교인이고 안수집사다.) 교진추(교과서진화론개정추진위원회)의 청원에 따른 교과서 파문을 『서울신문』이 처음 보도한 것은 지난 2012년 5월이다. 하지만 다른 언론사들이 이 파문을 본격적으로 다루고 생물학자들이 반응하기 시작한 것은 『네이처』가 "한국, 창조론자들 요구에 항복"이라는 기사로 우리나라 진화론 논쟁(?)에 대한 우려를 표명한 다음부터다. 이건 뭐….

진화학은 물리학과 화학, 분자생물학 같은 경성과학이 아니다. 실험으로 증명할 수 없으며 부분적으로는 역사적인 학문이기도 하다. 하지만 체계적으로 수집한 실증적인 데이터를 바탕으로 가설을 세우고 검증하는 능력이 있는 과학인 것은 분명하다.

기독교인인 나는 무신론자보다 사이비기독교인과 이야기할 때가 더 답답하다. 마찬가지로 과학자는 과학에 문외한인 사람보다 사이비과학자들과 이야기할 때가 더 힘들다. 이야기하는 층위가 다르고, 대화를 하는 순간 사이비과학자들의 위상은 터무니없이 높아져서 대중들이 마치 사이비과학도 고려의 대상이라고 착각하게 되는 맹점이 있기 때문에 대화를 하지 않았다. 하지만 교과서가 난도질당하는 이때에도 침묵한다는 것은 말이 안 된다. 지금은 대화가 아니라 싸움을 해야 할 때인지도 모르겠다. 그 싸움에 장대익 교수 한 명을 내보내고 구경만 해서는 안 된다.

싸움은 어쨌든 과학자와 사이비과학자 사이에서 정리돼야 할 일이다. 이 틈에 대중들은 역사에서 배워야 한다. 네안데르탈인이 견디지 못하고 멸종한 빙하기에 살아남은 크로마뇽인으로부터 현생 인류는 무엇을 배울 수 있는가? 그래서 『크로마뇽』은 이번 여름에 읽어볼 만한 책이다. 22조 원이나 퍼부은 4대강 사업이 거의 완성된 후에도 엄청난 가뭄에 시달리고 있는 우리에게 살아남을 지혜를 주기 때문이다. 책 읽고 살아남자.

사족: 충실한 일러스트와 (중간에 모아 둔) 천연색 화보는 이해에 도움이 많이 된다. 색인은 진화 관련 번역자들에게도 도움이 될 것이다. 그리고 여유가 있다면 『최초의 인류』(앤 기번스 지음, 오숙은 옮김, 뿌리와이파리 펴냄)도 함께 읽으면 독자들의 건강에 좋을 것 같다.

살아 있는 자연사박물관

『손영운의 우리 땅 과학 답사기』

"아빠, 저기 시멘트로 높게 솟아 있는 것은 뭐야?"

"응, 시멘트 공장이야."

"이곳에는 시멘트 공장이 정말 많네."

"시멘트 공장이 많다는 건 이곳이 옛날에는 바다였다는 뜻이야."

"여기가 정말로 바다였다고? 이렇게 산이 높은 곳인데?"

"시멘트 원료는 석회암이거든. 그런데 석회암은 조개와 산호 같은 바다생물들의 몸을 보호하는 껍데기가 바다 밑에 쌓여서 생긴 거야."

"그러면 옛날에 바다였던 곳에는 다 시멘트 공장이 있겠네."

"아니, 껍데기가 아주 많아야만 석회암이 생겨. 그러니까 적도 지방처럼 바닷물이 따뜻한 곳이어야 해."

"그럼 영월이 옛날에는 적도 지방에 있었어?"

"응. 영월 땅은 적도 지방에서 이곳까지 옮겨왔어. 이따가 스트로마톨라이트 화석 볼 건데, 그것도…."

5년 전 강원도 영월로 여름휴가를 떠났을 때 내가 딸아이와 이런 대화를 나눴을까? 아니다. 우리의 대화는 처음 세 문장으로 끝나고 말았다. 내가 명색이 과학자지만 우리의 여름휴가는 동강에서 급류타기를 한 것을 제외하면 아름다운 펜션에 누워 난생 처음 보는 거대한 벽걸이 TV를 시청하며 시원한 에어컨 바람을 쐬는 게 전부였다.

그 후에도 매년 떠나는 가족 여행의 모습도 크게 다르지 않다. 딸아이는 아빠의 이야기를 듣고 싶어 하지만 나는 과학과 여행을 접목시킬 어떤 연결고리를 갖고 있지 않다. 그렇다고 매번 여행을 떠날 때마다 시간을 내어 검색하고 그것에서 과학, 역사, 또는 문화의 코드를 뽑아내는 것은 여간 성가시고 피곤한 일이 아닐 수 없다. 누가 대신 해주면 안 되나?

이것이 나만의 바람이 아닌 것은 분명하다. 꽤 많은 출판사들이 이런 고민을 풀어줄 책을 기획하는 것을 보면 말이다. 그런데 문제는 이런 책은 누군가가 발품을 팔아야만 가능하다는 것이다. 사실 나도 발품을 좀 팔아보기는 했다. 그것은 독일 유학 시절에 시작되었다. 유홍준 교수의 『나의 문화유산 답사기』를 흉내 내어 『나의 독일 자연사박물관 답사기』를 쓰고 싶었지만, 대개 그렇듯이 유학생에게는 돈(!)이 절대적으로 부족하여 몇 군데 다녀보지 못하고 포기하고 말았다. 다행히 귀국 후 어느 출판사와 『나의 과학문화유산 답사기』를 쓸 기회가 생겼다. 그런데 이번에는 시간과 건강이 허락하지 않았다. 글을 쓸 때 발품 파는 것만큼 어려운 일은 없다는 것을 절실히 깨달았다.

그러던 차에 광우병에 질겁한 딸아이와 서울 시청 앞을 배회하는 사이에 전용훈 선생의 『천문대 가는 길』(이음 펴냄)이 나오더니, 분향소에서 동네 아주머니들과 함께 생수병을 나눠주고 있을 무렵에는 손영운 선생이 『손영운의 우리 땅 과학 답사기』(살림 펴냄)를 냈다.

두 책의 장점은 저자들이 자신의 전문 분야를 다루었다는 것이다. 학부에서 천문학을 전공한 한국과학사가인 전용훈은 천문대를 답사하고, 지질교육과 출신의 과학저술가 손영운은 우리나라 땅의 지질학적 흔적을 훑어보았다.

국어 교과서에도 글이 실려 있는 전용훈은 과학자라고 믿기 어려울 정도로 따뜻하게 쓴다. (사실 사람들의 선입견과는 달리 과학자들은 원래 따뜻하다. 다만 표현에 서툴 뿐.) 책은 몇 가지 요소로 구성되어 있다. 기본적으로는 여행서다. 각 천문대의 장단점과 방문자를 위한 프로그램 및 숙소 등에 대한 소개, 별과 망원경에 관련된 과학적 지식, 그리고 천문대를 오가는 길에 만나는 명승고적에 대한 자세한 설명이 그것이다. 이 작은 나라에서 천문대마다 보이는 하늘과 별이 다를 리는 없겠지만, 그 천문대를 오가는 길에서 만나는 명승고적과 길거리에서 받는 느낌은 다 다르다. 그래서인지 이 책의 부제목은 '하늘과 땅을 함께 배우는 여행길'이다.

전용훈이 별 이야기와 역사 이야기를 버무렸다면 손영운은 땅 이야기와 역사 이야기를 버무렸다. 총 100군데를 답사할 계획이라는 그는 이번 책에는 21군데의 답사기를 모았다. 그의 관심은 한반도라는 땅과 거기에 살았던 생물 그리고 그 위에 지금도 살고 있는 우리 인간이다.

글머리에 쓴 상상의 대화는 제17장 '적도의 바다에서 이동해 온 땅, 강원도 영월' 편의 두 번째 문단을 재구성한 것이다. 다음 단락에서 독자들은 서쪽으로는 험준한 암벽이 솟아 있고 나머지 삼면은 물로 둘러싸여

마치 섬처럼 보이는 청령포로 안내된다. 그리고 청령포는 자연스럽게 어린 단종의 슬픈 이야기로 이어진다. 청령포를 봤으면 단종이 묻힌 장릉으로 가야 한다. 이런 흐름은 자연스럽고 당연하다. 내가 발품을 팔았다고 하더라도 이렇게 썼을 것 같다.

그런데 이때 손영운이 아니면 볼 수 없는 것이 하나 등장한다. 장릉으로 가는 길을 알려주는 표지판 옆에 그냥 평범하게 보이는 평평한 암석이 하나 놓여 있다. 나 같으면 거기에 앉아서 잠시 쉬었다 가고 말았을 것이다. 그런데 손영운은 거기서 스트로마톨라이트 화석을 발견한다. 스트로마톨라이트는 지구에 산소를 공급한 원시 미생물인 시아노박테리아의 흔적이다. 지구에 남아 있는 생명의 흔적 가운데 가장 오래된 것이라고 할 수 있다. 이 암석을 그 자리에 가져다 놓은 사람은 의도하지 않았겠지만, 그리고 그 돌도 여태 아무 말도 하지 않았지만, 손영운의 발견으로 이 돌은 이제 영월 땅이 5억 년 전에는 따뜻한 적도 바다 밑에 있었다는 것을 우리에게 분명히 말하는 거리의 증인이 되었다.

이어서 우리는 영월의 석회동굴 안으로 들어간다. 종유석, 석순, 석주의 구조나 화학조성 같은 이야기는 다른 과학책에도 다 있는 이야기다. 그런데 이 동굴들은 고생대 캄브리아기와 오르도비스기 사이(약 5억 년 전후)에 형성된 것으로 영월이 과거에 적도 근처 바다 밑에서 형성된 땅임을 알려주는 증거라고 설명해 준다.

손영운은 "바다는 섬들을 마주하지만 강은 산과 나무를 마주한다. 그렇기 때문에 영월의 쪽빛 물결은 산과 나무를 닮아 있다. 이 쪽빛 물결들을 따라가면 영월의 산과 바위는 저절로 열린다."고 했다. 그런데 손영운과 함께 영월을 여행하면 자연스럽게 적도 바다 밑이 보인다.

손영운이 답사한 곳 가운데 우리 집에서 가장 가까운 곳은 제1장의 연천이다. 작년 겨울 재인폭포를 보려다가 진입통제로 보지 못했는데 이번 여름에는 가족과 함께 꼭 가보려고 한다. 전곡리 선사유적지, 한탄강의 여울, 재인폭포의 주상절리, 고구려 시대에 세워진 호로고루, 철도 터널 속의 거꾸로 자라는 고드름에 이르기까지 연천 땅과 역사를 밟아보고 싶다. 생화학자의 눈에는 또 다른 것이 보이기를 바라면서.

인류 진화 원동력은 집단선택?

에드워드 윌슨, 『지구의 정복자』

83세의 노학자가 책을 냈다. 사회생물학의 창시자 에드워드 윌슨이 쓴 『지구의 정복자』(이한음 옮김, 사이언스북스 펴냄)다. 그는 고갱의 그림 〈우리는 어디서 왔는가? 우리는 무엇인가? 우리는 어디로 가는가?〉로 이야기를 시작한다. 명강의로 소문난 교수들이 첫 강의시간에 가장 많이 사용하는 그림이다. 제목이 주는 힘이 있기 때문일 것이다. 우리는 어디에서 왔을까? 창조 신화만으로 인류 기원을 알 수 없다는 것을 누구나 알고 있다. 과학은 신화가 아닌 진화를 이야기한다. 진화는 검증이란 장치를 통하면서 풍성해지고 강화되고 있다.

400쪽에 가까운 책에서 그가 대답하려는 질문은 두 가지다. (1) 고도의 사회성은 왜 존재할까? 또 생명의 역사에는 왜 그토록 드물게 나타났을까? (2) 고도의 사회성이 존재하게 된 원동력은 무엇일까?

고도의 사회성, 즉 진사회성이란 두 세대 이상 구성원이 함께 살면서 새끼를 돌보고 협동하며 이타적 행동을 하는 경향을 말한다. 진사회성 동물은 개미, 꿀벌, 인간 등 20여 종뿐이다. 즉 곤충 아니면 사람이다. 그런데 개미 때문에 지구 생명체의 운명을 걱정하는 사람은 없다. 생명 다양성에 걱정을 끼치는 종은 인류뿐이다. 왜 이렇게 됐을까? 속도가 문제였다.

개미가 혁신을 이루며 현재 수준의 진사회성에 이르기까지는 약 1억 년이 걸렸다. 이 진화는 매우 느렸기 때문에 다른 동물이 개미의 혁신에 대항할 수단을 진화시킬 시간이 충분했다. 덕분에 개미가 지배하는 생태계는 균형을 이루었고, 지속가능했다. 그런데 불과 20만 년 전 아프리카에 등장한 호모 사피엔스는 최근 6만 년 사이에 전 세계에 퍼졌다. 생명의 역사에서 6만 년은 눈 깜짝할 사이이다. 인류는 나머지 생물권과 공진화할 시간이 없었고 다른 생명들은 인류의 대량학살에 대비할 틈이 없었다. 인간이 번성하는 곳의 생물 다양성은 생물이 육상에 처음 등장한 5억 년 전의 모습으로 돌아갔다. 인류를 제외한 나머지 생물은 끔찍한 종말을 맞고 있다.

개미와 인류의 조상은 진화 경로도 근본적으로 다르다. 생리 기능과 생활사가 달랐기 때문이다. 개미 사회는 세대마다 이루어지는 여왕 계통에서의 개체 선택을 통해 진사회성이 진화했고, 여왕을 중심으로 돌아간다. 반면 인류의 조상은 개체 사이의 동맹과 협력에 의존했다.

인류 사회, 특히 민주 사회에는 여왕 따위는 필요 없다. 인류의 조상은 개체 수준의 선택과 집단 수준의 선택이 상호 작용을 함으로써 진사회성이 진화했기 때문이다. 그 결과 인류는 지구에 가장 위협적인 존재이기는 하지만 생명의 가장 위대한 성취물이기도 하다. 조상들이 특별히 설계되거나 위대했기 때문이 아니다. 그저 운이 좋았다.

인류와 다른 동물의 결정적 차이점은 '불'을 다룰 줄 아는 능력이다.

인류가 불을 사용하면서 식단에 변화가 생겼다. 고기를 확보하려면 협력해야 했고, 고도로 조직된 집단이 형성됐다. 모닥불을 둘러싼 야영지가 등장하고 분업이 출현했다.

진화의 미로에서 모퉁이를 제대로 돈 생물 종은 인류가 유일하다. 진화 미로를 헤치고 나아가도록 우리 계통을 추진한 진화적 원동력은 무엇일까? 환경과 상황을 구성하던 요소 중 무엇이 알맞은 순서로 그런 유전적 변화를 겪도록 인도했을까? 바늘에 실을 꿴 것은 설계가 아니라 자연선택이었다.

윌슨은 문화·언어·도덕·종교·예술 측면에서 인간 본성을 설명한다. 또 현대 진화이론을 충실히 잘 정리했다. '우리는 어디로 가는가'라는 질문에 윌슨은 '새로운 계몽'이 필요하다고 말한다.

> "우리만이 종으로서의 자기 행동에 책임을 질 수 있다. 우리가 정복해 온 행성은 저 너머 어떤 다른 차원에 있는 더 나은 세계로 나아가기 위해 잠시 들르는 정류장 같은 게 아니다. 우리가 태어난 곳이자 앞으로도 인류의 유일한 고향일 곳을 파괴하는 일을 중단해야 한다는 것이 우리 모두가 동의할 수 있는 도덕 교훈 중 하나임은 분명하다."

책이 이렇게 마무리되었다면 노학자가 삶을 정리할 나이에 전체를 아우르는 책을 썼나 싶었을 것이다. 하지만 그는 충격적 발언을 한다. 인류가 고도의 진사회성을 갖게 된 메커니즘으로 받아들여지던 해밀턴의 혈연선택이론을 버리고 폐기된 지 오래된 집단선택의 품으로 돌아서겠다고 선언한 것이다.

혈연끼리는 유전자를 공유한다. 가까운 친척일수록 유전자 공유 비율이 높다. 어떤 유전자가 혈연을 돕게 한다면, 그 유전자는 자신의 복제본에게 도움을 주게 된다. 그 결과 혈연을 돕게 하는 유전자는 자연선택되어 다음 세대로 전달된다. 이것이 혈연선택이다. 하지만 이것은 오해하기 딱 좋은 용어다. 다른 사람을 돕는 이타적 행동은 친족관계가 아니어도 일어나기 때문이다.

혈연선택이 일어날 수 있는 까닭을 도킨스는 '이기적 유전자' 때문이라고 설명한다. 이기적 유전자는 유전자가 진화의 단위이며 유전자의 선택에 따라 생명체가 진화한다는 이론이다. 혈연선택과 이기적 유전자는 동전의 양면이다. 윌슨이 혈연선택을 폐기한다는 것은 도킨스의 이기적 유전자 개념을 거부한 것과 같다.

나는 아무리 윌슨이 훌륭한 학자라고 하더라도 혈연선택이 틀렸다는 말에 설득되지 못했고, 책 띠지의 '이기적 유전자의 시대는 끝났다'는 자극적 문구에도 동의하지 않는다. 하지만 학계에 정설로 굳어졌고, 그 과정에 자신이 평생 큰 기여를 했던 개념을 틀린 것이라고 과감히 내치는 그에게서 과학자의 진실한 자세를 봤다.

윌슨의 책을 처음 보는 독자라면 책 말미에 붙은 최재천 전 국립생태원장의 해설을 먼저 읽는 게 도움이 될 것이다. 윌슨의 주장은 마틴 노왁과 코리나 타니타의 연구 결과에 근거를 두고 있다. 『지구의 정복자』를 읽고 나면 마틴 노왁의 『초협력자』(허준석 옮김, 사이언스북스 펴냄)도 훨씬 이해하기 좋을 것이다.

최초의 호모 사피엔스를 찾아서

김유미·박소영, 『빅히스토리 10: 최초의 인간은 누구일까?』

한국과 일본에만 있는 말도 안 되는 제도가 있으니 바로 문과와 이과의 구분이다. 문과 친구들이 『수학Ⅱ』를 배우지 못해서 행렬을 이해하지 못하고 과학 네 과목을 모두 배우지 않고 기껏해야 한 과목만 배운 것은 내가 알 바 아니다. 문제는 내가 문과 과목 네 개 가운데 오로지 국토지리 한 과목밖에 배우지 못했다는 것이다. 가장 안타까운 건 세계사를 배우지 못한 것.

뒤늦게 세계사에 관심을 가졌지만 우리가 읽는 세계사는 지나칠 정도로 유럽 중심이라는 사실에 크게 실망했다. 유럽 중심의 세계사를 극복하기 위해 아프리카, 유럽, 아시아를 통합하는 아프로유라시아사라는 시도가 있다. 또 대부분의 역사가 기껏해야 1만 년의 역사를 다루는 것과 달리 46억 년이라는 긴 시간을 대상으로 하는 지구사(Global History) 연구도 활발하다. 지구사에서는 지역의 차이, 민족과 (과학에서는 인정조차 하지 않는) 인종의 차이는 아무런 의미가 없다. 지구사가 확대되면 빅히스토리(Big History, 거대사)다. 빅히스토리의 무대는 137억 년 전 빅뱅으로 우주라는 시공간이 탄생한 시점부터 시작한다.

137억 년의 빅히스토리에서 인문학적인 해석이 가능한 기간은 기껏해야 1만 년에 불과하다 보니 자연스럽게 역사가 과학의 영향력 아래에 놓이게 되었다. 인문학의 영역이었던 역사가 과학의 주장을 중심으로 재편된 것이다. 우주 빅뱅부터 지금까지 137억 년의 역사를 한데 모아 일관성 있는 이야기를 제시하자고 처음 제안한 사람은 데이비드 크리스천이다. 그리고 데이비드 크리스천과 밥 베인이 함께 쓴 『빅히스토리』(해나무 펴냄)가 빅히스토리의 기본서라고 할 수 있다.

번역가는 2015년에 작고한 조지형 이화여대 교수. 조지형 교수는 생전에 이화여대 학생들을 데리고 서대문자연사박물관에서 매학기 수업을 했다. 그는 박물관의 지질학자 백두성 학예사와 함께 이화여대생들을 위한 교재도 만들었다. 나는 그의 과학적인 식견을 보고 그가 당연히 지질학자 또는 생물학자일 것이라고 생각했지만 알고 보니 미국사를 전공한 사학과 교수였다. 내게 빅히스토리라는 말을 알려준 이도 고 조지형 교수다. 그는 생전에 빅히스토리를 두고 "이 세상 모든 것이 어떻게 해서 오늘날과 같이 되었으며 그 이야기 속에 우리는 어디에 위치해 있고, 그 모든 것들이 어떻게 될 것인지를 설명하는 데 도움이 되는 하나의 거대한 이야기"라고 정의했다.

항상 열린 자세를 보여준 그는 과학자들과 깊이 교류했다. 겉모습만 보고서 나보다 대여섯 살은 위인 줄 알았지만 알고 보니 동갑이었던 조지형 교수가 급작스럽게 작고한 후 그의 제자와 과학자들은 한국에서 빅히스토리의 학풍을 이어가기 위해 조지형빅히스토리협동조합을 설립하고 빅히스토리 교육사업을 펼치고 있다. 그 사업 가운데 하나가 20권으로 기획한 '빅히스토리 시리즈'(와이스쿨 펴냄).

빅히스토리 프로젝트 그룹이 137억 년의 타임라인에서 제시한 10개의 대전환점과 20개의 빅퀘스천을 한 권에 하나씩 답하는 형식으로 펴내고 있는 20부작 청소년 교육용 인문과학 교양서다. 빅뱅부터 지구의 탄생까지를 다룬 '1부: 우주'(전 5권), 생명의 탄생부터 인류의 기원까지 다루는 '2부: 생명'(전 6권), 농업혁명부터 인류의 미래까지 다룰 '3부: 인류문명'(전 9권)이라는 카테고리 안에서 인문과 과학의 융합이란 관점으로 스무 개의 빅퀘스천을 다룬다. 각 권은 현장에서 학생들을 가르치는 중고등학교 선생님들이 집필하고 천문학자 이명현, 진화생물학자 장대익, 조지형 교수의 제자인 역사학자 김서형이 꼼꼼하게 감수한다.

2016년 12월에는 빅히스토리 시리즈의 열 번째 책 『빅히스토리 10: 최초의 인간은 누구일까?』(김유미·박소영 지음)가 출간되었다. 두 저자는 각각 청담고등학교와 오류중학교에서 과학을 가르치는 교사다.

우리와 같은 호모 사피엔스가 등장한 것은 불과 20만 년 전이지만 호모 속이 등장한 시점은 250만 년 전의 일이며 인간이 침팬지와의 공통조상에서 갈라선 시점은 무려 600~700만 년 전이다. 인류와 침팬지가 98퍼센트 이상 DNA가 동일하다고 하지만 최초의 인류를 찾기에는 너무나 긴 시간이다. 그나마 최근에는 화석에서 유전자를 찾아내어 분석하는 기법이 발달해 인류 진화의 윤곽을 그릴 수는 있지만 이것만으로 눈동자의 색깔이나 문화, 언어와 노래까지 밝히는 것은 불가능하다. 당연히 어떤 한 가지 명확한 이야기를 하는 것은 무리다. 여기에 이 책의 장점이 있다. 쉽게 결론을 내리는 대신 인류의 기원에 대해 생각해 볼 여지를 준다.

중고등학생용 책이지만 다양한 최신 학설을 소개하는 점도 흥미롭다. 예를 들면 네안데르탈인이 현생 인류의 조상일 수도 있다거나 인류 진화의 계보에서 벗어난 데니소바인 같은 제3의 인류들도 있다는 이야기다. 현재 과학자들 사이에서 벌어지고 있는 논쟁의 한가운데로 독자를 끌어오는 데 성공했다. 『최초의 인간은 누구일까?』를 읽은 다음에 동아사이언스의 윤신영 편집장과 캘리포니아 대학교 인류학과 이상희 교수가 함께 쓴 『인류의 기원』(사이언스북스 펴냄)을 읽는다면 인류 진화의 맥락이 훨씬 분명하게 그려질 것이다.

빅히스토리가 전 세계적인 이슈로 등장한 데는 마이크로소프트 회장 빌 게이츠의 공이 컸다. 빅히스토리 프로젝트 그룹의 공동대표를 직접 맡고 있는 빌 게이츠는 "빅히스토리를 모든 청소년에게 가능한 일찍 교육해야 한다."고 주장한다.

난쟁이 인류 호빗에서 네안데르탈인까지

이상희·윤신영, 『인류의 기원』

우리가 역사를 공부하는 까닭은 무엇일까? 단순히 옛날이야기가 궁금해서는 아닐 것이다. 또 선조가 이뤄놓은 역사에 대한 자부심을 갖기 위해서만도 아닐 것이다. 찬란했던 모든 제국과 왕국은 망했다. 로마 제국도 망했고, 한나라도 망했으며, 고구려, 통일신라, 고려와 조선도 망했다. 역사란 망한 나라들의 이야기다. 우리가 역사를 배워야 하는 이유는 망한 나라의 역사에서 우리나라가 망하지 않고 지속할 수 있는 지혜를 찾기 위해서다.

자연사박물관이 있는 이유도 마찬가지다. 단지 옛날 생명의 흔적을 보여주는 곳이 아니다. 3억 년이나 바다를 지배했던 삼엽충도 멸종했고, 1억 6,000만 년 동안이나 육상을 지배했던 공룡도 멸종했다. 멸종한 생명의 역사에서 우리의 멸종을 조금이라도 미루고 지속가능한 지혜를 찾기 위해 자연사박물관이 필요한 것이다.

그런 점에서 인류사는 자연사에서 우리에게 가장 중요한 부분이라고 할 수 있다. 인류도 기나긴 역사가 있고 다양한 흐름이 있었기 때문이다.

2015년 발표된 호모 날레디까지 포함하면 지금까지 최소한 29종의 인류가 있었다. 이 가운데 오직 호모 사피엔스만 살아남았다. 28종의 인류는 망했다. 『인류의 기원』(이상희·윤신영 지음, 사이언스북스 펴냄)은 옛 인류의 멸종과 우리 호모 사피엔스의 옛 생활사를 통해 우리 호모 사피엔스의 모습을 들여다보고 우리가 이 지구에서 살아나갈 방책을 고민하고 지혜를 찾고 나누는 멋진 책이다.

톡톡 튀는 책 제목이 난무하는 시대에 평범한 교과서 같은 제목을 붙인 것은 글쓴이와 편집자가 모두 책의 '재미'에 특별한 자신이 있다는 뜻일 것이다. 책에서 가장 중요한 것은 재미이고 재미는 결국 전문성과 따뜻함에서 온다. 이 책은 두 가지를 모두 갖추었다. 직접 발굴 현장을 누비며 인류의 화석을 연구하는 고인류학자 이상희(캘리포니아 대학교 리버사이드 캠퍼스 인류학과)의 전문성과 따뜻하기로 소문난 과학전문 기자 윤신영(동아사이언스)이 함께 머리를 맞대고 고인류학계의 최신 성과를 우리에게 들려준다.

윤신영 기자는 고인류학과 진화라는 주제를 다루면서, 흔히 볼 수 있는 연대기적 순서가 아니면 좋겠다고 생각했다. 대신 일상 속의 소재를 테마로 진화를 풀어내는 독특한 형식의 글을 제안했다. 또 건조한 기사 형식 대신 '~습니다' 체를 제안했다. 이미 윤신영 기자는 『사라져 가는 것들의 안부를 묻다』(엠아이디 펴냄)에서 같은 문체로 따뜻한 마음을 독자에게 전달하면서 멸종 위기에 빠진 생명들에 대한 독자들의 애틋한 마음을 불러일으키는 데 성공한 적이 있다.

그리고 이상희 교수는 일반인들이 흥미로워할 주제 22가지를 뽑아 다

정다감하고 유머 있게 풀어냈다. 이상희 교수는 학생들에게 인류학을 가르치면서 떠오른 단상들, 그리고 오며 가며 자신이 경험한 상황들을 인류의 진화와 연결 시어 쉽고 재미있게 풀어썼다. 수제의 제목은 '원시인은 식인종?' '머리 큰 아기, 엄마는 괴로워' '아이 러브 고기' '우유를 마시는 사람은 어른 아이' '킹콩이 살아 있다면' '난쟁이 인류, 호빗을 찾아서' 같은 식이다.

과학 잡지 『과학동아』에 연재했던 글을 다듬은 책이다. 따라서 한 편 한 편이 완결되어 있다. 아무 데서나 펼쳐도 쉽고 재밌게 읽힌다. 그런 점에서 진화나 인류사에 대해 아무런 사전 지식이 없는 사람을 위한 첫 번째 입문서로 제격이다. 하지만 절대로 가볍지는 않다. 인류 기원을 둘러싼 최근의 쟁점을 담은 인류학 안내서이자 최신 교과서다. 책 말미에 놓인 참고문헌 목록은 인류사와 진화를 연구하는 사람에게는 중요한 레퍼런스다. 1차 문헌을 중간 단계를 뛰어넘어 대중적인 글로 만들어낸 두 저자의 능력이 놀라울 따름이다.

그런데 두 사람은 책이 나온 후에야 처음 만났다. 그 전에는 전화와 이메일만 주고받았다. 이메일을 주고받으며 글을 만들어가는 과정을 상상할 때 십여 년 전에 읽은 『퇴계와 고봉, 편지를 쓰다』(김영두 옮김, 소나무 펴냄)가 떠올랐다. 아름답지 않은가!

호모 사피엔스 사피엔스의 지구 사용법

다이앤 애커먼, 『휴먼 에이지』

지구에는 얼마나 많은 생물 종이 등장했고 또 지금 살고 있을까? 이런 질문을 받으면 편한 대로 충분히 큰 숫자를 이야기하면 된다. 왜냐하면 아무도 세어 본 사람이 없기 때문이다. 또 생물의 그 범위가 어디까지냐에 따라 얼마든지 숫자는 달라질 수 있기 때문이다. 나는 그냥 최근 6억 년 동안 지구에 등장한 생물 종은 약 100억 종 정도인데 지금은 그 가운데 1퍼센트인 1억 종 정도가 살고 있다고 대답한다. 물론 우리가 이름을 붙인 종은 그렇게 많지 않다.

하여간 그 많은 생물 종 가운데 한 종에 불과한 호모 사피엔스 사피엔스는 지구 전체를 쥐락펴락하고 있다. 덩치가 크거나 빠르지 못하고 추위를 피할 털가죽과 날카로운 이빨과 발톱도 없는 이 생물 종이 어떻게 지구를 지배하게 되었을까? 게다가 인류세라는 새로운 지질시대까지 만들어내면서 자신뿐만 아니라 지구 생명 종 전체를 위협에 빠트리고 있는 것일까?

이제 인류세라는 말은 낯설지 않다. 이 말은 1995년 노벨 화학상 수상자인 기후과학자 파울 크뤼천이 제안한 용어다. 굳이 인류세라는 이름을 붙인 이유는 지금 진행되고 있는 여섯 번째 대멸종의 책임이 바로 현생 인류에게 있다는 사실을 강조하기 위해서다. 지금까지 지질시대에 어떤 생명 종의 이름을 붙인 적이 없기에 딱히 과학적인 용어라고 할 수는 없지만, 인류세는 과학계와 일반 시민 사이에 널리 받아들여지고 있다.

예전에 인류세는 대략 기원전 1만 년 전에 농사와 함께 시작한다고 생각했다. 홀로세 즉 신석기 시대 이후의 기간이라는 뜻이다. 그러다 보니 현대인의 책임이 너무 없어 보인다. 게다가 신석기시대부터 산업혁명까지의 멸종보다 그 이후의 멸종 속도가 훨씬 더 빠르다. 그래서 찾은 시점은 산업혁명기. 하지만 지질시대는 지질학자가 정한다. 지질학자들이 1820년 정도의 지층에서 발견할 만한 특징이 없었다. 결국 1950년경을 인류세의 시작점으로 보자는 데 과학자들이 합의하고 있다. 이때부터 전 세계 지층에서 플라스틱과 콘크리트 그리고 닭 뼈가 쏟아져 나오기 때문이다.

먼 미래의 지질학자 또는 외계인이 지구에 와서 인류세 지층을 탐색한다면 과연 무엇을 보게 될까? 이렇게 생각하면 좀 더 넓은 관점에서 문명과 지구 환경을 이해할 수 있을 것이라고 생각한 작가가 있다. 다이앤 애커먼이 바로 그 사람. 이미 『새벽의 인문학』(홍한별 옮김, 반비 펴냄) 『감각의 박물학』(백영미 옮김, 작가정신 펴냄) 『사랑의 백가지 이름』(이명 옮김, 뮤진트리 펴냄) 등으로 우리나라에 소개된 작가다.

그녀는 인류세를 '휴먼 에이지'라고 표현한다. 우리말로 인류세는 쉬운 표현이지만 영어 'Anthropocene'은 일반인들이 알아듣기에는 너무 어려운 말이기 때문이다. 책 제목도 『휴먼 에이지』(김명남 옮김, 문학동네 펴냄)다.

다이앤 애커먼은 친절하다. 지질학적인 설명으로 책을 시작한다. 제1부 '인류세에 오신 것을 환영합니다'와 제2부 '돌과 빛의 집'은 왜 우리가 인류세에 살고 있다는 사실을 인식해야 하는지, 인류세의 특징이 무엇인지 흥미롭게 설명한다.

> "그동안 우리는 변덕스러운 주변 환경에 끊임없이 적응하며 살아남았다. 가혹한 기후와 험난한 대지에 맞섰고, 우리보다 훨씬 사나운 동물들을 겁냈고, (…) 손재주, 지략, 융통성, 꾀, 협동을 익혔다. 불을 가두고, 도구를 만들고, 창과 바늘을 깎고, 언어를 만들어 곳곳을 떠돌며 사용했다." (19쪽, '야생의 마음, 인류세의 정신')

이전의 다른 인류들과 달리 인류세의 인류는 뛰어난 재주를 가지고 있다. 동시에 그 때문에 기후 변화와 생태계 변화, 서식지 교란, 에너지 고갈을 일으키기도 한다. 호모 사피엔스 사피엔스는 경이로우면서도 섬뜩한 존재다. 하지만 다이앤 애커먼은 인간을 지구를 망치기만 하는 골칫덩이로 보지 않는다. 인간은 자신의 파괴력과 무지막지함을 자각하고 자연의 분노를 인식했다. 그리고 과학기술과 자연본성을 길잡이 삼아 다른 미래를 만들어 나가기 시작했다. 인류세는 지난 다섯 차례의 대멸종과는 달리 인류라는 생물 종으로 인해 생겼으니 인류만 변하면 해결도 가능한 것이다.

여기서 중요한 것이 있다. 이미 자연과 인공의 경계가 선명하지 않다는 것이다. 이것이 장점이다. 경계의 모호함은 양쪽 모두에게 이롭게 활용할 가능성이 있기 때문이다. 제3부 '자연은 지금도 자연적일까?'는 바로 이 점을 말하고 있다.

> "사실 완벽한 '자연의 균형'이란 존재하지 않는다. 영구적 조화와 불변을 장담하는 전략이란 있을 수 없다. 자연은 대담한 변화와 수정이 끝없이 이어지는 콩가 춤 행렬이다. (…) 우리는 이미 1920년대부터 플로리다 습지를 주택지로 탈바꿈시켰다. 따라서 진짜 던져야 할 질문은 우리가 어떤 종류의 길들여진 야생을 선호하느냐다." (188쪽. '슬로모션으로 다가오는 침입자들')

제4부 '자연, 픽셀화한'과 제5부 '우리 몸, 우리 본성'은 로봇공학과 후성생물학 등 오늘날 각광받는 여러 과학기술이 지구와 인류에 미칠 영향을 탐구한다. 다이앤 애커먼은 아주 낙관적이다. 그녀는 우리가 지구를 수탈하는 과정에서 이미 많은 것을 배웠으니 앞으로는 바람직한 방향으로 나아갈 것이라고 생각한다. 예를 들면 도시의 인구 밀도가 높으니 오히려 난방열을 얻을 수 있다는 식이다. 그녀는 시종일관 우리에게 필요한 것은 바로 희망이라고 말한다. 그녀가 인류세 대신 휴먼 에이지라는 용어를 제안하는 진짜 이유가 바로 이것이다. 비관으로 가득 찬 인류세 대신 인간에게서 희망을 찾는 휴먼 에이지로 부르자는 것이다.

다이앤 애커먼은 실로 많은 사람을 만났다. 멸종 위기종의 DNA를 냉동 방주로 실어 나르는 생물학자, 해조류와 조개를 키워서 해일을 막는 바다 농부, 도시의 벽과 지붕을 녹색 식물로 덮는 식물학자, 남극에서 채소를 기르는 정원사, 물난리에 대비해 보트 학교를 짓는 건축가, 부상자를 돕기 위해 3D 프린터로 인체기관을 인쇄하는 개발자, 지능을 스스로 발전시켜 나가는 로봇을 개발하는 공학자 등을 한 권의 책에서 만나는 재미가 쏠쏠하다.

책을 읽고도 나는 낙관적으로 변하지 못했다. 하지만 그녀의 문제제기는 근거가 있다. 진지하게 받아들일 필요가 있다. 번역은? 걱정하지 마시라. 김명남이 옮겼다.

인공지능과 인간의 미래

이종관, 『포스트휴먼이 온다』

고3 학기 초에 국사 선생님에게 물었다. "선생님, 300년 후 사람들은 우리를 뭐라고 부를까요?" "그게 무슨 말이냐?" "지금은 우리가 현대인이지만 300년 뒤에는 그때 사는 사람들이 현대인일 것 아닙니까? 그렇다면 그들은 우리를 뭐라고 부를까요?" "아직 선생님도 생각해 보지 않은 문제인데, 고민해서 대답해 주마." 하지만 선생님은 졸업할 때까지 답을 찾지 못하셨다.

독일 유학 시절 우리 집 근처에 살고 있는 술주정뱅이 역사학자에게 같은 질문을 했다. 그는 즉각 대답했다. "300년 후에도 우리는 현대인이야. 그건 우리가 차지한 이름이거든." "그렇다면 300년 후 사람들은 자기들을 어떻게 부르나요?" "그건 그 사람들이 알아서 할 일이지." "그러면 우리는 그들을 뭐라고 부르는 게 좋을까요?" "모던 이후를 포스트모던이라고 하는 것처럼, 휴먼 이후의 사람이니까 포스트휴먼이라고 하면 되지 않을까?" 1996년경의 일이다.

1999년 옥스퍼드 철학자 닉 보스트롬, 미래학자 레이 커즈와일, 나노

물리학자 드렉슬러, 미국 공화당 대통령 후보였던 깅리치 등이 '트랜스휴머니즘 세계연합'을 결성했다. 그들은 "트랜스휴머니즘은 기술을 사용하여 노화를 제거하고 인간의 지적, 심리적, 육체적 능력을 강화시켜 인간의 조건을 근본적으로 개선하려는 (…) 운동"임을 밝히며 이를 주창했다.

불과 3년 후인 2002년 미국과학재단은 트랜스휴머니즘을 노골적으로 추구하는 「인간 성능 증강을 위한 융합기술」이라는 제목의 보고서를 발간했다. 미국과학재단의 보고서는 미국의 대학 연구자와 기업뿐만 아니라 전 세계 과학기술자 집단들에게 일종의 바이블 역할을 한다. 당연히 각 분야에 트랜스휴머니즘이 침투하게 되었다.

이때 대중들에게 가장 큰 영향을 미친 사람은 트랜스휴머니즘 세계연합 창립 멤버 가운데 한 사람인 레이 커즈와일이다. 그는 대표적인 특이점주의자다. 흔히 특이점이라고 간단히 줄여 말하는 기술적 특이점(technological singularity)은 인공지능이 발전하여 모든 인류의 지성을 합친 것보다 더 뛰어난 초인공지능이 출현하는 시점을 말한다. 2005년 레이 커즈와일은 『특이점이 온다』(김명남·장시형 옮김, 김영사 펴냄)에서 그 시점을 2045년이라고 보았다. 커즈와일은 특이점 개념을 인공지능을 넘어서 다양하게 확장했다. 그가 말하는 특이점은 "기술 변화의 속도가 매우 빨라지고 그 영향이 매우 깊어서 인간의 생활이 되돌릴 수 없도록 변화되는 시기"다. 간단히 말하면 '기술이 인간을 초월하는 순간'인 셈이다.

커즈와일은 거침이 없다. 그는 BT, IT, NT, RT로 특이점에 도달하게 되면 인간과 생명의 정의가 바뀌어야 한다고 주장한다. 심지어 우리는 죽음마저 제어할 수 있게 되므로 원하는 만큼 살 수 있을 것이라고 한다. 그에 따르면 2045년까지만 버티면 영생을 얻을 수 있는 것이다. 이 지점에서 과학자들과 소위 미래학자들 사이에 간극이 생긴다. 과학자들은 "미래학자들은 맘대로 떠드는구나. 대중과 정치가들을 그럴싸한 말로 현혹시켜서 연구비 배분에 악영향을 미치는 저 사람들을 어찌 막을꼬…."라며 한탄을 하기에 이르렀다.

트랜스휴머니스트들의 말처럼 정말로 포스트휴먼이 주체가 되는 새로운 세상이 올까? 아니면 트랜스휴머니즘은 혹세무민(惑世誣民)에 불과할까? 또는 정말로 트랜스휴먼의 시대가 도래한다면 우리는 인간의 미래를 포스트휴먼에게 맡겨야 할 것인가? 이것은 20만 년 이상 지속된 호모 사피엔스 종의 운명에 관한 일일 뿐만 아니라 우리의 삶에 직결된 문제다. 하여, 우리에게 당장 필요한 것이 있으니 철학적 성찰이 바로 그것이다.

이종관 교수(성균관대학교 철학과 교수와 미래인문학 연계전공 과정 교수 겸임)는 『포스트휴먼이 온다』(사월의책 펴냄)에서 이 문제를 정면으로 다룬다. 책은 4부로 구성되어 있다. 1부 '트랜스휴머니즘과 새로운 인간 존재론'에서는 트랜스휴머니즘의 역사와 이념, 트랜스휴먼 시대의 인간을 다룬다. 2부 '현상학에 비춰본 미래 기술'에서는 아이패드, 가상현실, 3D TV, 웨어러블 컴퓨터라는 구체적인 예를 들어서 어떤 기술이 인간에게 적극적으로 수용되는 데 반해 어떤 기술은 실패하고 마는가를 보여준다. 지능과 생명은 단순한 물질에 기초해 결합되는 게 아니라 하나의 생명체로 활동함으로써 자신의 환경을 구성하고 통일된 체계를 재조직한다. 따라서 지능과 생명을 기술로 완전히 재현하는 것은 불가능하다. 그리고 인간의 지각과 행동은 종합적이면서도 적극적인 지향성이 있다. 이 상호작용의 성공 여부에 가상현실이나 구글글래스 같은 신기술의 성패가 달려 있다.

3부 '디지털 경제의 존재론'에서는 포스트휴먼의 도래가 대중을 유혹하는 것은 경제적 이득에 대한 기대감 때문이라고 진단한다. 트랜스휴머니스트들은 포스트휴먼의 미래에서는 생산성이 상상할 수 없을 정도로 증대될 것이라는 비전을 제시하고 거대자본가들은 포스트휴먼을 반긴다. 정부의 입장에서도 새로운 노동력을 양성하고 교육하고 또 재교육하는 데 비용을 대느니 차라리 기계적 지능을 개발하는 편이 더 간편하고 효율적이다.

그렇다면 인간의 노동력은 어떻게 될까? AI와 로봇을 옹호하는 사람들은 AI와 로봇이 대체하는 일자리만큼 새로운 일자리가 창출될 것이라고 말하지만 그럴 리는 없다. 물론 자본주의는 유지될 것이다. 그러기 위해서는 시민들에게 구매력이 있어야 할 것이고 따라서 그들의 노동시간을 줄이든, 기본소득을 제공하든, 아니면 로봇에게 세금을 거둬 공공영역에서 더 많은 사람을 고용하든 사람들이 먹고살 수야 있을 것이다. 하지만 문제는 그 미래를 시민이 선택하느냐, 아니면 강요당하느냐이다.

4부 '협력과 융화의 과학기술을 위하여'와 보론 '4차 산업혁명과 인간의 미래'에서 이종관 교수는 4차 산업혁명이 가져올 경제성장에 대한 기대보다는 그 내용에 집중해야 한다고 조언한다.

포스트휴먼을 열광적으로 소개하거나 비관적으로 비난하는 책이 아니다. 포스트휴먼 담론을 해설하고 비판하면서 미래 기술의 도전 앞에서 인간 존재의 특성과 실존의 방식을 돌이켜보게 한다. 쉽지 않지만 AI와 로봇 그리고 4차 산업혁명이라는 담론 앞에서 진지하게 읽어 보아야 할 책이다.

사람들은 왜
그런 선택을 하는가?

정용·정재승·김대수, 『1.4킬로그램의 우주, 뇌』

1996년 역사상 최고의 체스 챔피언인 가리 카스파로프와 IBM의 슈퍼컴퓨터 딥블루가 체스 대결을 벌였다. 당시 컴퓨터를 상대로 오목과 장기를 두어 단 한 번도 진 적이 없는 나는 IBM이 왜 저런 시답지 않는 이벤트를 벌이는 데 엄청난 돈을 쓰고, 또 전 세계 언론이 주목하는지 이해하지 못했다. 결과는 3승 2무 1패로 인간의 승리. 너무나 당연한 결과였다. 컴퓨터가 한 판을 이겼다는 사실이 오히려 더 놀라웠다. 전 세계 언론들은 호들갑을 떨었다. '이것 봐라. 컴퓨터가 아무리 잘나봐야 사람을 이길 수는 없는 거야!'라는 식의 보도가 메인뉴스를 장악했다. 1년 후 같은 경기가 열렸다. 같은 사람에 같은 컴퓨터. 그런데 결과는 달랐다. 이번에는 컴퓨터가 2승 3무 1패로 이겼다. 그러고는 영원히 사람은 머리 쓰는 게임에서 컴퓨터를 이기지 못했다. 사람이 컴퓨터보다 더 똑똑한 것은 1996년이 마지막이었다. 인정할 것은 인정하자. 이젠 컴퓨터가 사람보다 더 똑똑하다.

하지만 뇌는 단순한 기억장치 또는 연산장치가 아니다. 부분보다는 전체를 파악하는 능력이나 상상과 직감 그리고 예술적 재능은 아직 컴퓨터의 영역이 아니다. 물론 컴퓨터 기술자들은 이 능력마저 컴퓨터에게 부여하고 싶어 한다. 그러자니 필요한 것이 있다. 바로 생물학이다. 뇌가 작동하는 방식을 알아야 컴퓨터에 적용할 수 있을 텐데, 거기에 대해 아는 것이 없다. 최근 들어 뇌 연구에 생물학자뿐만 아니라 물리학을 비롯해 뇌와는 거리가 멀어 보이는 분야의 과학자들의 참여가 높아지고 있는 것도 그것 때문이다.

연구에 필요한 것은 돈. 당장 산업화할 수 있을 것 같지 않은 분야에 기업이 큰돈을 투자할 리는 만무하다. 정상적인 국가에서는 이럴 때 정부가 나선다. 2013년 2월 버락 오바마 미국 대통령은 연두교서를 발표하면서 "지금이야말로 1960년대 미국과 소련이 벌였던 우주 경쟁 이후 볼 수 없었던 수준으로 연구개발 수준을 끌어올릴 때"라고 강조했다. 그리고 두 달 후인 4월 'BRAIN 이니셔티브'라는 국가 연구개발 프로젝트를 발표했다. 여기서 BRAIN은 '혁신적인 뇌공학 발전을 통한 뇌연구'를 뜻하는 'Brain Research through Advancing Innovative Neurotechnologies'의 머리글자를 모아 만든 단어다. 이 프로젝트의 궁극적인 목적은 알츠하이머 증후군, 자폐증, 간질, 정신적 외상에 따른 뇌 손상 등 각종 뇌 질병을 예방하고 치료하기 위해서 인간의 뇌 활동을 이해하겠다는 것이다. 오바마는 이 연구의 타당성 조사를 위해 1억 달러의 예산을 의회에 요청했다.

미국 정부가 큰돈을 쓰겠다고 나선 것은 이제는 우리가 뇌에 대해 어느 정도 알고 있으니 뭔가 해볼 만하다고 판단했다는 뜻이다. 정말로 우리는 뇌에 대해 많이 알고 있다. 30년 전과는 전혀 다른 차원이다. 그러다 보니 '뇌'에 관한 책이 상당히 많다. 내 서가에 꽂혀 있는 뇌 관련 책만 해도 수십 종에 이른다. 고백하건대 그 많은 뇌 관련 책 가운데 정독하여 끝까지 읽은 책은 단 한 권도 없다. 너무 지엽적인 문제에 매몰되었든지, 과학적 증거가 충분하지 않은 가운데 너무 앞서서 과감한 해석을 하는 책이 대부분이다. 자기가 읽은 뇌에 관한 모든 책을 죄다 언급하면서 횡설수설에 가까운 장황설을 늘어놓은 비전문가의 책이 베스트셀러가 되고 몇 년째 스테디셀러로 남아 있는 현상을 보면, 독자들도 책을 보는 안목이 뇌 분야에 대해서만은 별로인 것 같다.

KAIST에서 직접 뇌를 연구하고 강의하고 있는 세 명의 과학자가 쓴 『1.4킬로그램의 우주, 뇌』(정용·정재승·김대수 지음, 사이언스북스 펴냄)가 나왔다는 반가운 소식이 들렸다. 이미 뇌 관련 서적이 무수히 많은 상황에서 새 책이 굳이 '반가운' 데는 몇 가지 이유가 있다. 첫째 실제로 실험을 하고 있는 전문가들이 쓴 책이고, 둘째 세 명의 저자는 각각 다른 관점에서 뇌를 연구하고 있으며, 셋째 명강의와 대중과의 뛰어난 소통능력으로 소문난 교수들이라는 사실 때문이다.

제1부 '뇌의 요람에서 무덤까지 - 신경생물학으로 들여다본 뇌의 일생'을 쓴 정용 교수는 신경과 전문의 과정을 마쳤으며 지금도 환자를 정기적으로 진료하고 있는 의사다. 네트워크 관점에서 뇌 기능을 이해하고, 이를 통해 뇌 질환을 진단하고 치료하는 방법을 찾고 있다. 정용 교수는 뇌의 발생과 진화, 구조, 네트워크, 뇌 세포의 운명과 죽음을 이야기한다. 뇌의 생물학, 뇌 질환 진단과 치료에 관한 현재 과학의 수준을 단 100

쪽 안에 간단히 설명한다. '그동안 내가 읽었던 그 두꺼운 책들은 뭐야?'라는 가시 돋친 질문이 생길 수밖에 없다. 정말 쉽게 설명되어 있다. 물론 낯선 단어들이 등장한다. 뇌 과학에 관한 책을 한 권이라도 본 독자라면 정용 교수가 본질적인 문제를 얼마나 쉽게 설명하고 있는지 알 수 있을 것이다. 그럼에도 불구하고 '과학적인 서술'에 알레르기 반응이 일어나는 독자라면 (사실 이런 독자가 이 책을 집어들 이유도 없어 보이지만) 제1부를 건너뛰어도 된다. 이것은 제2부와 제3부를 읽는데 지장이 없다는 말이지 이런 것은 몰라도 된다는 뜻은 절대로 아니다.

아마 일반인들이 가장 흥미로워할 부분은 제2부 '우리는 어떻게 선택하는가? - 의사결정의 신경과학'일 것이다. 뇌가 어떻게 생겼고 어떤 전기화학적인 방법으로 명령을 전달하는가보다는 사람들이 왜 그런 선택을 하는가가 더 궁금한 것은 당연한 일이긴 하다. 이런 선택은 나의 생존과 밀접한 연관이 있으니까 말이다. 『과학 콘서트』의 저자로 유명한 정재승 교수가 썼다.

'사람은 무엇을 언제, 어떻게, 왜 선택하는가?'를 다루는 학문을 '의사결정 신경과학'이라고 한다. 과학은 가설을 세우고 실험을 통해 증명한 후 이론을 세운다. 정재승 교수는 재미있는 실험들을 소개한다. 피실험자들에게 20개의 초밥 가운데 좋아하는 순서대로 7개를 고르게 한다. 그리고 편한 분위기 속에서 자기가 고른 초밥을 먹게 한다. 사람들은 어떤 것을 먼저 먹을까? 가장 좋아하는 초밥을 먼저 먹는 사람이 가장 많았으며, 좋아하는 초밥을 맨 마지막에 먹는 사람이 그다음으로 많았다. 두 집단이 거의 70퍼센트를 차지했다. 여성들은 좋아하는 초밥을 먼저 먹는 경향이 남성보다 강했다. 첫 번째 선택을 보면 두 번째 선택을 알 수 있었다. 제일 좋아하는 초밥을 먼저 먹는 사람은 두 번째 초밥을 그다음에 먹었고, 제일 좋아하는 초밥을 맨 끝에 먹는 사람은 두 번째로 좋아하는 초밥을 끝에서 두 번째에 먹었다.

이 실험은 사람들이 일상적인 상황에서도 나름의 전략을 가지고 순서를 결정한다는 것이다. 그렇다면 초밥 먹는 순서에는 어떤 요소가 작용할까? 소득과 교육 수준은 아무런 관계가 없었다. 형제가 많은 사람일수록 맛있는 초밥을 먼저 먹는 경향이 있었다. 형제가 많을수록 제일 맛있는 것을 아껴 먹는 바보 같은 짓을 하지 않는다는 것이다. 같은 이유로 첫째보다는 둘째가, 둘째보다는 셋째가 맛있는 초밥을 먼저 먹는 비율이 높았다. (우리 집 형제를 생각해보면 정확히 들어맞는다.)

이런 하찮은 것을 연구하느라 시간과 돈을 쓴다는 말인가? 그렇지 않다. 지금까지 경제학에서는 이 순서를 고려하지 않았다. 경제학자들은 초밥이 주는 보상은 이미 결정되어 있고, 그것을 선택해서 얻은 보상의 총합은 각각의 보상을 더한 것과 같기 때문에, 어느 순서로 먹든 보상의 합은 같다고 전제한다. 그런데 왜 우리는 선택하는가? 우리가 순서에 따라 먹는 이유는 보상이 다르기 때문이 아니겠는가! 경제학자들은 하나를 먹고 다른 하나를 먹을 수 있다는 설렘을 (크게) 고려하지 않았다. 뇌과학자들은 이것을 '크게' 고려하라고 경제학자에게 이야기한다.

제 발로 보험회사 창구에 찾아가서 "이 상품에 가입하고 싶습니다."라고 말했다는 사람을 본 적이 있는가? 대부분 보험 설계사가 된 친구의 부탁을 거절하지 못하고 보험에 가입한다. 왜 그럴까? 보험 가입 절차는 의

사결정 신경과학의 관심사가 아닐 수 없다.

fMRI를 찍으면서 피험자들에게 '지금 10만 원을 드릴까요, 한 달 후에 12만 원을 드릴까요?'라고 물으면 70퍼센트가 지금 10만 원을 달라고 한다. 그런데 '12개월 후에 10만 원을 드릴까요, 13개월 후에 12만 원을 드릴까요?'라고 물으면 13개월 후 12만 원을 선택한다. 두 경우 모두 한 달 차이로 2만 원을 더 받을 수 있다. 똑같은 한 달이지만 '지금'과 '1년 후'를 뇌는 전혀 다르게 평가하는 것이다. 뇌는 '지금' 무엇을 받는 것을 굉장히 중요하게 생각한다.

예전에는 이런 것을 연구할 수 없었다. 의사결정 신경과학이 최근에야 발전한 데는 까닭이 있다. 머리뼈를 열지 않고도 뇌 활동을 관찰할 수 있게 된 지 20년이 되었기 때문이다. fMRI는 의사결정 신경과학의 중요한 수단이다.

보험은 지금 지불해야 할 지출은 매우 명확하지만, 내가 얻을 이득은 언제 얼마가 될지 명확하지가 않은 상품이다. 얻을 이득에 비해 지출할 부담이 명확하다. 우리 뇌는 언제일지 모르는 사고로 받게 될 큰 혜택보다 지금 무언가 작게라도 지출해야 하는 상황을 훨씬 싫어한다. 시간은 의사결정에 아주 큰 영향을 미친다.

경제학은 인간이 합리적 동물이라는 것을 전제로 한다. 그런데 문제는 인간이 결코 합리적인 의사결정자가 아니라는 사실이다. fMRI로 피험자의 뇌를 관찰하면서 제품을 보여주었다. 제품을 보고 매력을 느낀, 구매 의사가 있는 피험자는 제품을 보는 동안 측좌핵의 활동이 크게 증가한다. 내게 필요한 물건이 아니더라도 제품이 매력적이면 측좌핵이 활성화되었다. 측좌핵을 자극할 수만 있다면 물건을 얼마든지 팔 수 있는 것이다.

예를 들면 휴대전화 A, B, C 모델이 있다. A는 값이 싸지만 성능이 떨어진다. C는 성능이 뛰어나지만 값이 터무니없이 비싸다. 이 경우 평균적으로 B가 가장 많이 팔린다. 그런데 C보다 더 좋고 비싼 D 제품이 나왔다고 하자. 고객들은 B, C, D 가운데 C를 고른다. C의 성능과 가격이 전혀 바뀌지 않았지만 옆에 어떤 제품이 있느냐에 따라 사람들의 선호가 달라지는 것이다. 우리 뇌는 합리적이지 않다.

인간의 의사결정을 '합리성'이라는 잣대 하나만으로 보지 말고, 우리 뇌가 가지고 있는 다양한 기능들을 충분히 고려해 복잡한 의사결정과 선택을 이해해야 한다. 하지만 정재승 교수는 의사결정은 우리가 이해할 수 있을 정도로만 복잡하다고 강조한다. 뇌 영역들이 어떻게 서로 정보를 분담해 처리하고 그것들을 한데 모아 최종 결정을 내리는가를 잘 이해하면, 복잡한 의사결정 과정을 충분히 알아낼 수 있을 것으로 기대하는 것이다.

제3부 '뇌는 무엇을 원하는가? - 동물행동학으로 푸는 생존과 번식의 방정식'을 쓴 김대수 교수는 행동의 원인을 유전자 관점에서 연구하는 생물학자다. 제1부가 '뇌가 어떤 존재이며 어떤 일생을 겪는지'를 살펴보고 제2부가 '일상 속에서 내가 원하는 것을 어떻게 판단하고 결정을 내리는지'를 설명했다면 제3부는 '원하는 것을 얻기 위해 뇌가 어떤 전략을 가지고 그것을 행동으로 나타내는지'를 살펴본다.

결론적으로 행동이란 환경과 그 종족의 지속가능성을 연결하는 중요한 매개변수이며, 우리 행동의 전략을 결정하는 것은 생존과 번식을 위한 이득이라는 것이다. 다윈의 자연선택 이론이 말하는 바로 그것이다.

김대수 교수는 하루살이에서 사자에 이르기까지 다양한 수준의 동물들을 예로 든다. 우리가 처음 들어보는 예는 하나도 없다. 책을 읽다 보면 '아하! 이게 그런 의미였구나.'라고 깨닫게 된다. 컵 하나를 잡는 손가락 근육의 움직임에만 1초당 기가헤르츠의 정보 처리가 필요하고, 2~3만 개의 유전자와 환경요소들이 행동의 결정에 관여한다. 행동은 우주보다 복잡하다.

BRAIN 이니셔티브는 과학자들에게 뇌 활동의 작동원리를 밝혀내는 데 필요한 수단을 제공할 것이다. 그 결과 인간이 어떻게 생각하고, 학습하고, 기억하는지에 대한 이해를 돕게 될 것이다. 그런데 과연 이게 그들의 진짜 목표일까? 혹시 기계 몸에 사람의 뇌를 연결하는 것이 진짜 목표는 아닐까? 우리는 합리적인 선택을 하는 동물이 아니라는 사실을 잊어서는 안 된다.

전통사회에서 우리가 배울 수 있는 것

재레드 다이아몬드, 『어제까지의 세계』

영국의 『프로스펙트』와 미국의 『포린 폴리시』는 2005년과 2008년 그리고 2013년, 당시 생존한 사람 가운데 '세계 최고의 지식인 100명' 리스트를 발표하였다. 재레드 다이아몬드는 노암 촘스키, 움베르토 에코, 리처드 도킨스와 함께 100명 리스트에 올랐으며 순위는 책 출판 시기와 맞물려 오르락내리락 했다.

2013년 77세가 된 재레드 다이아몬드는 50년 이상 꾸준히 '지속가능한 가치'와 '더 나은 삶의 방식'을 추구해왔으며 그 연구 결과를 3부작으로 출간하였다. 제1부에 해당하는 『총, 균, 쇠』(1997)는 '20세기에도 지구 곳곳에 전통사회가 남아 있는 까닭은 인종이나 지적 능력 또는 생물학적 차이 때문이 아니라, 단지 환경과 지리적 조건의 차이 때문'이라는 것을 역설했다. 제2부 격인 『문명의 붕괴』(2005)는 '어떤 문명이든 자연 자원을 남용해서 돌이킬 수 없는 지경에 이르면 붕괴할 수밖에 없다'면서 과잉 생산과 낭비로 버티는 현대사회에 경고했다. 이 책이 나온 직후에 실시된 설문조사에서 재레드 다이아몬드는 '세계 최고의 지식인' 9위에 올랐다.

그 사이에 신작이 없었던 2008년에는 31위까지 처졌던 다이아몬드는 2013년에는 다시 12위에 올랐다. 3부작의 완결판에 해당하는 『어제까지의 세계』(강주헌 옮김, 김영사 펴냄)가 2012년 말 미국에서 출간되었기 때문이다. 이 책을 한 문장으로 요약하면 '산업사회가 위기에서 탈출하기 위해서는 전통사회의 양육법, 노인의 대우, 분쟁 해결법, 위험관리, 다중언어 사용, 건강한 생활방식, 종교에 대한 인식 등에서 배워야 한다.'라는 것이다.

그런데 왜 제목이 『어제까지의 세계』일까? 약 600만 년 전 인류 계통은 침팬지 계통과 갈라섰다. 그때부터 그들이 어떻게 살았는지는 잘 모른다. 돌멩이로 만든 도구라도 남겨 놓은 때가 기껏해야 200만 년 전의 일이기 때문이다. 이때부터 기원전 1만 1,000년 전 농사를 짓기 시작할 때까지 그들이 남긴 것은 여전히 돌멩이뿐이었다. 최근 200만 년만 따지더라도 인류 역사의 99.5퍼센트는 수렵과 채집을 해서 먹고살던 구석기 시대였던 셈이다.

인류 역사 600만 년을 1년으로 축소해보자. 1월 1일 0시에 침팬지 계통과 갈라선 인류는 오로지 수렵과 채집을 하면서 살다가 12월 31일 오전 6시에야 비로소 가축을 기르고 농사를 짓기 시작하였다. 이때부터 변화의 속도가 빨라졌다. 오후 3시에는 도시를 형성하더니 마침내 밤 11시 40분에는 산업 혁명을 일으켰다. 우리가 살고 있는 오늘은 12월 31일. 하지만 우리는 바로 어제인 12월 30일의 인류와는 전혀 다른 삶을 살고 있다.

재레드 다이아몬드가 주목하는 사회가 바로 수렵채집에서 농경과 목축으로 넘어가는 그 시대, 바로 '어제까지의 세계'인 것이다. 뉴기니, 알래스카, 아마존과 아프리카의 전통사회 원주민들은 수백만 년에 이르는 인간 진화의 역사에서 바로 어제까지의 인간 세계가 어떤 모습인지 보여주는 창문이다.

오늘의 세계(산업사회)와 어제까지의 세계(전통사회)는 분쟁을 해결하는 방식에서 극명한 차이를 보인다. 우리는 같은 사회에 속해 있지만 생면부지인 사람들을 매일 만나고 그들과 거래한다. 따라서 분쟁의 해결법은 피해자의 보상과 새로운 피해자가 발생하지 않는 데 초점이 맞춰진다. 이에 반해 전통사회에서의 분쟁은 지금도 어떤 관계가 있거나 앞으로도 그 관계를 계속 유지해야 할 사람들 간의 문제다. 따라서 전통사회에서의 보상 협상은 앞으로도 서로 얼굴을 맞대고 살아야 하는 구성원들 간의 관계를 회복하는 데 목적이 있다.

하지만 다이아몬드는 전통사회를 낭만적으로 미화하지 않는다. 전통사회에도 불안한 요소가 있다. 만약 소규모 사회에서 분쟁이 당사자 간에 평화적으로 해결되지 않으면 폭력이나 전쟁으로 치닫는다. 전통사회의 전쟁에서는 절대적인 사망자 수는 많지 않지만 상대적인 사망률은 현대보다 3~10배 이상 높으며, 한쪽이 완전히 몰살하거나 다른 지역으로 쫓겨나야만 끝이 나기도 한다.

전통사회에는 영아 살해 같은 끔찍한 면이 있는가 하면 수유 기간과 부모와 함께 자는 기간이 길고, 부모 외에도 돌보는 이들이 많고, 이들과 끊임없이 신체적인 접촉을 한다. 이렇게 자란 아이들은 삶을 즐기고 위험에 대처하는 능력을 쉽게 배운다. 수명이 길어진 오늘의 세계에서 노인은 비용으로 취급된다. 어제까지의 세계는 노인을 유효적절하게 사용하면서 더 나은 삶을 제공한다. 이런 양육법과 노인에 대한 대우에서 우리가 배울 것이 있지 않을까?

재레드 다이아몬드는 3부작에서 우리에게 문명의 붕괴를 막을 해결법을 제시하지는 못했다. 다만 그 해결점은 어제까지의 세계, 즉 전통사회에서 찾을 수 있다는 것을 알려주었을 뿐이다. 그 해결점을 찾는 것은 우리의 일이다.

10년 가까이 유지되던 개성공단이 잠정 폐쇄되는 등 남북의 관계가 심상치 않다. 해결점을 찾기 위해 고심하는 사람들에게 이 책을 권하고 싶다. 단순히 책임을 규명하고 보상을 요구하는 것으로는 해결될 문제가 아니다. 앞으로도 두고두고 같이 거래를 해야 할 사람이라면 관계 회복에 초점을 맞추어야 할 것이다.

파수꾼의 딱따기 소리

레베카 코스타, 『지금, 경계선에서』

단언컨대 나는 학교에서 진화이론을 배운 적이 없다. 아! 노트 필기를 하고 사지선다형 문제를 몇 개 푼 적이 있기는 하다. 하지만 아무리 생각해도 진화이론을 배운 적은 없다. 그저 몇 명의 이름과 몇 가지 사례를 들었을 뿐이다. 내게 생물학과 생화학을 강의한 교사와 교수 가운데 진화이론을 진지하게 가르친 사람은 정말로 단 한 명도 없었다. 나는 고등학교와 대학교 그리고 대학원에서 수없이 많은 생물학적 사실들을 배웠다. 결국 나는 생물학과 생화학에 싫증이 나고 말았다.

그러던 어느 날 '내가 공부하는 생화학의 정체가 과연 무엇인가?'라고 불현듯 자문(自問)한 적이 있다. 한나절쯤 고민하다가 '인간의 진화를 분자생물학 차원에서 증명하고, 그 진화 과정을 인류의 복지에 적용하는 학문'이라고 자답(自答)하였다. 그러고 나서 보니 내가 공부하는 학문이 새롭게 보였다. 꽤 재미있는 학문인 것이다. 마치 역사를 공부하는 것 같았다.

역사란 무엇인가? 역사는 과거가 어떠했는지를 보여주는 것이 아니다. 역사는 또 단순히 시간의 흐름에 대한 인식이 아니다. 생화학 공부를 시작할 무렵에 접했던 역사가 E. H. 카는 "역사는 현재와 과거의 끊임없는 대화"라고 했다. 이 말은 역사적 사실이 존재하려면 역사가의 해설이 있어야 한다는 뜻이다. 즉 역사가의 역할은 단지 과거의 사실을 전달하는 것이 아니라, 현재에 속한 자신의 눈으로 거르고 마음으로 재구성하여 현대인의 이야기로 만드는 것이다. 이 과정에서 현재와 과거는 비로소 상호작용하게 된다.

진화는 생명의 역사다. 인간의 진화는 인류의 역사다. 인간의 진화를 살펴본다는 것은 현생 인류가 선조들과 대화한다는 뜻이다. 역사를 통해 현재의 문제와 해결점을 찾는 것처럼, 우리는 진화의 역사에서도 같은 노력을 할 수 있을 것이다. 레베카 코스타가 지은 『지금, 경계선에서』(장세현 옮김, 쌤앤파커스 펴냄)가 바로 그런 책이다. 이 책은 붕괴 위험에 처한 현대 문명을 '문명의 쇠락 패턴'에서 들여다보고 진화론의 관점에서 분석한다.

저자 레베카 코스타는 CIA 요원의 딸로 도쿄에서 자랐고, 베트남 전쟁 당시에는 라오스에서 살았다. 그녀는 자신의 다문화적 성장 환경이 전 지구적으로 나타나는 경제·사회적 패턴을 포착할 수 있는 배경이 되었다고 말한다. 그녀는 학교와의 다툼 끝에 '사회생물학' 대신 '사회과학과 결합된 과학'이라는 어정쩡한 이름의 학사학위를 받았다. 사회생물학자이며 정보기술(IT)기업 경영자 출신답게 그녀는 세계적 불황, 강력한 유행성 바이러스, 치솟는 범죄율, 테러리즘, 핵 확산, 공교육 실패 등의 문제를 해소하기 위해 전 세계의 저명한 비즈니스 리더, 노벨상 수상자, 과학자, 혁신가, 퓰리처상 수상 작가들과 협력관계를 구축하고 있다. 그녀는 진화학과 유전학, 사회생물학, 미메틱스(밈meme을 연구하는 학문), 신경과학과 실리콘밸리에서의 경험을 토대로 이 책을 썼다.

책의 흐름을 간단히 정리하면 다섯 부분으로 나눌 수 있다. "과거의 문명은 복잡성을 감당하지 못해 붕괴하였다(1장)" → "현대문명은 통찰로 위기를 돌파할 수 있을 것이다(2장)" → "통찰을 가로막는 다섯 가지 '슈퍼밈'이 있다(3~8장)" → "합리적인 해결책이 있으며, 결국은 진화다(9~10장)" → "통찰을 위한 뇌 훈련법(11~12장)" 마지막 다섯 번째 단락을 제외하면 매우 설득력이 있다. 물론 진화이론을 도저히 받아들일 수 없는 사람에게는 이 책은 전혀 쓸모없을 것이다. (혹시 진화론은 받아들일 수 없지만 이 책의 주장에는 동감한다면, 분열증세가 있는 것이니 전문의의 진료를 받을 필요가 있다.)

복잡성과 문명의 붕괴

기원전 2600년부터 멕시코에서 엘살바도르에 이르는 광대한 지역에서 발달했던 마야 문명은 8~9세기에 걸친 100년 동안에 갑자기 사라지고 만다. 마야 문명은 정교한 달력을 발명하였고, '0'이란 개념을 도입했으며, 운하·댐·제방을 건설해 물을 다스렸다. 마야 유적은 그들이 기술, 조직, 예술 분야에서 혁신적인 결과를 내었다는 것을 증명한다. 인구가 1,500만 명이나 되고 인구밀도가 현재 미국 시카고 수준으로 번성했다. 그런데 3,000년 이상 번영을 누렸던 마야 문명이 지상에서 돌연히 자취를 감추었다. 그 이유가 무엇일까? 파벌 간의 내전(內戰)으로 몰락했다는 견해도 있고 바이러스 창궐을 꼽는 학자들도 있지만 극심한 가뭄으로

'돌연사'했다는 게 지배적인 학설이다.

『총, 균, 쇠』(김진준 옮김, 문학사상사 펴냄)에서 인류의 역사와 문명이 무엇을 통해 발전했는지를 과학적인 방법으로 추론했던 재레드 다이아몬드는 『문명의 붕괴』(강주헌 옮김, 김영사 펴냄)에서는 문명의 붕괴 과정을 통해 지구 문명의 미래를 진단했다. 다이아몬드는 문명이 흥망을 겪는 원인은 극적인 환경 변화에서 나타난다고 주장한다. 그에 따르면, 마야 문명은 물, 식량, 기온, 광물 같은 작은 사회에 유리한 환경 조건으로 초창기에는 번영하지만, 인구가 증가하고 한 개 이상의 환경 조건이 변하면서 발전은 멈추고 상황은 열악해졌으며, 산림의 벌채로 연쇄적인 재앙이 일어났다고 한다.

인구의 증가와 환경 조건의 변화로 발생한 환경의 복잡성을 깨닫기에는 마야인들의 능력이 부족했다. 인구는 점차 늘고 강우량은 줄었지만 영구적인 해결을 위해 사회 전체의 에너지를 투입하지는 않았다. 3,000년이란 긴 시간은 하다못해 탐험대를 보내고, 더 많은 저수지와 우물을 파고, 인구의 대부분을 다른 곳으로 이동시키기에 충분했지만, 그들이 풀기에는 너무 복잡한 문제였다. 결국 그들은 문제를 다음 세대로 넘기는 길을 택했고 그 결과 문제는 점점 방대해졌다.

상황이 더욱 절망적으로 악화되자 '믿음이 지식과 사실을 대신'하는 현상이 생겼다. 그들에게는 제물을 바치는 의식을 행하는 것이 마야 사회를 위협하는 가뭄, 정치 불안, 질병 같은 복잡한 문제에 대한 유일한 해결책이 되어버렸다. 복잡성의 증가가 마야 문명을 붕괴시켰다.

이것은 과거의 문제만이 아니다. 오늘날 우리가 과연 가뭄과 같은 복잡한 문제를 해결하는 데 있어서 마야인보다 더 뛰어나다고 말할 수 있을까?

진화는 느리다

마야의 번영과 몰락의 패턴은 로마, 이집트, 크메르, 명(明), 비잔틴 왕국에서도 볼 수 있다. 학자들은 문명의 붕괴 이유로 환경적 요인, 인구 과잉, 전쟁, 질병, 정치, 에너지와 식량 부족을 꼽는다. 그런데 그들이 빠트린 게 하나 있다. '진화'가 바로 그것이다.

진화의 원동력은 '유전'이다. 유전이란 일찍이 효과가 있었던 방식을 기억했다가 다음 세대로 전달하는 과정이다. 예컨대 신속한 반응은 효과적인 방식이었다. 이 본능은 오랜 시간에 걸쳐 유전되며 완벽하게 개선되었다. 결과적으로 오늘날 우리는 모호하고 멀리 있는 문제보다는 당면한 문제에 더욱 효과적으로 대응한다고 할 수 있다. 따라서 이산화탄소가 지구를 멸망시킬 것이라는 얘기를 들을 때는 전전두피질이 희미하게 반응하지만, 뱀과 마주치면 거의 뇌 전체가 빛을 발하며 그 위협을 처리할 적절한 행동을 한다.

진화는 느리고 지속적이며 정밀하지 않은 과정이다. 그래서 우리에게는 선사시대 인간이 지녔던 감정, 본능, 충동, 욕구의 흔적이 필요 이상으로 많이 남아 있다. 이에 비해, 진화의 관점에서 볼 때, 사회는 대단히 빠른 속도로 '변한다.' (레베카 코스타는 '진보한다'고 표현했다. 그녀는 책 전반에 걸쳐서 진화를 진보 또는 발전과 등치시키는 오류를 범한다.) 그러나 새로운 정보를 처리해야 할 뇌는 진화하는 데 수백만 년 이상의 시간이 걸린다. 이 때문에 세상의 복잡성이 우리 뇌의 생물학적 능력을 앞지르게 되었다.

복잡성을 파악할 능력을 상실한 현대인은 점차 그것에 굴복해가고 있다. 마야인들이 그랬듯 우리에게도 극도로 복잡한 사회·환경 문제와 극단적으로 단순화된 믿음을 결합시키려는 성향이 있다. 믿음은 '길러지는 것'(nurture)이 아니라 '타고나는 것'(nature)이다. 에드워드 윌슨은 이러한 모순을 "우리는 구석기 시대의 감정과 중세의 제도와 신과 같은 과학기술을 가지고 있다."라고 표현했다.

분석, 종합, 통찰

우리 뇌는 문제를 세 가지 방식으로 푼다. 첫째는 좌뇌를 사용한 계획적이고 해체적인 '분석'(analysis)이다. 그런데 좌뇌에는 바다처럼 넓어진 선택의 폭을 좁혀줄 논리 체계가 없다. 둘째는 우뇌를 사용해서 창의적으로 문제에 대처하는 '종합'(synthesis)이다. 수백 개의 무관하고 모호한 사실을 분석하고 그 안에서 패턴을 발견하지만 전혀 이해하지 못하여 '인식 한계점'에 도달한다. 인식 한계점이 붕괴의 원인이라면 우리는 복잡성에 뒤떨어지지 않는 능력이 필요하다. 그것이 바로 고도로 어렵고 복잡한 문제를 해결하는 '통찰'(洞察, insight)이라는 셋째 방식이다. 통찰하는 데는 아주 짧은 시간이 걸릴 수도 있고 아주 오래 걸릴 수도 있다. 산더미처럼 쌓인 데이터와 시나리오 속을 돌아다니던 뇌가 "유레카!" 하며 해결법을 발견하는 것이다.

진화는 느리지만 우리에게 '통찰'이라는 선물을 주었다. 통찰이란 '진화의 더딘 수정 과정'이라고 할 수 있다.

통찰은 곳곳에서 고무적인 결과를 낳는다. 주위의 풀밭에 불을 붙여서 들불로부터 자신을 보호한 소방대장 닷지, 천재 사기범을 감옥에 가두기보다는 그를 수사에 활용한 FBI 요원들, 모든 가옥의 지붕과 도로를 흰색으로 칠하면 '11년 동안 110억 대의 자동차를 도로에서 제거한 것'과 맞먹는 효과를 낼 것이라는 아이디어를 낸 미 에너지부 장관 스티븐 추의 예에서 통찰을 볼 수 있다.

대부분의 통찰은 현명하고 규범적이며 매우 단순하다. 그래서 실용적이고 실현 가능성이 높고 입증하기 쉽다. 그런데 우리는 그것을 실행하지 않는다. 왜 그럴까?

다섯 가지 슈퍼밈

리처드 도킨스는 '문화적 전달 혹은 모방 단위'를 뜻하는 개념어를 만들 때 유전자를 뜻하는 진(gene)에 빗대어 밈(meme)이란 이름을 붙였다. 쉽게 말하면 '사람들이 널리 받아들이는 정보, 생각, 느낌, 행동' 등을 뜻한다.

『밈』(김명남 옮김, 바다출판사 펴냄)의 저자 수전 블랙모어는 "밈은 한 세대에서 다음 세대를 향해 종적으로 전해지기도 하지만 유행성 바이러스처럼 횡적으로 확산되기도 한다."라고 말한다. 이 과정에서 밈도 유전자와 마찬가지로 변이, 돌연변이, 유전 등을 거치며 번식률이 증가하거나 감소한다. 밈은 세대를 거치면서 더욱 강력해지고 어떤 것은 약해지며 또 어떤 것은 소멸한다. 그런데 밈 가운데는 계속 거대해져서 경제, 종교, 정의, 자연, 육아에 이르기까지 모든 문제에 대한, 의문의 여지없는 믿음으로 자리매김하는 것들이 있는데, 이것을 슈퍼밈이라고 하며, 슈퍼밈은 일반 밈의 번식률을 결정한다. 슈퍼밈이 사회를 장악하고 나면 사람들은 다른 것을 상상할 수도 없기 때문이다.

레베카 코스타는 현대사회를 지배하는 다섯 가지 슈퍼밈을 제시한다. 첫째는 '불합리한 반대'다. 예컨대 탄소배출 문제에 조치를 취해야 한다는 데는 동의하지만 휘발유 값을 올리는 데는 격렬히 반대한다. 둘째는 '책임의 개인화'다. 문명에는 복잡한 문제가 지속될 때마다 문제의 책임을 개인에게 떠넘기는 뚜렷한 패턴이 있다. 하지만 우리가 직면한 끈질기고 위협적인 문제들은 모두 시스템적이다. 셋째는 '거짓 상관관계'다. 방글라데시의 버터 생산량의 변화와 뉴욕 증시의 등락은 일치한다. 이것은 명백한 거짓 상관관계지만 사람들은 대부분 상관관계가 인과관계를 의미한다고 생각한다. 넷째는 '사일로식 사고'다. 인간 두뇌는 복잡성을 더 작게 분리된, 감당할 수 있는 요소들로 축소하려는 경향이 있다. 전략적 목표는 측정 가능하며 개개인에게 책임을 물을 수 있는 크기로 나뉜다. 이런 사일로식 사고는 협력을 훼손하고 경쟁과 분열을 조장한다. 다섯째는 '극단의 경제학'이다. 돈은 근면에 대한 보상도 아니고, 행운의 결과도 아니며, 똑똑해서 더 많이 생기는 것도 아니다.(이 점에 대해서는 장하준의 『그들이 말하지 않는 23가지』(김희정·안세민 옮김, 부키 펴냄)가 아주 잘 설명하고 있다.) 그럼에도 불구하고 우리는 돈을 성취에 따른 자연스러운 결과물이 아닌 최종 목표로 삼고 있다. 그 결과 인류에게 유익한 많은 해법을 실현하는 데 지장이 생겼다. 아무리 유용한 문제 해결책이라도 경제적 타당성이 없다면 주목받지 못하는 것이다.

결국은 진화다!

'환경을 파괴하지 않는 비즈니스' 운동의 선구자 폴 호켄은 한 졸업식 축사에서 "만약 여러분이 이 세상에서 일어나고 있는 일들에 대한 지식을 접한 다음에도 비관적이지 않다면 여러분은 그것을 이해하지 못한 것입니다. 만약 이 세상을, 가난한 이들의 삶을 다시 일으키고자 애쓰는 사람들을 만난 다음에도 낙관적이지 않다면 여러분의 맥박은 뛰지 않는 것입니다."라고 말했다. 이 말은 우리 사회에 단단히 자리 잡은 슈퍼밈을 극복하고 지식과 믿음 사이에 균형을 회복하는 것이 얼마든지 가능하다는 말이다.

2006년 노벨 평화상 수상자인 무하마드 유누스는 인간에 내재되어 있는 진화적 본능을 잘 활용하면서 다섯 개의 슈퍼밈을 극복하여 그라민 은행을 통한 빈곤의 해결에 성공하였다. 유누스는 빈민에게 무담보 대출을 해도 상환이 이루어질 것이라는 믿음에 대한 '반대'를 극복했다. 또 가난은 '개인의 책임'이 아니라 봉쇄된 시스템의 문제라고 믿었다. 또한 담보의 부재와 채무불이행 사이에 있는 '거짓 상관관계'를 밝혔으며, 금융기관의 목표와 지역사회의 목표를 분리하는 '사일로식 사고'를 극복했다. 그리고 '극단의 경제학'이라는 슈퍼밈에 직면해서는 수익보다 사람을 위하는 자세를 취했다.

찰스 다윈은 150여 년 전 우리가 의지할 수 있는 하나의 원칙을 증명했다. 그것은 바로 진화다. 생명체는 아무리 어려운 문제에 부딪혀도 어떻게 해서든 진화를 통해 그것을 해결하는 길을 찾아낸다. 통찰의 진화가 극도로 느리게 이루어지는 것은 사실이지만, 오늘날의 신경과학은 인간 두뇌에서 새롭게 부각되고 있는 수줍은 재능을 활용할 단계에 들어섰다.

파수꾼의 딱따기 소리

『지금, 경계선에서』의 원제는 '*The Watchman's Rattle*'(파수꾼의 딱따기 소리)이다. 파수꾼의 딱따기 소리는 어서 잠에서 깨어 힘을 합쳐서 위험에 맞서라고 시민들을 부르는 비상경보였다. 레베카 코스타는 이제야말로 '인간 두뇌'에 의지하여 인류가 나아가는 방향을 바꾸어야 한다고 간청하고 있는 것이다. 그런데 왜 지금에야 이 책을 썼을까?

레베카 코스타는 2006년 이전에는 이 책을 쓸 수 없었다고 한다. 책을 쓰기 위한 여섯 가지 퍼즐이 아직 완성되지 않았기 때문이다. 그녀가 말하는 여섯 개의 퍼즐이란 ① 1859년의 『종의 기원』(찰스 다윈) ② 1953년의 DNA 이중나선 구조 발견 ③ 1975년의 『사회생물학』(에드워드 윌슨) ④ 1976년의 『이기적 유전자』(리처드 도킨스) ⑤ 1980년대의 '실리콘밸리 붐' ⑥ 2006년의 마이클 머제니크, 존 코니어스, 마크 융-비먼의 '인간의 뇌가 복잡한 연구를 다루는 방식'에 대한 획기적인 연구다. 결국 진화와 뇌과학의 연구 성과가 있었기에 인류 문명 몰락의 경계선에서 딱따기 소리를 낼 수 있었다는 것이다.

레베카 코스타는 에드워드 윌슨과 마찬가지로 "기하급수적인 변화와 성장으로 인해 인류에게는 문제를 파악할 시간이 얼마 남지 않았다."라고 주장한다. 하지만 그녀는 '재앙 예언자'가 아니라 '해법을 탐구하는 현실주의자'다. 레베카 코스타는 "인류가 스스로의 유전적 본성을 더욱 효과적으로 이용하면 각종 사회·정치 제도의 점증되는 복잡성을 파악하고 그 해결책에 도달할 수 있을 것"이라고 역설한다.

그렇다! 인류의 문제는 '과거와 현재의 대화'로 풀어야 한다. 우선 모든 학생들에게 '역사'와 '진화이론'을 필수과목으로 가르치자!

인간에 대해 가져야 할 관점

장대익, 『인간에 대하여 과학이 말해준 것들』

실로 '인문학'의 시대다. 동네 도서관의 어린이 강좌에서 대학의 CEO 최고과정에 이르기까지 인문학 열풍이다. 사랑에 목마른 사람이 사랑을 강조하듯, 우리 시대가 '인문학'을 강조한다는 것은 그만큼 우리가 인문학에서 멀어져 있다는 것을 뜻한다.

지구에 분명한 흔적을 남기고 떠난 스티브 잡스는 "우리의 가슴을 노래하게 만드는 것은 핵심 교양과 결혼한 테크놀로지, 인문학과 결합한 테크놀로지"라고 말했다. 그렇다면 우리 시대의 핵심 교양은 무엇일까? 한국의 대표적인 진화학자인 장대익은 '과학'이라고 말한다. 인간에 대한 과학적인 이해가 시작된 지점에서 문사철로 대표되는 인문학적 반응이 시작된다는 것이다. 장대익은 『인간에 대하여 과학이 말해준 것들』(바다출판사 펴냄)에서 과학의 눈으로 바라본 인간의 본성을 다섯 가지로 정리한다.

학습하는 동물은 많다. 하지만 지구상에서 무언가를 탐구하는 생명체는 오직 인간뿐이며, 인간의 탐구 행위 중에서 가장 신빙성이 높은 행위는 '과학'이라는 경험적인 활동이다. 그래서 우리는 스스로 '호모 사이언티피쿠스'(탐구하는 인간)라고 부를 수 있다. 그런데 웃기게도 우리에게 탐구는 즐거운 과정이라기보다는 경쟁의 수단이다. 어린아이 때부터 선행학습을 하고, 높은 경쟁을 통해 카이스트에 입학한 영재들이 견디지 못하고 자살할 정도로 경쟁의 압박은 계속된다.

더 놀라운 것은 과학자들이 끊임없는 비판을 통해 객관적인 합의를 이끌어내려고 노력하는데도 불구하고 우리는 과학과 관련된 문제들이 사회적 쟁점이 될 때마다 과학계는 당연히 '한목소리'를 낼 것이라고 기대한다는 것이다. 언론은 정치, 종교, 교육 등의 쟁점이 떠오를 때면 찬반 양론을 전제하지만, 과학 항목에 이르면 논쟁을 하면 무슨 큰일이라도 나는 줄 안다. 책에 나오는 예는 아니지만, 천안함 폭발 과정에 대한 국방부의 발표에 일말의 의구심이라도 표하면 대뜸 '종북'이라는 섬뜩한 단어로 제압한다.

인간은 '따라쟁이'다. 이 특징을 반영한다면 '호모 리플리쿠스'(따라하는 인간)라고 불러야 할 것 같다. 한국의 가수가 〈강남스타일〉이란 노래를 부르며 희한하게 춤을 추자, 지구 반대편에 있는 사람들도 그 춤을 따라 춘다. 그 춤의 지침은 말을 타는 동작을 응용한 것으로 보편적이기 때문이다. 덕분에 말춤은 빠르게 복제되면서 진화해 전 지구로 퍼져나갔다. 인간에게 리처드 도킨스가 말한 '밈'(meme)이 있는 게 분명하다. 밈은 유전자와 마찬가지로 '이기적'이어서 자신의 복제본을 많이 퍼뜨리는 게 지상목표다. 지구에서 가장 성공한 밈은 성서, 영화, 스마트폰이다. 밈에게는 자신의 운반체인 인간의 손익은 관심사가 아니다. 밈은 멘탈 연가

시가 되어 멀쩡한 개체들을 멘붕에 빠뜨리기도 한다.

인간이 지구를 지배하는 종이 된 데는 자연계의 구성원들 중에서 가장 뛰어난 '공감' 능력도 한몫했다. 우리는 다른 생물에 대한 우애와 자연에 대한 깊은 친화력을 갖고 태어난다. 그런 점에서 '호모 엠파티쿠스'(공감하는 인간)라고 불러야 할 것 같다. 하지만 많은 경우에 터무니없는 짓들을 한다. 2010년 정부는 '구제역 청정 국가' 지위를 유지하기 위해 350만 마리의 소를 생매장했다. 그런데 연간 육류 수출 규모가 고작 20억 원 정도였단다.

대부분의 인간에게는 '신앙'이 있다. 특정 종교 성향의 임의단체가 청원을 하니 과학 교과서의 저자들이 시조새와 말의 진화 부분을 빼겠다고 하는 건 약과다. 뉴욕의 국제무역센터를 순식간에 무너뜨린 자살 테러는 종교 때문에 일어났다. 인간을 '호모 렐리기오수스'(신앙하는 인간)라고 불러도 될 것이다.

많은 단점에도 불구하고 인류는 앞으로도 당분간은 지구를 지배할 것으로 보인다. 왜냐하면 인간에게는 '융합'하는 능력이 있기 때문이다. 융합은 이제 선택이 아니라 생존의 문제가 되었으며, 섞지 않으면 새롭고 창의적인 것들이 나올 수 없다는 것을 잘 알고 있다. 따라서 '호모 콘베르게니쿠스'(융합하는 인간)라고 부를 수도 있다.

어려운 과학 이야기가 쉽게 읽힌다. 어려운 용어가 등장하기는 하지만 내용은 우리가 일상적으로 경험하는 것이기 때문이다. 이 책은 단순히 '정보'를 전하지 않는다. 우리가 인간에 대해 가져야 할 '관점'과 인문학과 과학을 대하는 '태도'를 말한다.

짧은 만화 인생의 정점

고다 요시이에, 『기계 장치의 사랑』

가만히 생각해보면 우리 부모님도 은근히 조기교육 같은 걸 생각했나보다. 내가 한글을 익히기 한참 전에 이미 어린이 잡지를 구독하고 있었다. 『만복이』와 『꺼벙이』 같은 만화가 연재되던 『소년중앙』이었던 것 같다. 따뜻한 봄 일요일 대낮에 아버지를 사이에 두고 두 살 터울의 동생과 함께 나란히 배를 깔고 엎드려서 만화를 본 기억이 있다. 아버지는 마치 변사라도 되시는 양 목소리를 바꿔가며 만화를 읽어주셨는데 만화보다 아버지가 더 재밌었다. 특히 반공만화를 읽어주실 때는 배경 설명까지 해주시면서 우리의 지식을 풍부하게 만들어주셨다. 그래서인지 40여 년이 지난 지금도 난 반공정신이 투철하다.

하지만 내가 한글을 깨친 후로는 아동잡지 구독을 끊었다. 우리 집에 마을에서 가장 먼저 금성 텔레비전이 들어왔고 할부금을 내기 위해 다른 부분에서 절약해야 했기 때문이다. 아버지는 자식 교육보다는 얼리어답터의 삶에 관심을 더 두신 것 같다. 텔레비전 할부가 끝나면 전축이 들어왔고, 전축 할부가 끝나면 세탁기가 들어왔다. 그리고 우리는 여수에서

60리나 떨어진 여천군 삼일면 월내리로 이사했다.

만화책에서 보던 만화를 텔레비전에서 대신 볼 수 있으면 좋으련만 영상매체에 대한 이해가 부족하신 우리 엄마는 글로 쓰인 만화까지는 인정하지만 말로 다 해주는 만화를 아이들이 보는 것을 참지 못하셨던 것 같다. 덕분에 〈황금박쥐〉와 〈요괴인간〉으로 대표되는 당대의 텔레비전 만화 프로그램을 본 적이 없다.

초등학교 4학년 때 서울로 유학 왔다. 서울은 만화방 천지였다. 하지만 유학생에겐 항상 돈이 부족했고, 서울까지 유학 온 마당에 그깟 만화 따위에 시간을 낭비할 수는 없었다. 심지어 딱지치기나 구슬치기도 안 했다. 오로지 공부, 공부, 공부! 서울로 유학 온 장남의 머리엔 공부밖에 없었다.

그렇다. 내 인생에 만화는 없었다. 아! 하나 있다. 대학원 시절에 우연히 봤던 김혜린의 『북해의 별』. 제헌의회 그룹(CA)에 속했던 후배가 자기와 정치적 입장이 다른 나에게 영감을 주고자 선물한 만화책이다. 제헌의회는 개뿔! 내게는 그저 감동적인 순정만화였고, 만화를 좋아하던 과외 학생에게 주었다가 일자리 하나를 잃게 된 계기였을 뿐이다.

평생 모범 독서인으로 살아온 내게 새로운 삶을 시작하게 해준 이는 다니구치 지로다. 그가 그린 『선생님의 가방』(전2권, 오주원 옮김, 세미콜론 펴냄)은 내가 가족을 먹여 살리는 가장이 된 후 두 번째 소장하게 된 만화책이다. (첫 번째 소장 만화는 윤태호의 『미생』인데 내 얼굴이 스티브 한이라는 캐릭터로 등장한다.) 만화라는 예술이 나를 이렇게 움직일 수 있을 것이라고는 상상하지 못했다. 그러면서도 여전히 만화라는 장르에 거리를 두려 했다. 이 책이 이렇게 아름다운 까닭은 가와카미 히로미의 원작이 있고 사실적인 필치로 세밀하게 그렸기 때문이라고 생각했다. 만복이나 꺼벙이 스타일의 만화라면 그렇지 못할 것이라고 생각한 것이다.

다윈의 삶뿐만 아니라 내 만화 인생도 서서히 진화했다. 『트윈 스피카』(전8권, 야기누마 고 지음, 김동욱 옮김, 세미콜론 펴냄)는 마치 칼 세이건의 『코스모스』를 읽는 심정으로 봤다. 만화를 보는 동안 난 당연히 아스미가 되었다. 친구를 잃으면 슬퍼했고 우주조종사 훈련을 한 단계씩 통과할 때마다 성취감을 느꼈다.

모든 여정에는 고비가 있으니, 내 만화 인생의 가장 큰 고비는 고다 요시이에의 『자학의 詩』(전2권, 송치민 옮김, 세미콜론 펴냄)였다. 일단 그림이 어릴 때 교육열에 들뜬 부모님이 보여주시던 만복이 스타일이다. 마치 늑대 같은 빨갱이가 나타나서 양민을 학살하고 군이 학살을 기다렸다가 이들을 무찌르는 똘이장군이 등장할 것 같은 분위기였다. 게다가 밑도 끝도 없이 밥상을 뒤엎는다. 아마 우리 아버지가 단 한 번이라도 밥상을 뒤엎는 것을 내가 봤다면 이 만화책을 절대로 끝까지 보지 못했을 것이다.

1권이 다 끝났다. '이 만화 뭐야? 고다 요시이에라는 사람은 뭐 하는 사람인데 밑도 끝도 없이 밥상을 엎어?' 이런 생각이 들었지만 2권을 들 수밖에 없게 만드는 묘한 힘이 있었다. 남편 이사오가 아무리 밥상을 뒤엎어도 다음 날이면 또 밥상을 차려주는 유키에가 왠지 행복해 보였다. 그 행복의 근원은 뭘까? 어쩔 수 없이 2권을 집었고, 일단 집으면 한달음에 읽던 다른 만화와 달리, 며칠에 걸쳐서 조금씩 읽었다. 나중에는 속도를 아주 늦추었다. 반전의 흥분을 오래도록 만끽하기 위해서였다. 『자학의 詩』를 끝까지 다 읽고 난 후 행복해서 울었다. 내 인생 최고의 만화다.

기대와 감동은 반비례한다. 대표적인 영화가 〈인터스텔라〉였다. '그래서 뭐!' 이게 내 영화평이다. 『자학의 詩』의 작가 고다 요시이에의 『신 이야기』(안은별 옮김, 세미콜론 펴냄)와 『기계 장치의 사랑』(전2권, 안은별 옮김, 세미콜론 펴냄)이 그랬다. 주로 네 컷 만화로 구성된 『자학의 詩』와 달리 두 작품은 독립적인 단편 만화로 구성되어 있다. 만화를 본 후 '내가 『자학의 詩』를 보기 전에 이 만화를 봤다면 평가가 달라졌을 텐데…'라고 생각한 적이 있다. 아직 내가 만화를 보는 내공이 부족한 탓이었다.

나는 너무 순진하다. 제목이 신 이야기라고 하면 정말로 신 이야기로 생각하고 읽고, 제목에 기계 장치가 들어 있으니 정말로 기계 장치, 그러니까 로봇의 이야기로 생각하고 만 것이다. 만화에 등장하는 로봇은 별것 없다. 그저 가까운 미래에 충분히 가능한 것들이다. 그 어떤 새로운 상상도 주지 않는다. 그러니 감동이 덜했던 것 같다.

'작가를 믿어보자. 고다 요시이에가 그럴 사람이 아니잖아!' 다행히 이런 마음이 들었고 시차를 두고서 다시 읽었다. 아니 웬걸! 고다 요시이에는 가까운 미래의 로봇이 아니라 지금 여기에 살고 있는 우리 인간들의 이야기를 하고 있었다.

만화에 등장하는 사람과 로봇은 모두 보통 사람들의 역할을 나누어서 하고 있다. 어떤 보통 사람은 사람으로, 또 다른 보통 사람은 로봇으로 등장한다. 로봇의 역할을 사람으로 바꾸어도 우리는 읽는 데 아무런 문제가 없다. 그렇다면 '로봇'은 왜 필요했을까? 고다 요시이에는 우리에게 '낯설게 보기'를 요구하고 낯설게 볼 기회를 주고 있는 것이다.

「열등 로봇 열등 군」에 등장하는 열등한 인물은 어디에나 있다. 흔히 그런 인물은 고문관으로 표현되고 한 집단의 피스메이커(peace maker)가 된다. 여기서 말하는 피스메이커란 집단에 평화를 가져오는 역할을 능동적으로 수행하는 인물이 아니다. "이건 재 때문이에요." "이게 다 며느리가 잘못 들어온 탓이야!"라는 식으로 책임을 한 사람에게 몰아서 다른 이들의 책임을 면하고 서로 간의 싸움을 면하게 하는 특정한 수동적 인물을 말한다.

열등 로봇은 슈퍼마켓에서 일한다. 매일 사고를 친다. 그리고 놀림감이 된다. 왜 하필 로봇을 열등한 존재로 만들었을까? 뛰어난 능력을 발휘하며 열등 로봇을 가혹하게 혼내는 점장도 알고 보니 로봇이었다. 기술이 모자라서 로봇이 열등한 게 아니다. 점장 로봇이 열등 로봇에게 은밀히 들려주는 말에 따르면 "인간들이 우리 기계에게 열등감이나 혐오감을 갖지 않게 하려고" 일부러 열등 로봇을 배치한 것이다. 일종의 피스메이커가 필요한 것이다. 열등 로봇을 교실마다 배치하면 학교에서 이지메가 사라질까?

육아와 간병, 결혼과 방사능 오염, 그리고 터미네이터 씨앗까지 만화에는 우리 사회의 키워드들이 하나씩 등장하고 로봇은 우리에게 묻는다. 이 로봇을 보고도 당신 옆에 있는 사람의 아픔이 느껴지지 않느냐고, 이 로봇의 사연을 듣고도 화가 나지 않느냐고, 이 로봇에게 동감한다면 지금 일어서야 하는 것 아니냐고.

어릴 때 아버지가 읽어주시던 반공만화는 별로 재미없었다. 남의 이야기였다. 대한민국 국민이라면 누구나 반공소년이 되어야 한다는 의무

감에 봤을 뿐이다. 또 마땅히 다른 대안도 없었다. 『선생님의 가방』이나 『기계 장치의 사랑』이 재미있는 것은 바로 내 이야기를 하기 때문이다. 내 이야기를 마치 낯선 사람의 이야기처럼 볼 수 있기 때문이다.

『자학의 詩』처럼 『기계 장치의 사랑』도 끝까지 읽어야 한다. 단지 단편 만화를 모아놓은 책이 아니다. 끝까지 다 읽어야 스토리가 완성된다. 그래야 '역시 고다 요시이에!'라는 탄성이 나온다. 제1권의 첫 편인 「애완 로봇」과 제2권의 마지막 편인 「큰 눈 꽃」이 이어지는 이야기라는 사실을 두 번째 읽으면서야 깨달았다. 부디 끝까지 보시라!

난 뭐든지 '총량의 법칙'이 통한다고 생각한다. 내가 벌 수 있는 돈도 총량이 있고, 내가 할 수 있는 섹스도 총량이 있고, 내가 읽을 수 있는 책도 총량이 있다. 내 인생에 가장 많이 남아 있는 것은 아마도 만화일 것이다. 어린 시절 내게 만화를 볼 기회를 주지 않으셨던 부모님께 감사한다. 내 돈으로 내 시간 들여서 만화를 실컷 보고 싶다. 내 짧은 만화 인생에서 『기계 장치의 사랑』은 지금 정점에 있다. 이 정점이 언제 어떤 만화로 더 높아질지 자못 궁금하다.

자연과 나눈 대화

캐슬린 제이미, 『시선들』

스코틀랜드는 바람이 불고 파도가 치는 해변이다. 자연은 춥고 썰렁한데 사람들은 따뜻하다. 그들은 험한 섬에 상륙하기 위해 여러 번 배를 탄다. 오로라를 보기 위해 추운 겨울에 북으로 간다. 찬바람을 견디지 못하고 때로는 선실로 들어가지만 자연에 대한 시선은 거두지 않는다.

설마 스코틀랜드에는 바람만 불고 아무 데나 다 해변이겠는가? 작은 땅이 아닐 텐데 말이다. 또 모든 사람이 따뜻한 천국 같을 리도 없다. 거기도 하루하루가 힘겹고 지루해서 미칠 것 같은 사람들이 넘쳐날 것이다. 나는 스코틀랜드에 가 본 적이 없다. 하지만 어느 날부터인가 나는 마치 내가 스코틀랜드에 오래 살았던 것처럼 생생한 장면을 그릴 수 있게 되었다.

내게 스코틀랜드를 보여준 사람은 스코틀랜드 서쪽에서 태어나 에든버러 대학에서 철학을 공부한 캐슬린 제이미다. 그가 고등학교를 졸업할 때 누구도 대학 진학에 대한 이야기를 하지 않았다. 본인도 대학 진학에 별다른 생각은 없었지만 그 점이 내심 섭섭해서 눈물을 글썽이던 청년이 처음 찾아간 곳은 선사시대 거석문화 발굴현장이었다. 폐가에 캠프를 차린 청년들에게 이런저런 일탈이 있기 마련이다. 하지만 몇천 년 동안 석관 속에 잠들어 있던 뼈를 만나는 순간, 그에게 번쩍하며 시간과 자연에 대한 새로운 시선이 열린다.

"이것이 우리가 보는 광경이다. 우리가 듣는 것은 침묵이다. 서서히 우리는 최고로 비범한 침묵에 들어선다. 환하게 빛나는 침묵이다. 산이 내뿜고 얼음과 하늘이 내뿜는 침묵, 아주 먼 곳에서 흘러나와 우리의 몸을 강력하게 짓누르는 무기질의 침묵. 깊고 오싹하여 내 마음은 여기에 비하면 거위처럼 요란해 보인다." (14쪽, '오로라')

이 문장을 읽고도 책을 중간에 놓을 수 있는 사람은 없다. 이렇게 아름다운 여행서를 읽은 적이 있는가? 편안한 마음으로 그의 시선을 좇다가 한 번 뒤통수를 맞는다. 그는 병리학 실험실에서 넘어온 인체를 조곤조곤 살핀다. 하드보일드 탐정 소설을 보는 것처럼 두려우면서도 흥미진진하다. 여행서는 어느덧 자연 생태 체험기로 변해 있다.

"대왕고래가 단연 큰 몸집으로 눈길을 끌었다. 나는 그 아래를 걸으며 몇 걸음이 나오는지 세어보기로 했다. 먼저 양옆으로 부드러운 아치를 그리는 턱과 입천장 아래를 걸었다. 한때 수염이 붙어 있던 곳이다. 이어 단단하고 복잡한 생김새의 두개골과 아래로 곡선을 그리며 떨어지고 지금은 공기만 에워싸고 있는 불룩한 가슴뼈가 나왔다." (113쪽, '발살렌')

『시선들』(장호연 옮김, 에이도스 펴냄)은 우리에게 빙하와 오로라, 사람의 뼈와 시체, 선사시대 유적과 동굴벽화, 그리고 섬과 지층에 대한 다양한 시선을 보여준다. 그러면서도 저자는 아무런 주장도 하지 않는다. 다만 그의 시선을 좇다 보면 나도 모르게 인간과 자연의 관계를 묻게 된다. 하지만 이 책을 읽는 데 사전 지식은 전혀 필요 없다.

게다가 이렇게 아름다운 문체라니! 캐슬린 제이미는 운도 좋다. 이 책에 나오는 인명만 한국 이름으로 바꿔놓으면 이게 번역서인지 알아차릴 수 없을 것처럼 번역이 뛰어나다. 이 책을 읽은 독자는 번역가 장호연에게 감사해야 한다.

5부

과학자는 매일 실패하는 사람

과학자는 어떤 사람일까? 아이들에게 과학자에 대한 인상을 물어보면 다양한 답이 나온다. '지저분해요.'도 그 가운데 하나다. 절대 아니다. '고리타분해요.' 더더욱 아니다. 모두 오해다. 과학자에 대한 가장 큰 오해는 과학자는 천재이거나 똑똑한 사람이라는 것. 천만의 말씀이다. 나는 내 친구 과학자에게서 유별나게 똑똑하다는 느낌을 받지 못했다. 그저 무던하고 엉덩이가 무거운 사람일 뿐이다. 과학자는 똑똑하지 않다. 그래서 매일 실패한다. 가설을 세우는 데 실패하고, 관측·관찰·실험하는 데 실패한다. 심지어 자기가 얻은 데이터를 분석해서 논문을 쓰는 데도 실패한다. 과학을 한다는 것은 결국 실패를 한다는 것이다. 그게 과학의 힘이다.

과학자들은 무슨 생각을 하고 살까?

제레미 스탱룸, 『세계의 과학자 12인』

퀴즈! O와 X로 대답하시오. 1) 이산화탄소는 온실가스가 아니다. 2) 태양은 지구 둘레를 돈다. 3) 항생제는 바이러스를 죽인다.

세 문제의 답은 모두 X다. 세 문제를 모두 맞혔다면 당신은 과학상식 분야에서 상위 1%에 속한다고 자부해도 된다. (적어도 10% 안에는 확실히 든다.) 그만큼 대중은 과학에 대해 무지하다. 심지어 과학자는 아니더라도 과학 지식을 이용하여 먹고사는 사람조차 과학에 대해 상당히 무지하다. 예를 들면 우리 아버지가 그랬다.

우리 아버지는 소방관이었다. 동시에 유쾌한 재담꾼이었다. 전공은 행정학이었지만, 행정학을 공부하기 이전에 소방관 생활을 시작했으니, 전공은 아무 의미가 없다. 그래서일까? 우리 아버지는 석유 공장의 특수한 화재를 진압하는 베테랑 소방관이었음에도 불구하고 '불'과 관련한 내 소박한 질문에 속 시원한 대답을 거의 하지 못하셨다. 예를 들어 "아버지, 폭발이 뭐예요?"라는 질문에 "쾅, 터지는 거야."라는 식의 하나마나한 답답한 대답을 하셨다. 재담꾼인 우리 아버지가 전달할 능력이 부족하지는 않았을 터. 과학 지식이 부족했다. 과학 지식의 부족은 과학자에 대한 불신으로 이어진다.

영국의 여론조사 기관인 MORI에 따르면 '과학자들이 환경을 잘 모른다.'라는 항목에 동의한 사람이 1989년 36퍼센트에서 2002년에는 48퍼센트로 늘어났다. 또 '진실을 말한다고 신뢰할 수 있는 정도' 항목에서 과학자들은 의사, 교사, 판사, 목사보다 낮았다.

GMO 식품과 광우병 사태 등을 겪으면서 과학과 대중 사이에 큰 불신의 벽이 생긴 것이다. 여기에는 물론 자신의 견해를 폭넓은 대중에게 전달하려는 노력과 기술이 부족했다는 점에서 과학자들에게 큰 책임이 있을 것이다. 그렇다면 대중의 책임은 없는 것일까?

노무현, 김대중 두 대통령의 서거 후에 인터넷의 각종 커뮤니티에서 벌어지는 작은 변화로부터 힌트를 얻을 수 있다. 대중들은 이제 정치가를 욕하는 대신 유권자들에게 그 욕을 돌리고 있다. 현 상황의 책임은 몇 년에 한 번씩 투표장에 걸어가 투표용지에 도장 찍는 것을 귀찮아한 유권자가 져야 한다는 것이다. 그러면서 "평생 투표를 하겠습니다."라는 다짐을 한다.

우리는 요즘 과학자들이 뭘 하는지, 무슨 생각을 하는지 궁금하다. 그런데 그들이 먼저 나서서 설명하는 일은 거의 없다고 비난한다. 어떻게 해야 할까? 그들에게 직접 물어봐야 한다. 그것도 아주 단순하게. 단순하게 물어야 단순하게 답할 것이고, 그래야 정확한 답을 얻을 수 있을 테니까. 그것이 과학을 대하는 대중의 태도여야 한다.

그런데 그 많은 과학자들이 모두 어디에 있는지 몰라도, 우리 눈앞에 나타나서 질문할 시간을 주지는 않는다. 하여, 제레미 스탱룸이 나섰다. 그는 선도적인 과학자 열두 명을 만나서 그들의 생각을 우리 대신 물었다. 그는『진화하는 진화론』의 저자 스티브 존스,『빈 서판』을 쓴 스티븐 핑커,『브레인 스토리』의 수전 그린필드,『나는 왜 사이보그가 되었는가』의 케빈 워릭, 모든 암과 연관된 유전적 이상 위치를 정확히 알아내는 목표로 암 게놈 프로젝트를 시작한 마이크 스트래튼,『인간 본성에 대하여』의 에드워드 윌슨 등에게 동물 실험, 생물 테러, 유전자 변형기술, 진화적 설명의 범위, 기계의 지능, 과학 커뮤니케이션, 포스트모더니즘과 종교의 탈을 쓴 반과학, 의학 발전, 생물다양성의 침식 등에 대해 물었다. 그리고 그것을 한 권의 책,『세계의 과학자 12인, 과학과 세상을 말하다』(김미선 옮김, 지호 펴냄)로 엮었다. 먼저 이 책의 단점을 거론한다면, 그 주제가 생명과학에 치우쳐 있다는 것이다. 어쩌랴? 현대가 생명과학의 시대인 것을.

제5장 '인공두뇌학과 사이보그의 미래'를 살펴보자. 제레미 스탱룸이 선택한 인터뷰이는 영국의 인공두뇌학자 케빈 워릭. 그는 "일단 기계가 인간보다 더 똑똑해지고 자율적으로 학습을 할 수 있게 되면 기계들이 인류를 지배하게 될 것"이라고 주장함으로써 일찌감치 논란의 중심에 섰다. 언젠가는 인간이 기계를 추종할 것이라는 그에게 무엇을 물어야 할까? 스탱룸은 우선 '지능이 무엇인가?'를 물었다.

이에 대해 케빈 워릭은 "만일 지능이 지식, 계산능력, 정보전달 등과 관계가 있다면, 기계에는 지능이 있다. 하지만 중요한 점은 기계와 인간에게는 다른 방식의 지능이 있다는 점이다."라고 말한다. 마치 벌들은 수

증기를 감지해서 세계를 이해하는데, 인간을 그럴 수가 없으며, 따라서 수증기를 이용한 지능 검사는 인간에게는 의미가 없고, 인간은 벌보다 낮은 점수를 받을 것이라는 말이다. 그는 간단히 대답한다. "나는 인간에게 지능이 있다고 말할 때와는 같은 종류의 지능이 아니라는 것이 분명하다는 전제하에서, 기꺼이 기계에 지능이 있다고 말한다."

그렇다면 기계가 인간 유형의 지능을 가지게 될 수는 있을까? 그는 대답한다. "기계들이 아마도 결코 인간과 정확히 똑같은 방식으로 지능을 갖게 되지는 않을 것이다. (…) 하지만 기계의 지능을 생각하는데 어째서 인간의 지능에서 출발하는가? (…) 기계는 어떤 종류의 자기지각도 절대로 가지지 못할 것이라는 생각도, 자기지각이 없다면 기계들은 반드시 언제까지나 인간보다 지능이 떨어질 것이고 인간이 항상 주인 역할을 할 것이라는 생각도 당연한 것은 아니다."

어째 대화가 과학보다는 철학으로 흐르는 것 같지는 않은가? 맞다. 인터뷰어 제레미 스탱룸은 『필로소퍼스 매거진』 『철학자들은 어떻게 생각할까』 『뉴 브리티시 필로소퍼』의 공동 편집자다. 즉 저널리스트이자 철학자로서 과학에 있어서는 대중에 속하는 사람이다. 덕분에 그는 해당 분야의 기본적인 과학 개념과 이와 관련된 사회적 이슈에 대한 과학자의 생각 그리고 앞으로의 전망을 친절하게 (하지만 좀 어려운 말을 사용해서) 묻는다.

나는 제10장 '위기의 과학' 편을 읽으면서 인터뷰이 노먼 레빗에게 화가 났다. 그는 대중과 대화하기보다는 '무식한' 대중에게 과학자의 이야기를 들으라고 강요하는 편이다. 제대로 설명도 못하면서….

우리는 걱정한다. “과연 22세기가 존재할 수 있을까?” 그리고 과학자들과 기술자들에게 의심을 품는다. “혹시 그들의 생각 때문에 재앙이 닥치지 않을까….”

제레미 스탱룸이 책을 내기 위해 인터뷰를 제안했을 때 거절한 과학자는 한 명도 없었다고 한다. 실제로 내 주변에 있는 그 어떤 과학자들도 대중이 내민 손을 뿌리치지 않는다. 과학이 궁금하다고? 과학자들이 무슨 생각을 하는지 궁금하다고? 그러면 직접 물어라. 아주 단순하게. 이 책 먼저 읽고.

책 쓰는 한국의 과학자들

'한국의 과학 저술가 9명'

한국의 대표적인 생물학자는 누구일까? 바보 같은 질문이지만 실상 생각나는 사람은 별로 없다. 나비 박사 석주명(1908~1950), 물고기 박사 최기철(1910~2002), 그리고 달팽이 박사 권오길(1940~현재) 정도다. 1세대 학자 가운데 석주명이야 책을 남길 틈이 없었고, 최기철 박사는 『민물고기를 찾아서』(한길사, 1997)와 『우리 물고기 기르기』(현암사, 1999)로 우리나라에 민물고기 키우기 유행을 가져오기도 했지만 금세 잊히고 말았다. 쉰 살이 넘어서야 물고기 연구를 시작했고, 말년에야 대중 과학서를 썼기 때문이다. 하지만 요즘 아이들치고 과학을 좋아하든 그렇지 않든 한국 생물학의 2세대인 권오길 박사의 이름을 모르는 아이는 거의 없을 것이다. 책과 친한 아이라면 대개 선생의 책을 한두 권 정도는 읽었을 것이다. 그는 한창 때부터 책을 썼다.

권오길 박사는 전문서인 『원색 한국패류도감』(아카데미서적, 1993)을 펴낸 이듬해인 1994년부터 대중 교양과학서를 매년 한 권씩 쓰겠다고 했다. 첫 번째 책이 『꿈꾸는 달팽이』(지성사, 1994, 2004). 그는 첫 번째 책부터 대중 과학서의 새로운 모범을 만들었다. 30년 동안 연구한 달팽이에 대해 무수한 이야기를 쏟아내고 싶은 마음이 굴뚝같았겠지만, 그는 철저히 절제했다. 책에는 달팽이와는 무관한 여러 자연현상과 세상살이 이야기가 들어 있다. 자연현상에 대한 지식을 인간의 삶과 연관시켜 지혜를 준다. 마치 수필집 같다. 이런 스타일은 17년이 지난 지금[2014년]까지도 여전하다.

그가 『꿈꾸는 달팽이』를 펴낼 무렵 우리나라에는 유홍준의 『나의 문화유산 답사기 1』(창비, 1993) 열풍이 불고 있었다. 카메라를 들고 무리를 지어 다니면서 전문가의 해설을 듣는 답사여행이 유행이었다. 이때 등장한 권오길은 언론의 스포트라이트를 받았다. 입담이 걸쭉하고 글재주가 뛰어난 이 과학자를 언론은 '자연과학계의 유홍준'이라고 불렀다. 유홍준이 문화유산 답사 바람을 불러일으켰다면, 권오길은 과학 대중화의 문을 연 셈이다.

그는 약속대로 거의 매년 책을 냈다. 두 번째 책 『인체기행: 권오길 교수와 함께 떠나는 인체탐방』(지성사, 1995, 2002, 2010)은 눈, 귀, 코, 입에서부터 오장육부를 샅샅이 훑으며 호르몬과 유전, 방사선, 약, 기생충, 진화와 죽음 등 생명현상과 관계된 모든 것을 다뤘다. 중학교 수준에서 읽을 수 있으며 교과서보다 훨씬 더 세밀하게 알려준다.

그 이후 지성사에서 『개눈과 틀니』(1997) 『바다를 건너는 달팽이』(1998) 『생물의 다살이』(1998, 2003) 『하늘을 나는 달팽이』(1999) 『생물의 죽살이』(1999, 2004) 『생물의 애옥살이』(2001, 2004) 『달팽이』(2002) 『열목어 눈에는 열이 없다』(2003) 『바람에 실려 온 페니실린』(2004) 『달과 팽이』

(2005)를 냈다. 대부분의 과학 에세이들이 시간이 지나면 절판되고 마는 것과는 달리 그의 책은 꾸준히 개정판이 나와 모든 책을 아직도 서점에서 구입할 수 있다. 지성사는 2005년 권오길 박사의 저서 9권을 묶어서 『달팽이 박사 권오길 교수의 생물에세이 전집』을 펴냈다. 이 전집은 10여 년간 한 출판사에서 책을 낸 데 대한 지성사의 감사 표시이자, 같은 기간 동안 저자와 함께한 독자들에 대한 권오길의 선물이다.

이후에는 다양한 출판사와 작업하고 있다. 『자연계는 생명의 어울림으로 가득하다』(청년사, 2005) 『권오길 교수가 들려주는 생물의 섹스 이야기』(살림, 2006) 『권오길 선생님이 들려주는 이야기』(전4권, 애플비, 2007), 길벗스쿨의 '손에 잡히는 과학 교과서'(2007) 시리즈 전20권 가운데 7권 『인체』와 14권 『자연환경과 생태계』가 그것이다. 살림총서에 속한 '~섹스 이야기'를 제외한 것들은 그림과 만화를 통해 초등학생 교과서에 산재되어 있는 과학적인 정보를 체계적으로 알려주는 책이다. 하지만 여기서도 속담 등을 이용하여 삶의 지혜를 주려는 시도는 여전하다. 그래서인지 책 제목에서도 그는 '교수'보다는 '선생님'으로 불린다.

그의 이런 글쓰기 태도는 아마 생물학과와 대학원을 졸업한 후 수도여중고등학교에서 처음 교편을 잡은 뒤 경기고등학교, 서울사범대학부속고등학교에서 생물을 가르친 경험과 상관있을 것이다. 그는 강원대학교 생물학과 교수 생활 25년 동안 스타 강사였으며 『강원일보』와 『교수신문』 등에 생물 이야기를 장기간 연재했다. 그만큼 대중적인 글쓰기에 능하다는 것이다.

도감에서 아이들 그림책에 이르기까지 그의 글쓰기 영역은 제한이 없으며, 그의 책은 쉽고 소설보다 재미있다. 그런데 그의 인생은 더욱 흥미롭다. 『달팽이 박사 권오길 이야기』(이상권 글, 유기훈 그림, 봄나무 펴냄)는 공룡 또는 별만큼이나 아이들을 과학으로 이끌기에 충분하다.

권오길이 달팽이로 시작했다면 최재천은 개미로 시작했다. 베르나르 베르베르의 『개미』(전5권, 이세욱 옮김, 열린책들 펴냄)의 3~5권에 해당하는 『개미혁명』(1997)이 나오자 우리나라 사람들은 열광했다. 아직도 베르나르 베르베르는 프랑스보다 한국에서 더 인기다. 심지어 나도 『개미』를 읽은 후 페로몬 합성을 연구하기 위해 독일로 유학을 떠났을 정도다. 그런데 만약 내가 최재천의 『개미제국의 발견』(사이언스북스, 1999)을 읽었다면 어땠을까? 아마 전적으로 유기화학인 페로몬 생합성보다는 생태학 쪽으로 연구 방향을 정했을 것이다.

최재천은 거미 연구자다. 제임스 웽버그의 『곤충의 유혹』(박영원 옮김, 휘슬러 펴냄)에도 (유감스럽게도 '최'가 아니라 '초이'로 소개되었지만) 최재천의 연구가 거론된다. 그가 『개미제국의 발견』을 쓴 이유는 "과학의 대중화를 위한 첫걸음은 쉽고 재미있게 읽을 수 있는 과학 서적을 많이 만드는 일"이라고 생각했기 때문이다. 그가 텍스트로 삼은 책은 자신의 박사학위 지도교수였던 베어르트 횔도블러와 에드워드 윌슨의 『개미』(1990). 최재천의 책을 읽은 후 나도 이 책을 구입했다. 26×31센티미터 판형에다 732쪽에 달하는 엄청난 책이다. 비록 이 책을 훑어보았지만 도저히 여기에서 『개미제국의 발견』이 나올 수 있을 것 같지는 않았다. 최재천은 정말 친절하다.

최재천은 확실히 권오길과 비슷한 면이 있다. 『생명이 있는 것은 다 아름답다』(효형출판, 2001) 『알이 닭을 낳는다』(도요새, 2001, 2006, 2007) 『열대예찬』(현대문학, 2003, 2011) 『나의 생명 이야기』(공저, 효형출판, 2004)처럼 '생명'과 '환경'이라는 누구나 전적으로 호감을 가질 수밖에 없는 글감으로 교훈적이며 지혜로운 이야기를 한다.

그런데 그는 자기 전공 분야인 사회생물학과 동물행동학 분야의 중요 도서를 꾸준히 소개하는 고급 번역자의 역할 역시 게을리 하지 않았다. 잘나가는 저자가 남의 책을 옮기는 고된 일을 마다하지 않는 모습은 흔한 장면이 아니다. 특히 침팬지의 수호자로 많은 사랑과 존경을 받고 있는 제인 구달과 달리 파란만장한 삶을 살다 간 고릴라의 각별한 친구인 다이앤 포시의 산악고릴라 연구서 『안개 속의 고릴라』(공역, 승산, 2007)를 옮긴 것을 보면 동료 과학자에 대한 애정을 엿볼 수 있다. 그는 사회생물학자이자 진화론자로서 중요한 책을 옮겼다. 『우리는 지금도 야생을 산다: 인간 본성의 근원을 찾아서』(에드워드 윌슨, 바다출판사, 2005)와 『무지개를 풀며』(리처드 도킨스, 바다출판사, 2008)가 대표적이다.

그에게서는 생물학적 페미니스트의 향기가 난다. 『여성시대에는 남자도 화장을 한다: 한 사회생물학자가 바라본 여자와 남자』(궁리, 2003)라는 책을 냈으며, 호주제 폐지와 관련한 사회적 발언을 하기도 했다.

하지만 '통섭'만큼 최재천을 대표할 수 있는 단어는 없을 것이다. 에드워드 윌슨의 '*Consilience: The Unity of Knowledge*'를 제자 장대익과 함께 『통섭: 지식의 대통합』(사이언스북스, 2005)이란 제목으로 번역함으로써 우리나라 학계와 문화계에 '통섭'과 '융합'이라는 새로운 키워드를 던졌으며 이 시대의 지식인들과 스스로에게 '학문의 경계를 넘는 문제'를 숙제로 안겼다. 그는 숙제를 열정적으로 했다. 『대담: 인문학과 자연과학이 만나다』(도정일과 공저, 휴머니스트, 2005) 『지식의 통섭: 학문의 경계를 넘다』(주일우와 공편, 이음, 2007) 『21세기 다윈 혁명』(공저, 사이언스북스, 2009) 『인문학 콘서트』(공저, 이숲, 2010) 『붓다와 다윈이 만난다면』(공저, 서울대학교출판문화원, 2010) 등이 바로 그것이다.

최재천은 장대익과 전중환이라는 걸출한 제자를 배출하였다. 장대익은 기계공학과 출신으로서 진화론에 매료되어 진화철학을 공부하고 침팬지 행동을 연구하였으며 이보디보(Evo-Devo)의 역사와 철학으로 학위를 받았다. 『침팬지 폴리틱스』(프란스 드 발, 바다출판사, 2004)와 『통섭』 등으로 일찌감치 뛰어난 번역가로 자리매김을 한 그는 미국으로 가서 대니얼 데닛의 제자가 되었다.

유학에서 돌아온 후 김영사의 '지식인 마을'(전34권, 2006~2010) 시리즈의 기획자와 과학철학 분야의 저자로서 주목을 받았다. 그리고 『종의 기원』 발간 150주년을 코앞에 둔 2008년 『다윈의 식탁』(김영사)이라는 최고의 진화이론 대중과학서를 썼다. 이전까지 이보다 진화이론을 잘 정리한 책은 없었다. 그는 여기에 그치지 않고 오랫동안 서신으로 교류하던 신학자 신재식, 종교학자 김윤성과 함께 종교(기독교)와 진화의 문제를 다룬 『종교전쟁: 종교에 미래는 있는가?』(사이언스북스, 2009)로 진화론에 친화적이지 않은 세상에 싸움을 걸었다. 그는 철저한 다윈주의자이자 철저한 도킨스주의자로 자신의 좌표를 명확히 하였다.

전중환은 진화심리학자 데이비드 버스의 제자로서 『욕망의 진화: 사랑, 연애, 섹스, 결혼, 남녀의 엇갈린 욕망에 담긴 진실』(사이언스북스, 2007)

을 비롯한 그의 책 세 권을 우리나라에 소개한 번역자다. 전중환은 스승보다 책을 훨씬 쉽고 재미있게 쓴다. 웹진 『크로스로드』에 오랫동안 연재한 글을 모은 『오래된 연장통』(사이언스북스, 2010)은 많은 매체에서 올해의 과학책으로 선정되기도 했다.

독자들이 가장 선호하는 대중 과학서는 주로 생물 분야다. 독자가 생물이다 보니 쉽게 대하는 것 같다. 블로거 출신의 이은희는 『하리하라의 생물학 카페』(궁리, 2002)의 성공 이후 비슷한 종류의 책을 내다가 최근에는 과학고전 가이드북인 『하리하라의 과학고전 카페』(전2권, 글항아리, 2008)로 다시 주목받고 있다.

과학사와 과학철학자로는 『우리역사 과학기행』(동아시아, 2006)을 쓴 문중양과 홍성욱을 들 수 있다. 홍성욱은 10여 권의 책을 썼다. 첫 작품인 『생산력과 문화로서의 과학 기술』(문학과지성사, 1999)은 이론서에 가까우며, 『파놉티콘』(책세상, 2002)은 대입 예비 논술지문에 가장 많이 인용되었을 것이다. 최근에는 주로 다른 학자들과 함께 『21세기 다윈 혁명』 『붓다와 다윈이 만난다면』처럼 과학과 사회의 관계를 묻는 책들을 내고 있다.

분야를 특정할 수 없는 대한민국 과학칼럼리스트 1호 이인식은 여전히 다양한 분야의 책을 쓰고 있으며, 수학 분야에서는 이광연이 2002년부터 『또 웃기는 수학이지 뭐야!』(경문사, 2002)에서 『멋진 세상을 만든 수학: 수학 없는 세상을 꿈꾸는 이들에게』(문학동네, 2011)에 이르기까지 대중교양서에서 문제집 그리고 아동도서를 넘나들며 수십 권의 수학책을 꾸준히 펴내고 있다.

최고의 블루칩으로 여겨지는 정재승은 『과학동아』에 '시네마 사이언스'를 연재하면서 대중적인 과학 글쓰기를 시작했다. 공전의 히트작 『과학 콘서트』(동아시아, 2001, 2011) 이후 주목할 만한 과학책을 쓰지 않았지만, 형식과 분야에 있어서 다양한 시도를 하고 있다. 『정재승+진중권 크로스』(웅진지식하우스, 2010)와 『쿨하게 사과하라』(김호와 공저, 어크로스, 2011)는 미학자 및 경영학자와의 공동작업으로 탄생했다. 특히 소설가 김탁환과 함께 쓴 장편과학소설 『눈먼 시계공』(전2권, 민음사, 2010)은 과학 작가들에게 또 다른 작업 형태의 모범을 보여주었다.

과학자와 대중

랜디 올슨, 『말문 트인 과학자』

"나는 내 과학 연구에 아주 만족하고 있다. 머지않아 세상에서도 인정해 줄 것이다."

그레고어 멘델(1822~1884)이 만년(晩年)에 한 이야기다(『유전학의 탄생과 멘델』 참고). 그의 말대로 세상은 그의 연구를 인정하고 그를 '유전학의 아버지'라고 부른다. 하지만 머지않은 게 아니라 35년이나 걸렸다. 그것도 독일어로 작성된 「식물의 잡종에 관한 실험」이라는 논문을 영어로 옮긴 번역자가 멘델의 글에서 명료하지 않은 대목들을 손질하여 개선한 다음의 일이다.

"저런, 이 사람이 벌써 오래전에 다 밝혀놓은 사실이잖아!"

진화론자들은 입을 모아 이렇게 말했다. 그들은 멘델의 업적을 재평가했다. 멘델의 논문이 읽힌 다음에야 다윈의 진화론에 멘델의 유전학을 접목시킨 통합적인 진화이론이 나왔다. 만약 멘델이 조금만 더 대중과의 의사소통에 적극적이었다면 통합이론은 수십 년 일찍 정립되었을 것이고 자연과학계가 지금보다 훨씬 더 앞서나갔을 것이다. 멘델은 연구는 훌륭하지만 대중과 의사소통을 못하는 과학자들의 상징이다.

그러나 멘델이 별나게 의사소통 능력이 없던 인물은 아니었다. 대부분의 과학자들 역시 또 다른 멘델일 뿐이다. 그들은 데이터를 수집하고 세워놓은 가설에 대한 테스트와 실험을 하는 것이 과학이라고 생각한다. 그러나 과학에는 다른 한 부분이 있다. 이것은 첫째 부분처럼 두드러지지는 않는다. 그것은 바로 대중과의 의사소통이다. 과학은 항상 두 부분으로 구성된다. 멘델의 이름이 알려지기까지 35년이 걸린 까닭은 멘델에게 연구 능력이 부족해서가 아니라 자기 자신을 홍보할 수 있는 역량이 부족해서였다.

> "넌 대가리로 연기를 하니, 이 XX야! 잘난 척만 하는 너 같은 인간들은 꼴도 보기 싫으니까 당장 내 수업에서 꺼져! 안 그러면 경찰을 부를 거야! 농담 아니야, 이 머저리 같은 놈아!"

남캘리포니아 대학 영화과의 여교수는 갓 입학한 학생에게 이렇게 윽박질렀다. 그 상대는 랜디 올슨(Randy Olson, 1955~). 그는 잘나가던 생물학자였다. 하버드 대학교에서 박사학위를 받고 뉴햄프셔 대학에서 해양생물학 교수로 재직하다가 영화를 만들기 위해 서른여덟 살에 영화과에 입학했다.

랜디 올슨은 스스로 재미있게 강의하고 학생들에게 인기 있는 교수라고 자부했지만 연기를 배우면서 자신이 대중과 소통하지 못한다는 것을 깨달았다. 그리고 서서히 다분히 비이성적이고 비논리적인 성향이 강한 인간들과 의사소통하는 방법을 깨우친다. 그 과정을 기록한 『말문 트인 과학자』(랜디 올슨 지음, 윤용아 옮김, 정은문고 펴냄)는 과학자가 대중과 어떻게 소통해야 할지를 말해주는 책이다.

> "대중과 교감하는 데 있어, 머리, 가슴, 복부 그리고 성기, 이렇게 네 개의 기관들만 생각하라! 머리로 들어간 정보는 진정성이 더해져 가슴으로, 유머가 더해져 복부로, 그리고 이상적으로는 섹스어필과 함께 아랫도리까지 내려가야 한다."

연기를 가르치던 그 여교수는 이렇게 얘기했다. 아랫도리엔 지식인부터 카우보이와 금발 미녀들까지 모두가 포함되어 있지만 위로 한 단계씩 올라갈수록 대중의 숫자는 점차 줄어든다. 그래도 유머가 있으면 꽤 많은 대중을 확보할 수 있다. 대부분의 사람들은 유머를 좋아하기 때문이다. 하지만 조금 더 위로 올라가면 역시 그들을 잃게 된다. 그래도 가슴으로는 여전히 배우들과 종교인들은 확보하고 있을 것이다. 하지만 머리까지 가게 되면 과연 누가 남아 있을까? 학자들뿐이다. 이것이 바로 커뮤니케이션의 기본 역학이다.

2003년 강남의 한국과학기술회관에서 열린 진화론자와 창조론자의 강연회에 참석한 적이 있다. 진화론자로는 지방 국립대학 지질학과의 중견 교수가 나섰고, 창조론자로는 연세대학교 의과대학의 젊은 의학자가 나섰다. 각자 강연 후 상호토론하고 이어서 청중들의 질문을 받는 재미있는 형식의 강연회였다. 지질학자는 OHP에 손으로 (자그마치 두 가지 색깔로) 끼적인 필름을 올려놓고 정확한 전문용어로 설명했다. 의학자는 배경음악까지 깔린 동영상과 당시로서는 놀랄 정도로 깔끔한 파워포인트로 프레젠테이션을 했다. 영어로 멋을 부리기는 했지만 일상적인 용어를 사용했다. 단순히 이런 도구의 문제가 아니었다. 지질학자는 철저히 머리에만 의존했지만, 의학자는 종교에 바탕을 두고 있는 가슴의 주장을 펼쳤다. 과학적인 논리로 보자면 지질학자의 완승이었지만 강연장의 분위기는 의학자가 완전히 주도했다. 머리보다 가슴에 호소했기 때문에 더 많은 청중을 자기편으로 끌어들일 수 있었던 것이다.

창조과학 따위를 과학이라고 부를 수는 없다. 하지만 여전히 창조과학을 신봉하는 사람들은 수백만 명이 넘는다. 과학자들은 창조과학자들의 논리를 단숨에 격파할 수 있다고 호언한다. 사실이 모든 것을 대변한다고 믿기 때문이다. 하지만 그런 일은 일어나지 않았다. 랜디 올슨은 그런 일은 앞으로도 일어나지 않을 것이라고 한다. 왜냐하면 이 세계에는 만만하게 공격할 만한 급소는 존재하지 않기 때문이다. 만일 그랬다면, 이미 누군가가 오래전에 그렇게 했을 것이다.

"대중과의 의사소통에 있어 가장 중요한 두 가지 요소가 있다. 바로 자극과 충족이다. 처음엔 대중을 자극하여 흥미를 유발시켜야 하며, 그다음엔 그들의 기대를 충족시켜줘야 한다."

랜디 올슨은 과학적 정보에 매달릴 것이 아니라, 그 정보들을 알아듣기 쉬운 메시지로 변환할 것을 요구한다. 과학자들 스스로 대화 스타일을 다시 생각하고 더욱 많은 대중들과 의사소통할 방법을 찾으라는 것이다. 그리고 여기에서 가장 중요한 것은 스토리, 즉 이야기다. 과학자는 자연에서 자료를 수집하고 다시 연구실로 돌아와 그 결과를 사람들에게 알리기 위해 모든 정보들을 이야기로 꾸며야 한다.

랜디 올슨은 하버드 재학 시절 스티븐 제이 굴드의 조교로 활동했다. (운도 좋다.) 스티븐 제이 굴드는 일반 대중이 순수과학에 별 관심을 보이지 않는다는 사실을 일깨워주었다. 순수과학은 일반 대중이 받아들이기에는 버겁다. 그런 이유로 좀 더 인간적이고 훈훈한 요소들을 과학에 접목시켜야 한다. 그래서 과학에 스토리가 필요하다. 스토리는 사람들의 가슴과 복부, 심지어 아랫도리까지 자극한 뒤 머리를 사용하고 싶은 동기를 부여한다. 그 순간이 바로 과학자들이 파고들어야 하는 타이밍이다.

스티븐 제이 굴드는 처음 몇 문단에 과학과는 관련이 없어 보이는 야구, 미키마우스, 건축, 오페라, 미술 같은 요소를 배치하여 독자들을 자극시키고 궁금증을 유발시킨다. 독자들이 "흥미롭네. 그런데 그게 진화론과 무슨 관련이 있다는 거지?"라고 의심을 품을 때 과학 이야기로 그들의 기대를 충족시킨다.

『말문 트인 과학자』에는 소통에 실패한 과학자와 성공한 과학자의 다양한 예가 제시되어 있다. 이 예들은 흥미진진하다. 미국 국립과학원에 가입을 거부당한 사람이 왜 가장 훌륭한 과학자의 상징이 되었는지, 정치인 앨 고어가 환경 다큐멘터리 〈불편한 진실〉로 어떻게 5,000만 달러를 벌었는지 알려준다. (나는 스포일러가 아니므로 자세한 예를 여기서 보여줄 수는 없다. 직접 읽으시라.)

"그런 과학자는 되지 마세요. Don't be such a scientist!"

랜디 올슨의 아내가 그에게 한 말인데 『말문 트인 과학자』의 원제다. 머리만 사용하고, 재미있는 이야기를 꾸며낼 줄 모르는, 데이터 자체가 재미있는 것인 줄 알고 연구 이야기만 반복하는 그런 과학자는 되지 말라는 뜻이다.

과학자들의 지식은 한계를 뛰어넘고 질병을 고치며 인류를 존속시키는 데 지대한 역할을 한다. 단, 그들이 무슨 이야기를 하고 그 이야기가 얼마나 중요한지 대중들이 알아들을 수 있어야 한다. 그래서 랜디 올슨은 이렇게 말한다.

"인류의 미래는 과학자들의 지식이 아니라 그들의 의사소통 능력에 달려 있다."

어느 과학자의 탄생기

『리처드 도킨스 자서전』

2016년 6월 영국에서 열린 첼트넘 사이언스 페스티벌에 참가했다. 다양한 프로그램에 참여했고 많은 강연을 들었다. 한국을 떠날 때까지 구하지 못해 애를 태웠던 리처드 도킨스의 강연 입장권도 현지에서 운 좋게 구했다. 금요일 저녁 청중들로 강연장이 가득 찼다. 중년과 노년층으로. 사실 젊은 친구들에게는 입장권이 조금 비싸기도 했거니와 같은 시간에 영국과 다른 나라의 축구 A매치가 벌어지기도 했다.

그런데 유감스럽게도 청중들은 리처드 도킨스의 강연을 듣지 못했다. 그의 건강이 아주 좋지 않았다. 서 있지도 못하고 자리에 앉아 있었다. 구두 위로는 한쪽에는 하늘색 양말, 다른 쪽에는 핑크색 양말을 신은 발목이 보였다. 『조상 이야기』 개정판 작업을 같이한 조수 옌 웡이 대신 강연을 했지만 내용이 아주 산만했다. 그 와중에도 도킨스는 길게 늘어서 있는 모든 독자들에게 일일이 사인을 해주었다. 결국 그날은 가벼운 인사만 하고 헤어질 수밖에 없었다. 차마 사인을 요구하지도 못했다.

눈이 제법 쌓인 2017년 1월 22일 오후 늦게 세종대학교 강당 지하실의 누추한 방에서 리처드 도킨스와 마주 앉았다. 그는 건강했으나 매우 지쳐 있었다. 방한 이틀 동안 이미 두 차례의 강연과 사인회 그리고 몇 차례의 인터뷰를 마친 다음이니 그럴 만도 했다. 내게 허락된 시간은 단 30분. 그에게 열세 개의 질문을 던졌다. 딱히 내가 궁금한 질문이라기보다는 그의 독자들이 궁금해할 만한 것들이었다. 몇 개는 빤한 것이었고 몇 개는 조금 무례했다. 물론 무례한 질문은 한국 독자 핑계를 댄 내 질문이었다. 그는 정말 성실하게 대답했다. 그리고 자신의 의견에 동의를 구하는 눈빛을 분명히 보냈다. (인터뷰는 인터넷에서 찾아보시라.)

리처드 도킨스는 한국에서 책이 가장 많이 팔리는 과학 저자다. 그리고 전 세계에서 권위를 인정받는 사람이다. 학식과 더불어 글쓰기 능력 그리고 성품마저 제대로 갖췄다. 그의 성장 과정이 『리처드 도킨스 자서전 1 – 어느 과학자의 탄생』(김명남 옮김, 김영사 펴냄)에 잘 나와 있다. 흠! 자서전이라고? 자서전은 자신을 미화하기 위해 사실을 취사선택하고 왜곡과 거짓으로 점철되기 십상인 책이 아닌가! 대개는 그렇다. 그런데 도킨스의 경우에는 다르다. 자서전도 과학책처럼 썼다. 사실과 사실 사이에 인과관계가 분명한 것처럼 보인다는 말이다.

> "분명 내가 어느 정도 노력 없는 특권을 누렸다는 사실을 부인할 수 없다. 사람이 타고난 유전자나 외모에 대해 사과할 이유가 없는 것처럼 내가 누린 특권을 사과할 마음은 없지만, 그 사실을 또렷하게 의식하고는 있다." (374쪽)

『리처드 도킨스 자서전 1』은 부모의 결혼으로 시작해서 『이기적 유전자』(1976)를 출간한 35살까지의 인생 이야기다. 특히 니콜라스 틴베르헌의 연구팀에 들어가서 과학자의 길에 들어선 과정을 보여준 10장 '업계에 입문하나'와 『이기적 유선사』의 탄생 과정을 보여주는 14장 '불멸의 유전자'는 반복해서 읽을 필요가 있다. 특히 『이기적 유전자』의 핵심 해설서 역할을 하는 14장은 『이기적 유전자』를 읽기 전후에 다시 보면 좋을 것 같다.

1960년대부터 이타성과 이기성의 문제에 대해 다윈주의의 이론을 적용하려는 대중 과학서와 TV 다큐멘터리가 많이 나왔다. 대부분은 BBC의 작품이다. 그런데 도킨스가 보기에 그들의 '진화적 낙천주의' 이론은 말짱 잘못된 것이었다. 여기에 대해 뭔가 해야 했다. 마침 1973년 광부노조가 파업에 들어갔다. 연구소는 일주일에 3일만 전기를 쓸 수 있었다. 당연히 연구는 중단되었다. 그 틈에 도킨스는 책을 쓰기 시작했다. 이것이 『이기적 유전자』의 기원이다.

『이기적 유전자』처럼 많이 팔렸으면서도 오해를 받는 책도 별로 없다. 많은 사람들은 유전자가 이기적이니 우리가 이기적인 태도로 살아도 된다고 그가 주장한 것으로 오해한다. 왜 이렇게 오해를 살 만한 제목을 정했냐는 질문을 아마도 도킨스는 수백 번은 받았을 것이다. 『이기적 유전자』 집필을 서너 장쯤 마쳤을 때 원고를 살펴본 조너선 케이프 출판사의 편집자는 제목을 바꾸라고 했다. (정작 책은 옥스퍼드 대학 출판부에서 나왔다.)

"'이기적'이라는 말은 "부정적인 단어"라는 것이었다. "불멸의 유전자, 어떻습니까?" 돌아보면 아마도 그가 옳았다. 내가 왜 그 조언을 따르지 않았는지

이유는 기억나지 않지만, 어쨌든 그의 말을 따랐어야 한다고 본다." (353쪽)

도킨스 자서전을 읽고 나서야 알게 된 사실이 있다. 영국의 퍼블릭 스쿨은 학비가 비싼 사립학교이며, 옥스퍼드와 케임브리지의 위대함은 바로 튜터 시스템에 있다는 것이다. 옥스퍼드에는 도킨스가 언제든지 찾아가면 성실하게 대답하고 토론해주는 선생님이 있었다. 그는 이름도 처음 들어보는 마이크 컬런. 도킨스는 스승 틴베르헌을 대신해서 동물행동학을 강의하게 되었을 때 타이핑한 강의 노트를 마이크 컬런에게 보여주었다. 그는 노트 여백에 '멋진 내용'(lovely stuff)이라고 적어주었다. 그 말이 도킨스 인생에 엄청난 격려가 되었다. 책 265쪽에 있는 노트 사진을 보고 있자면 괜히 내 가슴마저 뭉클해진다.

한국에서는 마치 한 세트의 책인 것처럼 나왔지만 원래는 독립적인 두 권의 책이다. 원제를 직역하면 '경이를 향한 갈망'과 '어둠 속의 짧은 촛불'이다. 이렇게 멋진 제목을 놔두고서 건조한 제목을 붙인 사연은 1권 권두에 있는 옮긴이의 글에 잘 설명되어 있다. 옮긴이의 글을 보면 도킨스에 대한 번역자의 깊은 애정을 느낄 수 있다. 가끔 등장하는 역주는 최고다. 김영사는 최적의 번역자를 골랐다. 전 세계 어디에서 이런 번역본을 볼 수 있단 말인가! 김명남 만세!

참, 리처드 도킨스는 『이기적 유전자』가 한국에서 아직까지 베스트셀러인 사실이 고마우면서도 놀랍다고 했다. 스스로 꼽는 최고 걸작, 그리고 만약에 한국의 독자들이 단 한 권만 읽는다면 꼭 읽어주기 바라는 책으로는 『확장된 표현형』을 골랐다. 그리고 작년 6월 첼트넘 강연장에 핑크색과 하늘색 양말을 신고 온 것은 단순한 실수가 아니었으며 소박하지만 청중들에게 주고 싶은 메시지가 있었다고 한다. 세상은 고정된 어떤 것이 아닌 다양한 조합으로 이뤄질 수 있다는 것을 말하고 싶었단다.

과학자가 아들에게

김병민, 『사이언스 빌리지』

2016년의 어느 날 과학저술가 이은희 선생님이 페이스북에 "마침내 나도 이제 마흔 살이 되었다"라고 써서 깜짝 놀란 적이 있다. 그와 교류한 지가 어언 몇 년인데, 나는 여태 그를 친구로 여기고 있었는데 그가 이제야 마흔이 되었다니…. 놀랄 수밖에 없었다. 나의 반응에 자기가 그렇게 나이 들어 보이냐고 따지던 이은희 선생은 이내 수긍했다. "하긴 『하리하라의 생물학 카페』를 펴낸 게 15년 전인 스물다섯 살의 일이니 그렇게 생각할 수도 있겠네요." 이은희 선생은 자그마치 15년 동안이나 막내였다. 중견 막내.

2016년 12월 17일 거의 모든 신문의 서평란에 소개된 『사이언스 빌리지』(김병민 지음, 김지희 그림, 동아시아 펴냄)를 굳이 여기에서까지 다시 소개하는 데는 이유가 있다. 새로운 과학 작가가 발굴되었다는 기쁨이 하도 크기 때문이다. 그를 발굴한 곳은 2016년에 유난히 좋은 책을 많이 펴내서 온갖 출판상과 올해의 책을 선정할 때 심사위원들에게 '출판사 안배'라는 커다란 고민거리를 안겨준 동아시아 출판사다. 그가 동아시아와 어떻게 연이 닿았는지는 모른다. 하지만 그는 몇 년 전부터 동아시아가 마련한 술자리에 다른 과학자들과 함께했다. 조용하면서도 명랑한 사람이었다. 화학공학 석사라고는 하지만 사업가치고는 다양한 과학 분야에 조예가 깊었다. 게다가 아들과 나누는 대화 이야기는 흥미로웠다. 언젠가는 아이와 나눈 과학 이야기를 책으로 내겠다는 말도 했다. 하지만 바쁜 사업가가 책 쓰기가 어디 쉬운가.

그런데 정말로 책이 나왔다. 그 사이에 중학생이던 아들은 고등학생이 되었지만 말이다. 책이 출간되기 한참 전에 추천사를 쓰기 위해 조판 원고를 봤다. 편집이 좀 어지럽기는 했지만 재밌었다. (A4 사이즈로 출간된 종이 책의 인상은 전혀 다르다.) 탄핵 국면과 맞물려 책이 한 달쯤 늦게 나왔는데 시점 선택이 좋았다. 한 주만 먼저 나왔어도 신문에 실리지 못했을 것이다. 바로 전 주까지도 박근혜 씨 관련 기사가 넘쳐서 신문의 서평란은 한두 면으로 줄었기 때문이다.

『사이언스 빌리지』는 쉽게 말하면 '무엇이든 물어보세요'류의 책이다. 하늘은 왜 파란 색이에요? 추우면 왜 닭살이 돋나요? 졸리면 왜 하품을 하나요? 이런 질문에 답하는 책은 수없이 많다. 이런 책을 쓰고 싶어 하는 과학자는 없다. 너무 빤하고 인터넷 검색만 하면 금방 찾을 수 있는 것들을 쓰는 일은 전혀 폼 나는 일이 아니기 때문이다. 하지만 내가 양심을 걸고 말하건대 집집마다 가장 필요한 책이다. 아이들이 미운 네 살이 되는 순간 터져 나오는 온갖 질문에 대답하기 위해서다. 이때 아이들과 충분히 대화를 나눔으로써 부모 자식 간에 적절한 대화 방식을 정립해 놓지 않으면, 미운 네 살의 아이들은 삼 년 후 죽이고 싶은 일곱 살이 되기 십상이다.

'무엇이든 물어보세요'류의 책인 『사이언스 빌리지』는 새로운 정보를 제공하는 책이 당연히 아니니다. 웬만한 독자라면 이 책에서 처음 보는 내용은 거의 없을 것이다. 이 책은 알려진 정보를 잘 정리하여 설명한 책이다. 그렇다면 『사이언스 빌리지』는 또 하나의 '무엇이든 물어보세요'류의 책일까? 전혀 그렇지 않다. 과학에도 조예가 깊은 인문학자 김경집 선생님은 이 책에서 "많은 영감을 얻을 수 있다"고 평했다. 무슨 말일까?

"강아지는 양치질을 하지 않아도 충치가 안 생기나요? 왜 사람만 양치질을 하죠?" 이런 질문에 대답을 하는 유형은 몇 가지로 나눌 수 있다. 우선 대부분의 '무엇이든 물어보세요'류의 책의 설명은 간단하다. "개의 이빨이 하는 역할이 사람과 다르기 때문이야. 개는 이빨로 잠깐 물고 있거나 몇 조각으로 쪼개는 것밖에 하지 않아. 씹지 않고 꿀꺽 삼켜버리지. 그리고 개도 양치질은 아니지만 그와 비슷한 행동을 하기는 해."

독자들의 기본적인 욕구만 충족시켜 주는 것이다. 개가 제대로 씹지 않고 꿀꺽 삼키는 이유는 알려주지 않는다. 어릴 때 할머니는 내게 밥 한 숟가락을 입에 넣었으면 백 번씩 씹으라고 말씀하셨다. 그래야 소화가 잘된다고 말이다. 할머니는 그 이유를 단지 쌀이 물리적으로 쪼개지는 것으로만 아셨겠지만 실제로는 탄수화물을 잘게 소화하는 화학작용이 더 중요하다. 그런데 개의 침에는 탄수화물을 소화하는 아밀라아제가 거의 없다. 아무리 씹어봐야 물리적인 소화만 일어날 뿐 화학적인 소화가 일어나지 않는다. 그래서 몇 번 씹고는 꿀꺽한다. 입 안에서 화학적 소화가 일어나지 않으니 작은 크기의 당 분자를 먹고 사는 충치 균이 발생하기 어려운 것이다. 『사이언스 빌리지』는 기본적인 지식 욕구를 넘어서는 심층 지식을 알려주는 데 머무르지 않는다. 이 책의 장점은 따로 있다. 그것은 바로 새로운 질문을 이끌어낸다는 것이다.

과학은 질문으로 시작한다. 그런데 과학 수업에서조차 질문으로 시작된 대화가 대부분 대답으로 인해 끝나고 만다. 그렇게 이야기가 끝나면 그것은 과학이 아니다. 질문은 대답을 낳고 다시 대답은 새로운 질문을 낳는다. 과학에서 대답은 질문의 종결자가 아니라 새로운 질문의 유발자여야 한다. 아빠 김병민은 아들에게 과학은 질문임을 잘 알려주고 있다. 바로 이 지점에서 『사이언스 빌리지』가 빛난다.

꼬리에 꼬리를 잇는 질문이라는 커다란 장점 외에도 놓칠 수 없는 몇 개의 장점이 있다. 화려하지 않은 단색의 그림은 친근하면서도 정확한 정보를 명료하게 보여준다. 그림에는 용어들이 영어로 적혀 있는데 책 뒤에 그림 용어의 해설을 따로 모아두었다. 내가 출판사 대표라면 책에 나오는 그림과 해설을 슬라이드로 작성해서 교사들에게 무료로 배포할 것이다. 『사이언스 빌리지』를 가장 반길 사람은 교사들이고 가장 효율적으로 사용할 사람도 그들이다. 이 책을 교사들이 활용한다면 학생들에게 답을 주는 데 그치지 않고 새로운 질문을 끌어낼 수 있을 것이다.

한국 과학저술계는 젊은 작가에 목말라 있다. 『박진영의 공룡 열전』(뿌리와이파리 펴냄)을 쓴 박진영 선생님 정도가 20대에 책을 낸 작가다. 『어메이징 그래비티』(궁리 펴냄)와 『게놈 익스프레스』(위즈덤하우스 펴냄)를 쓴 조진호 선생도 이은희 선생보다는 나이가 위이며, 『사이언스 빌리지』의 김병민 작가는 무려 1969년생이다. 쉰이다.

해양 과학자의 '야부리'

황선도, 『멸치 머리엔 블랙박스가 있다』

실향민의 자식으로 휴전선 인근에서 태어나 남해안에서 어린 시절을 보내고 무수히 많은 전학을 다닌 나는 사람들이 말하는 '고향'이 뭔지 잘 모른다. 나는 사전적인 의미와 상관없이 언제든지 찾아갈 수 있고, 찾아가기만 하면 가족만큼이나 따뜻한 벗들이 있는 곳을 고향이라고 부르기로 했다. 2003년 가을부터 한동안 내 고향은 '오두막'이었다. 일산 중산마을의 테이블 네 개짜리 작은 맥줏집. 거기서 많은 형제들을 만났다. 오뎅탕을 즐겨먹던 오두막이 문을 닫자 길 건너편 골목의 '주문진'이 내 고향이 되었다. 제법 돈이 들 수밖에 없는 횟집이다.

오두막의 형제들은 모두 주문진으로 옮겨갔다. 공간이 옮겨지자 대화 주제도 바뀌었다. 이젠 생선이 주요한 테마가 되었다.

오두막과 주문진의 터줏대감인 낮도깨비라는 친구는 황선도를 초등학교 입학식 날 만났다. 선도는 2~3학년 때부터 스토리가 있는 만화를 그렸다. 선도가 심미안으로 고른 편지지에 낮도깨비가 낯간지러운 연애편지를 썼고, 그 편지가 효험을 발휘하여 제법 먼 곳에 살던 여학생이 대전역 시계탑까지 사내애들을 만나러 왔다. 선도는 고등학교 시절, 기산 정명희 선생의 문하에 들어가 붓을 놀리더니 마침내 전시회까지 열었다. 먼 훗날 선도는 그림을 그리고 낮도깨비는 글을 써서 함께 책을 내자는 꿈을 꿨다.

꿈은 꿈일 뿐. 선도는 그림을 계속 그릴 수 없었다. 충청도 양반가 출신의 공무원인 아버지의 벽은 높았던 것이다. 바다 구경을 하려면 서너 시간은 버스를 타고 가야 할 동네에서 난데없이 해양학을 하겠다고 나섰다. (그 전에는 바다 구경을 한 번도 못 했다는 전설이 있다.) 그림을 못 그릴 바에는 별이라도 보겠다는 심정이었으리라. 하지만 별을 보겠다던 심산은 여지없이 깨지고 어렵사리 박사학위를 받은 다음에는 지랄 맞게도 국가기관 연구소의 공무원이 되었다.

나는 황선도 박사를 일산에 있는 몇 개의 술집에서만(!) 만났다. 해외 연구기관에 나가서 공동연구를 하고 귀국한 후에도, 해외자원량 조사를 위해 몇 개월씩 배를 타고 나갔다 온 후에도, 직장이 있는 바닷가 연구소에서 일산으로 올라온 후에도 그는 내 고향을 찾았고, 물고기를 이야기했다. 그 야부리가 보통이 아니었다. 좌중을 휘어잡는 천상 이야기꾼이다. 낮도깨비가 빙부 상을 당했을 때 문상을 와서는 아예 시골집 건넌방 하나를 꽉 채운 문상객들을 밤새 들어다 놨다 했다.

낮도깨비는 선도에게 그 야부리를 글로 엮으라고 다그쳤다. 한 5년쯤 닦달을 받더니 띄엄띄엄 한 꼭지씩 쓰기 시작했다. 옆에서 보는 내가 답답할 지경이었다. "으이그, 내가 그동안 옆에서 들은 이야기만 해도 벌써 두 권 분량은 넘겠다." 선도가 고향에 들리는 횟수가 적어졌다. 그러더니

자신의 첫 책을 자랑하는 데 여념이 없는 황선도 박사 ⓒ이규동

한겨레신문의 웹진에 연재를 시작했다. 그러더니 고향 친구들을 닦달하기 시작했다. "내 책 언제 만들어 줄 거야?" (아니, 자기 책을 왜 친구들이 만들어 주나….) 과학책, 특히 생태 쪽 책을 잘 만드는 출판사에서 제안이 왔는데 거기서 내야 하는지 물었다. 약 3분 동안 고민 후 다른 출판사를 소개해 주겠다고 했다. 왜냐하면 황선도 박사의 이야기는 철저히 과학적이기 때문에 굳이 과학책처럼 만들 필요가 없다고 생각했기 때문이다. 야부리를 진정한 야부리로 승화시킬 수 있는 출판사가 떠올랐다. 그 출판사의 편집부장은 생물학 전공자다. 그는 생물학보다는 경제학을 훨씬 진지하게 공부한 덕분에, 과학자보다는 대중의 눈높이에 더 친근해 보였다. 어느 한쪽에 치우치지 않을 것이라는 확신이 있었다.

황선도 박사의 책 『멸치 머리엔 블랙박스가 있다』(부키 펴냄)는 기본적으로 먹는 이야기를 한다. 월별로 우리나라 제철 대표 어류 16종을 선정해 이야기를 풀어나간다. 이를테면 1월 명태, 4월 조기, 8월 뱀장어, 9월 갈치와 전어, 뭐 이런 식이다. 물고기 이름의 유래와 속담, 그리고 맛있게 먹는 법과 맛집을 그야말로 맛깔스럽게 버무렸다. 여기까지는 굳이 해양학 박사가 아니어도 할 수 있는 이야기다. 그는 여기에 과학을 덧붙인다. 물고기의 생태는 물론 특정 물고기의 화학적 성질까지 이야기한다. 여기서도 다른 과학자와 차이가 보인다.

예를 들면 이런 거다. 내가 만약 뱀장어에 대해 이야기한다면 다짜고짜 분류학적으로 접근했을 것이다. 기껏 재미있게 쓴다는 게 "뱀장어는 뱀일까, 물고기일까?" 같은 질문으로 시작했을 것이다. 뱀장어가 뱀이라면 파충류니까 허파로 숨 쉴 테고, 어류라면 아가미로 숨 쉴 거다. 그런데 아가미로 숨 쉬니까 물고기겠지, 하는 식으로 말이다. 그런데 사람들이 뱀장어가 뱀인지 물고기인지 궁금하기나 하겠는가, 아니 그게 누가 뱀이라고 생각하겠는가.

황선도는 "뱀장어는 왜 회로 먹지 않는지?"라는 질문을 던진다. 윽, 나도 정말 궁금하다. 흰 살 생선은 대개 회로 많이 먹는다. 그런데 보양식이라는 뱀장어는 왜 회로 안 먹느냐는 말이다. 상식적으로 누구나 관심을 가질 만한 질문을 던지고는 과학적으로 대답한다. "뱀장어의 피에는 이크티오톡신이라는 독이 있는데, 이 독을 완전히 제거하는 것이 어렵기 때문이다. 이 독이 인체에 들어가면 중독증상을 일으켜 결막염이나 염증을 일으킬 수 있다. 그러나 열을 가하면 이런 독성이 없어진다." 여기에 현장 과학자만이 겪어서 알 수 있는 재미있는 에피소드를 담아 그 맛을 더했다. 실뱀장어 가격이 얼마나 비싼지, 그리고 그렇게 비싸야 하는 생태적 비밀은 무엇인지, 뱀장어가 알을 낳기 위해 얼마나 먼 거리를 헤엄쳐야 하고 그 고통의 결과 큰 눈과 꼬리만 남은 채 죽어가는 과정을, 과학과 일상을 넘나들며 (설명한다기보다는) 야부리를 깐다.

나는 저자보다 더 일찍 책을 받아봤다. 즐겁게 읽었다. 책 엄청 재밌다. 하지만 다른 책의 서평을 쓸 때처럼 흥분되지 않았다. 왜냐하면 10년 동안 지겹게(?) 들었던 이야기이기 때문이다. 그리고 역시 글은 야부리의 재미에는 미치지 못한다. 황선도의 진짜배기 물고기 이야기를 제대로 들으려면 눈으로 읽고, 귀로 들으면서, 입으로 맛보는 삼박자가 갖춰져야 한다.

그동안 수없이 횟집을 드나들면서도 적당한 화젯거리를 찾지 못해 정치인 욕이나 했다면 일단 책을 구입해서 읽으시라. 회 한 점을 먹어도, 자반고등어 반찬에 밥 한 숟가락을 먹어도 즐거워질 것이다. 그리고 황선도를 찾아 그의 직장이 있는 서천으로 찾아가든지, 아니면 그가 주말을 보내는 일산으로 오시라. 주문진막회집에서 그를 만나시라. 물고기와 야부리의 진수를 맛보시리니….

과학자들의 신나는 토크쇼

『사이언스 이즈 컬처』

1897년 프랑스 화가 고갱은 남태평양의 타히티 섬에서 〈우리는 어디서 왔는가? 우리는 무엇인가? 우리는 어디로 가는가?〉라는 긴 제목의 그림을 남겼다. 이 제목은 1859년에 출간된 찰스 다윈의 『종의 기원』이 던지는 주제, 즉 '종(種)은 어디서 왔고, 종은 무엇이며, 종은 어디로 가는가?'의 다른 버전이다. 21세기에 들어선 과학은 이제 우리가 어디서 왔고 누구이며 앞으로 어디로 갈 것인지를 말해야 한다.

미국 잡지 『시드』(*Seed*)의 창립자인 애덤 블라이는 그 대답을 듣고 싶었다. 답은 하나일 리 없고 층위 또한 다양할 터. 그는 다양한 분야에서 혁명의 첨단에 선 각계의 전문가들을 묶어 대화를 하게 했다. 그 가운데 대략 절반은 과학자다. 그의 초대를 받은 사람은 44명. 이들의 대화 스물두 편을 엮어 책을 냈다. 『사이언스 이즈 컬처』(*Science is Culture*, 노암 촘스키·에드워드 윌슨·스티븐 핑커 외 지음, 애덤 블라이 기획, 이창희 옮김, 동아시아 펴냄)가 바로 그것이다.

프로그램과 출연진

나는 한밤중에 TV에서 했던 조용한(!) 토크쇼를 보는 듯한 느낌으로 읽었다. 토크쇼 『사이언스 이즈 컬처』의 22회 프로그램의 키워드는 이렇다. 진화철학, 의식의 문제, 시간, 설계와 디자인, 객관성과 이미지, 기후의 정치학, 전쟁과 기만, 꿈, 픽션의 진실, 음악, 형상, 인공물, 누가 과학을 하는가, 인간, 프랙털 건축, 윤리, 자유의지, 미래의 삶, 복잡계망과 미래의 도시, 소셜 네트워크, 무한성, 스마트 인프라.

출연진 또한 화려하다. 『통섭』의 에드워드 윌슨, 『마음의 진화』의 대니얼 데닛, 『빈 서판』의 스티븐 핑거, 아시아태평양이론물리센터(APCTP)의 '2012 올해의 과학책'에 선정된 『과학의 천재들』의 작가인 물리학자 앨런 라이트먼, 앨 고어와 함께 노벨 평화상을 받은 환경학자 스티븐 슈나이더, 언어철학자 노암 촘스키, 프랙털 기하학의 아버지인 수학자 브누아 망델브로, 『뇌로부터의 자유』의 마이클 가자니가, 영화 〈콘택트〉에서 조디 포스터가 맡은 역의 실제 주인공인 우주생물학자 질 타터, 〈심시티〉와 〈스포어〉라는 시뮬레이션 게임을 개발한 윌 라이트, 영화감독 미셸 공드리와 꿈 연구가 로버트 스틱골드 등.

언뜻 보면 산만하다. 목차를 보면 "음, 각 대화에 등장하는 인물은 화려하지만, 책 전체를 관통하는 주제는 없을 것 같군."이라는 생각이 들 수 있다. 이게 바로 이 책의 묘미다. 우리의 세상은 복잡하다. 오죽하면 '복잡계'라는 학문이 생겼겠는가? 그런데 전혀 상관없는 주제를 관통하는 단어가 있다. 그것은 바로 '진화'다. 그리고 진화의 다른 단어는 '자연선택'이다. 몇 개의 대화만 엿보자.

진화철학 (1장)

책은 『통섭』의 저자 에드워드 윌슨과 『마음의 진화』의 저자 대니얼 데닛의 대화로 시작한다. 윌슨은 과학자고 데닛은 철학자다. 두 사람은 신, 진화, 근친상간, 사회적 규범, 개미에 대해 이야기했다. 대화란 곧 질문과 대답이다. 예를 들면 윌슨은 대화의 앞부분에 데닛에게 이런 질문을 던진다.

(1) "과학은 우리가 아는 것이고 철학은 우리가 모르는 것"이라는 말이 아직도 유효한가?
(2) 창의적인 과정은 어떻게 생겨났으며, 왜 생물계에는 창의력이 그렇게 드문가?
(3) 왜 진화의 힘은 인류처럼 지능이 있고 스스로를 관찰할 수 있는 종을 딱 한 가지만 만들어냈을까?

두 사람의 대화는 윤리적 규범, 동성애, 종교의 발전으로 이어진다. 두 사람은 이런 문제의 답을 진화에서 찾는다.

두 사람의 대화는 어느새 학문 사이의 경계에 도달했다. 학문 사이에는 분명한 경계가 있다. 그런데 윌슨은 여러 학문 사이의 경계를 어떤 장벽으로 보지 않고 널찍한 미지의 영역으로 본다. 데닛은 과학과 인문학의 관계를 마치 두 척의 배가 나란히 서서 밧줄로 서로를 묶으려 하는 과정으로 본다. 밧줄로 두 배를 묶는 과정에서는 서로 삐걱거리며 부딪치기도 하고 너무 밧줄을 세게 잡아당길 수도 있지만, 일단 서로 단단히 묶이기만 하면 안정된다는 것이다. 윌슨은 배를 서로 묶으면 인문학이 피해를 입기는커녕 힘과 명성을 얻을 것이라고 말한다.

두 사람이 항상 같은 생각만 하는 것은 아니다. 윌슨의 '통섭'에 대해 데닛은 견해를 달리한다고 분명히 말한다. 윌슨은 규범성과 사실의 탐색 사이에 선을 그었는데, 그곳은 엉뚱한 지점이라는 것이다. 하지만 두 사람이 동의하는 게 있다. "의견이 갈라지지 않았다면, 둘 다 어떤 도그마에 빠진 것이 아닌지 돌아봐야 한다."는 것이다.

자유의지 (17장)

"내 뇌가 했어요. 경찰 아저씨, 내가 한 게 아니라고요." 이런 식으로 범죄자의 자기방어 논리가 등장하고 있다. 어떻게 대응해야 할까? 만약 이런 생각을 받아들인다면 악이 저질러졌을 때 이를 응징해야 한다는 생각을 할 수 없게 된다.

일부 철학자들과 과학자들은 신경과학 속에 답이 있다고 생각한다. 인간은 모두 컴퓨터고, 컴퓨터는 어떤 식으로든 프로그램 되며, 컴퓨터는 결코 그 프로그램을 바꿀 수 없다는 얘기다. "인간은 기계다"라고 말하는 셈이다. 기계는 자유로운 선택을 할 수 없다. 따라서 불가항력적인 상황에서 일어날 수밖에 없는 일에 대해 어떤 사람을 비난하는 것은 도덕적으로 옳지 않다는 것이다.

하지만 우리는 오래전부터 '인간은 자유의지에 따라 스스로 행할 수 있다.'라고 믿어 왔다. 정말 인간에게 자유의지가 있기는 한 것일까? 이 질문에 대해 『뇌로부터의 자유』 『왜 인간인가?』 『윤리적 뇌』로 잘 알려진 인지신경학의 아버지 마이클 가자니가는 '무엇으로부터 자유로운가?' '결정의 주체는 누구인가?'라고 물어야 한다고 말한다. 가자니가에 따르면 결정의 주체는 환경과 상호작용을 계속해 온 뇌 속에 들어 있는 인간이다. 뇌가 결정을 내리고 나면 사람은 이렇게 말한다. "아, 내가 결정했어!" 따라서 어떤 개인의 책임을 그 사람의 뇌로 돌리려고 하는 것은 잘못된 생각이다. 뇌의 어느 부분이 잘못되었는가를 생각할 필요는 없다. 많은 일에 대해 책임을 져야 할 당사자는 사람이다.

과학 혁명의 가치는 몇 달러나 될까? (18장)

칼 세이건 원작의 영화 〈콘택트〉에서 조디 포스터가 맡은 역의 실제 인물은 질 타터다. 그녀는 우주생물학 분야의 선구자로서 외계의 지적생명체를 탐사하는 SETI 프로젝트의 총책임자이기도 하다. 역사상 가장 많이 판매된 컴퓨터 게임 프로그램 〈심즈〉, 도시계획 시뮬레이션 게임 〈심시티〉, 생명 시뮬레이션 게임 〈스포어〉를 제작한 윌 라이트가 그녀를 만났다.

시뮬레이션 게임은 현실이 아니다. 하지만 시뮬레이션 게임에는 분명한 목적이 있다. 사람들에게 이를 길잡이 삼아 현실 세계에 대해 자기들이 만든 모델의 해상도를 실제로 높이게 하는 것이다. 더욱 중요한 것은 게임을 통해서 현실 모델이 가상 모델보다 우월하다는 사실을 깨닫는 것이다.

그렇다면 SETI 프로젝트는 과연 가치가 있는 연구일까? 이 질문에 대해 질 타터는 "다윈 혁명이나 코페르니쿠스 혁명 같은 것들은 몇 달러나 되는가?"라고 되묻는다.

코페르니쿠스 혁명은 인간이 분명한 시각으로 바깥을 바라보게 해주었다. 천문학 지식을 대폭 증가시켜서 인류에게 행성의 모습과 그 움직임을 분명히 보여주었고 그 결과 우주비행을 하게 하고 지구정지궤도위성과 위성 통신망 그리고 휴대폰도 가능하게 해주었다. 다윈 혁명은 생명 자체를 바라보게 해주었다. 왓슨과 크릭에게 분명한 영향을 끼쳐서 유전학 연구를 가속화했고, 현대의학, 생명기술 등의 형태로 우리에게 이익을 주었다.

SETI 프로젝트는 우주에서 쏟아지는 신호 가운데 원래 있는 신호와 만들어진 신호를 구분하는 한편 우주 저편에 그들과는 다른 종이 살고 있다는 신호를 보내는 작업이다. 여기에는 어떤 가치가 있을까?

이 가치는 매우 정치적이다. '당신은 누구십니까?'라는 질문에 '나는 한국인입니다.' '나는 미국인입니다.'라는 대답 대신 '나는 지구인입니다.'라고 대답하게 하는 프로젝트이기 때문이다. 인간이 국적을 떠나 '지구인'이라는 생각을 갖는다면, 우리가 겪고 있는 가장 어려운 문제들을 해결하기가 훨씬 쉬워질 것이다. 휴대폰의 가치와 생명공학의 가치는 돈으로 셀 수 있지만 지구의 미래에는 가격을 매길 수 없다.

스마트 인프라 (22장)

열대생물학자로서 '생물종 다양성'이라는 용어를 만들어낸 토머스 러브조이와 생태계 원리를 도시계획에 접목시키는 작업을 하고 있는 도시계획가 미첼 조애킴이 만나서 도시농업과 지속가능한 인프라에 대해 이야기한다.

현재 인구는 70억 명, 앞으로 세계 인구는 25억 명쯤 더 늘어날 것이고 대다수가 도시에 살게 될 것이다. 그렇다면 도시의 개념을 다시 생각해야 한다. 지구에 해를 덜 끼치면서 인간의 욕망을 성취하는 방법은 무엇일까?

그동안 도시는 지구에 해를 끼치는 요소라고 생각되었다. 하지만 조 애킴과 러브조이는 다른 생각을 한다. 사람을 도시로 끌어들여서 숲의 파괴를 차단하자는 것이다. 이를 위해서는 생태라는 테두리 안에서 도시 인프라를 들여다보는 새로운 시각이 필요하다. 도시는 사람을 끌어들이는 도심, 다양한 활동, 일자리라는 장점이 있다. 식량 생산도 도시에서 할 수 있다. 실내 조도를 균일하게 만드는 천창과 반사경을 이용한 빌딩 농장도 그 가운데 한 가지 방법이다.

현재 지구에서 가장 심각한 문제는 기후 변화의 폭이 너무 크다는 것이다. 가장 큰 이유는 이산화탄소의 과대한 배출. 단지 화학연료 때문이 아니다. 산림 황폐화, 초지 열악화, 토양 빈곤화가 주범이다. 예전에는 이산화탄소의 20퍼센트를 보관하던 흙이 지금은 5퍼센트밖에 보관하지 못한다. 산림의 회복, 초지 개선, 살아 있는 흙 속에 담아두는 영농 방식을 통해 1,500억 톤의 탄소를 대기에서 토양으로 이동시킬 수 있다.

비외른 롬보르의 『회의적 환경주의자』는 많은 반향을 일으켰지만 사람들이 통계에 대해 회의를 가지게 만들었다. 이 책에 인용된 원문을 찾을 수 없거나 계산이 잘못된 경우가 많다. 예를 들어 뒤퐁사의 과학자들은 천 기저귀가 합성수지 기저귀보다 에너지를 더 많이 소비한다는 논문을 냈다. 그런데 이 논문은 천 기저귀를 건조기에 넣어 말리는 것으로 계산했다. 빨래줄에 널면 그만인데…. 완전한 사기였다. 과학은 이런 식으로 돌아가는 것이다. 과학은 자체 비판을 하기 때문에 스스로를 고칠 수 있다.

대화의 품격

유학 시절 국가대표 펜싱 선수단 통역을 한 적이 있다. (하지만 독일 유학생이었던 나는 경기장에서는 거의 도움이 되지 않았다. 펜싱장의 공용어는 프랑스어이기 때문이다.) 국가대표 선수들에게서 받았던 느낌을 스물두 편의 대화를 들으면서 다시 받았다.

그 무엇이든 그 분야에서 최고에 오른 사람들은 몇 가지 특징이 있다. 첫째, 그들은 대화의 상대방을 잘 안다. 이번 대화를 하기 전에 한두 번 만난 게 전부인 경우도 많다. 하지만 거장은 서로를 알아보는 법. 전시회 또는 작품(책)을 통해서 상대방을 잘 알고 있다. 하여, 세세한 설명 없이 단도직입적으로 질문을 던진다.

둘째, 그들은 나이스(nice)하다. 서로를 존경하기 때문이기도 하겠지만, 대화의 결과물이 묶여서 일반 독자들에게 제공된다는 사실을 염두에 두었기 때문이다. 하여, 이들의 책을 읽지 않은 독자라고 할지라도 그들의 질문과 대답이 낯선 독자들은 그리 많지 않을 것이다.

셋째, 그들은 쉽게 자신의 무지를 고백한다. 현대사회의 전문가들은 말 그대로 널리 지식을 추구하는 박사(博士)가 아니다. 오히려 세분화된 지식을 탐구하는 심사(深士)라고 할 수 있다. 하지만 무지를 인정하는 것은 쉬운 일이 아니다. 무지를 인정하지 않는 사람의 이야기는 알아듣기 어렵다. 그런데 최고의 경지에 도달한 사람들은 무지를 쉽게 인정한다. 덕분에 독자는 한편으로는 위안 받고 다른 한편으로는 쉽고 친절한 설명을 들을 수 있다.

우리는 몇 년의 시차를 두고 그들의 대화를 엿보지만, 마치 같은 테이블에 앉아 대화에 참여하는 듯한 느낌을 가질 수 있다. 신나는 경험이다.

우리가 해보자

『사이언스 이즈 컬처』를 읽고 즐거운 독자라면 『과학자처럼 사고하기』(린 마굴리스·에두아르도 푼셋 엮음, 김선희 옮김, 이루 펴냄)도 읽기를 권한다. 스페인의 인기 과학 프로그램 연출자이자 사회자인 푼셋이 36회의 인터뷰를 통해 현재 최고 과학자들의 속내를 유쾌하게 읽어낸 책이다. 인터뷰이도 『사이언스 이즈 컬처』와 겹치는 사람들이 있으니 비교하면서 읽으면 즐거울 것이다.

우리는 화성법을 몰라도 베토벤의 음악을 즐길 수 있다. 읽을 줄 몰라도 기도할 수 있다. 요리 장인의 책을 읽지 않아도 요리를 즐길 수 있으며, 페인트칠하는 붓만 있으면 예술가가 될 수 있다. 과학으로 들어가는 문턱도 이것보다 높지 않다. 실제로 우리는 어린 시절에 모두 과학자였다. 그때 우리는 물었다. "바다는 왜 파랗지?" 이 질문은 때와 장소에 따라 변형되었다. "바닷물은 어디에서나 파란가?" "바닷물은 밤에도 파란가?" 궁금해진 우리는 질문을 했고, 책을 폈으며, 관찰과 실험을 했다. 답을 얻었든, 얻지 못했든….

우리가 성장한 다음에는 새로운 환경이 조성되었다. 휴대전화, 노트북 컴퓨터 등 이동식 미디어 장비가 발전함에 따라 '시민과학'이 번성하게 되었다. 외계지적생명체를 탐사하는 SETI 프로젝트에 수만 명이 참여하고 있으며, 철새의 이동과 수질표본 조사는 일반 시민의 참여 없이는 상상할 수 없을 정도가 되었다.

과학은 본질적으로 모든 사람에게 평등하고 열린 공간이다. 누구든 다른 사람의 생각을 아무 때나 뒤집을 수 있다. 생각의 '전복' 또는 '혁명', 이것이야말로 과학적 안정성의 기반이다.

44명을 두 명씩 묶는 조합은 모두 ${}_{44}C_2=(44\times43)\div2=946$가지다. 우리는 책에서 22가지 대화만 엿볼 수 있을 뿐이다. 나머지 924가지의 대화는 우리가 직접 해보면 어떨까? 굳이 융합이나 통섭 같은 어려운 말을 쓰지 않더라도, (술 마시지 않으면서) 진지하게 서로 질문하고 답하는 대화를 해보는 것은 어떨까? 우리는 모두 과학자이고 인문학자였으니까. 적어도 어린 시절에는.

만화로 보는 과학사

심재훈, 『과학자들』

“저는 학교에 다닐 때 과학을 좋아하지도 않았고 잘하지도 않았어요. 하지만 성인이 된 후 우연히 과학사를 공부한 다음에 과학을 좋아하게 되었어요. 과학사는 과학을 좋아하게 되는 중요한 요소인 것 같은데 학교에서는 왜 과학사를 가르치지 않을까요?”

얼마 전 지방의 어느 도서관에서 강연한 후 받은 질문이다. 과학사를 가르치는 고등학교가 있다. 다만 필수가 아닐 뿐이다. 학부모가 보기에도 과학을 좋아하게 만드는 중요한 방책인 과학사를 학교에서 적극적으로 가르치지 않는 이유는 무엇일까? 우선 아이들이 요구하지 않는다. 대학입학시험에 도움이 되지 않는 과목을 아이들이 열심히 할 이유가 없다. 그리고 과학사를 제대로 재밌게 가르칠 수 있는 교사도 많지 않다. 왜냐하면 과학사를 제대로 배워 볼 기회가 없었을 테니까.

과학사는 소수의 대학을 제외하고는 비전문가가 강의한다. 과학을 전공하는 학자들 가운데 과학사에 관심이 있는 사람들이 가르치는 것이다.

그들이 김영식 교수와 임경순 교수가 공동집필한 『과학사신론』(다산출판사 펴냄) 같은 교과서를 사용하는 경우는 많지 않다. 교수들은 보통 교재를 선택하지 않고 강의한다. 교재를 정해봤자 학생들이 그 교재를 구입해서 읽을 리가 만무하다. 대학에서도 과학사는 분야별 학점을 따기 위한 선택과목에 불과하기 때문이다.

교수들은 다양한 교양서를 바탕으로 강의한다. 『과학과 기술로 본 세계사 강의』(제임스 매클렐란·해럴드 도른 지음, 전대호 옮김, 모티브북 펴냄) 『인간 등정의 발자취』(제이콥 브로노우스키 지음, 김은국·김현숙 옮김, 바다출판사 펴냄) 『청소년을 위한 서양과학사』(손영운 지음, 두리미디어 펴냄) 같은 교양서는 중요한 재료다. 아마도 대놓고 말하지는 못하지만 『과학은 흐른다』(전5권, 정혜용 글, 신영희 그림, 부키 펴냄)나 『만화 갈릴레이: 두 우주 체계에 대한 대화』(정창훈 글, 유희석 그림, 김영사 펴냄) 같은 학습만화 역시 중요한 참고도서일 것이다.

이제는 누가 뭐라 해도 만화의 시대다. 과학사 분야에도 최근 들어 뛰어난 만화작품이 많아졌다. 민족사관고 생물교사 출신의 조진호가 그림을 그리고 위즈덤하우스가 펴낸 『그래비티 익스프레스』와 『게놈 익스프레스』 그리고 『아톰 익스프레스』는 그 화풍과 전개가 남다른 작품이다. 깊이도 있다. 그 분야를 전공하는 과학자들에게 자기 분야 과학사를 전달하고 영감을 줄 수 있는 책이다. 하지만 과학사의 세계로 인도하는 책으로는 상당히 무겁다.

좀 가벼운 책도 있다. 『야밤의 공대생 만화』(맹기완 지음, 뿌리와이파리 펴냄)는 그냥 재미로 보는 만화 과학사다. 과학에 관심이 없는 사람도 재밌게 읽을 수 있다. 과학사의 깊이는 얕지만 적어도 과학과 과학사에 관심을 가지는 계기로 작용하기에는 충분하다. 강추한다. 문제는 맹기완의 『야밤의 공대생 만화』와 조진호의 『OOO 익스프레스』 시리즈 사이의 간극이 너무 크다는 것이다. 그 사이를 메울 작품이 필요하다. 시장은 출판의 아버지다. 나왔다.

김재훈의 『과학자들』(전3권, 휴머니스트 펴냄)이 그것이다. 제1권의 부제는 '그래도 지구는 돈다'다. 짐작할 수 있는 것처럼 아리스토텔레스의 천동설 세계관이 코페르니쿠스에서 케플러를 거쳐 갈릴레이에 이르면서 무너지고 지동설로 대체되는 과정을 다루었다. 다른 책과의 가장 큰 차이는 케플러를 중심에 두고 상세히 다루었다는 것이다. 그저 문제를 풀기 위해 알고 있던 케플러의 법칙들이 어떻게 나왔고 갈릴레이에게 어떤 영향을 미쳤는지를 상세히 그리고 논리적으로 그렸다. 우리나라에 나와 있는 그 어떤 교양 과학서도 이보다 더 분명하게 설명하지는 못한다. 뿐만 아니라 베이컨의 귀납법과 데카르트의 '나는 생각한다. 고로 존재한다'란 말의 의미를 알려준다. 뉴턴의 세 가지 운동법칙은 덤이다.

제2권의 부제는 '모든 것은 빅뱅에서 시작되었다'이다. 1권과 달리 2권에서는 다양한 주제가 다뤄진다. 1권에 이어 뉴턴이 등장하여 빛의 입자성을 주장하고 여기에 맞서 하위헌스가 파동성을 주장한다. 빛의 이중성을 둘러싸고 일어나는 과학자들의 논쟁과 토머스 영의 이중슬릿 실험을 비롯한 다양한 실험이 흥미진진하게 펼쳐진다. 그리고 산업혁명과 전기와 자기의 발전으로 이어지는 전자기학의 완성 과정을 다룬다. 전자기학은 원자와 양자 그리고 아인슈타인의 상대성이론과 빅뱅으로 이어진다. 1권에 비해 주제의 일관성은 떨어지지만 19세기 말과 20세기 초의 역동적인 과학 세계의 흐름을 숨 가쁘게 호흡하며 좇아가는 맛이 있다.

물리학자 이강영은 자신이 『보이지 않는 세계』(휴머니스트 펴냄)를 쓴 까닭은 "보이지 않는 물질을 생각하고, 그것을 보려고 노력하는 과학자들의 모습을 통해서 '본다'라는 개념의 지평이 확장되는 모습을 그리기 위해서"라고 서문에서 밝혔다. "본다는 것은 자연과학의 시작이고 끝일 뿐 아니라 자연과학 그 자체이기 때문이다"는 것이다. 그렇다면 보는 영역과 보는 기술이 어느 경로를 통해 발전했는지를 과학사에서 빼놓을 수는 없을 것이다.

'보이지 않는 것들의 정체를 밝혀내다'라는 부제가 붙은 3권은 크게 생물학과 화학이라는 두 개의 흐름으로 구성되어 있다. 시대의 한계가 있어서 두 흐름이 서로 번갈아 등장하기는 하지만 흐름을 이해하는 데는 큰 문제가 없다. 생물학의 흐름은 인체 내부를 면밀히 탐구하여 해부학의 역사를 새로 쓴 안드레아스 베살리우스, 혈액 순환의 원리를 밝혀낸 윌리엄 하비, 생물 분류의 초석을 닦은 칼 폰 린네, 진화론의 찰스 다윈, 유전 법칙을 발견한 그레고어 멘델, 그리고 DNA 구조를 밝히는 데 결정적인 역할을 한 로절린드 프랭클린으로 이어진다. 화학의 흐름은 기체 법칙을 발견한 로버트 보일과 다양한 기체를 발견한 조지프 블랙, 캐번디시와 프리스틸리, 화학에서 혁명을 일으킨 라부아지에와 존 돌턴 그리고 아보가드로 등으로 이어지는데, 원소 주기율표의 아버지 멘델레예프에서 이온결합과 공유결합으로 이어지는 과정이 흥미롭다.

『과학자들』 시리즈에 대한 내 주변의 과학사가들의 평가는 의외로 좋지 않다. 논리적인 치밀성이 부족하다는 게 그 이유다. 하지만 이 시리즈는 과학사가를 위한 게 아니다. 과학에 대한 관심을 불러일으키기에는 충분하다.

진화론의 숨은 창시자

앨프리드 러셀 월리스, 『말레이 제도』

"땅에 발을 내딛기만 하면, 내가 다시는 배를 타나 봐라." 1848년 밑창이 뚫린 배에서 그는 50번도 더 넘게 다짐했다. 당시까지 그만큼 아마존 깊숙한 곳까지 가본 사람은 아무도 없었다. 눈에 보이는 대로 채집했다. 영국에 내리기만 하면 한몫 단단히 챙길 수 있었다. 아뿔싸, 귀국선은 화재가 발생했고 구조선은 구멍이 났다. 그는 모든 것을 잃었다. 이렇게 끝났다면 우리는 앨프리드 러셀 월리스(1823~1913)라는 이름을 들어보지도 못했을 것이다.

"어디로 갈까?" 1852년 월리스는 서른이 되었다. 전형적인 영국 흙수저인 월리스는 다시 돈이 될 만한 것을 채집해야 했다. 일단 아마존은 제외했다. 거기는 이제 옛 동료 헨리 월터 베이츠의 영역이었다. 말레이 제도가 떠올랐다. 동서로 6,400킬로미터, 남북으로 2,900킬로미터 너비에 흩어진 2만여 개의 크고 작은 섬이다. 모두 합하면 남아메리카 대륙 면적과 비슷한 넓이로 대부분 열대우림으로 덮인 화산지대다. 각 섬의 차이를 연구하면 명성을 얻을 수도 있을 것 같았다.

1854년 4월 말레이 제도에 도착한 월리스는 곧장 탐험을 시작했다. 새벽 5시 30분에 일어나 찬물로 목욕하고 뜨거운 커피를 마시며 하루를 시작했다. 커다란 수집 상자를 어깨에 메고 그물망과 집게, 코르크 마개를 달아 목에 걸 수 있게 만든 두 가지 크기의 표본병을 항상 챙겼다. 때로는 장총을 들기도 했다. 채집에서 돌아오면 동물의 가죽을 벗기고 소독하고 말리는 작업을 했다.

월리스가 보르네오 섬에서 본 날개구리

1862년 1월 말레이 제도를 떠날 때까지 8년 동안 96차례의 탐사여행을 하면서 이 섬에서 저 섬으로 2만여 킬로미터를 돌아다녔다. 항상 그의 목적은 채집. 수만 점의 곤충을 비롯해 포유류, 파충류, 조류, 패류 등 12만 5,000점이 넘는 표본을 모았다. 이 가운데 1,000여 종은 학계에 보고되지 않은 신종이다. 월리스날개구리처럼 월리스 이름이 붙은 종만 해도 100종이 넘는다.

1855년 보르네오에서 우기를 보내면서 어떤 통찰을 얻었다. 쉽게 말하면 오래된 나뭇가지에서 새로운 잔가지가 나오듯이 오래된 종에서 새로운 종이 나온다는 것이다. 모든 생명은 하나님이 창조한 그대로라고 믿던 시절에 이런 깨달음을 얻고 또 발표하는 것은 쉬운 일이 아니었다.

월리스가 처음 깨달은 사실이 아니다. 찰스 다윈이 이미 20년 전에 품은 생각이다. 하지만 다윈은 감히 발표하지 못했다. 전형적인 금수저 출신으로 부와 명성을 누리던 다윈에게는 평판이 중요했다. 하지만 월리스에게는 걱정이 없었다. 그는 평판은 고사하고 잃을 것이 아무것도 없는 사람이었기 때문이다.

월리스는 지구 환경과 생명을 연관 지어 관찰했다. 알렉산더 폰 훔볼트의 유산이다. 그는 지구와 생명 둘 다 진화한다고 주장했다. 하지만 아무도 그의 주장에 주목하지 않았다. 그런 말도 안 되는 이론을 세울 시간이 있으면 채집이나 열심히 하라는 핀잔을 들었을 뿐이다.

정작 중요한 발견은 우연히 일어난다. 경로를 벗어난 월리스는 발리에서 30킬로미터 떨어진 롬복으로 갔다. 그런데 거기서 석 달 머무는 동안 발리에서 보던 새를 한 번도 보지 못했다. 폭이 불과 30킬로미터에 불과한 해협 건너로 새들이 퍼지지 못한 이유가 무엇일까? 월리스는 발리와 롬복 사이에는 보이지 않는 경계선이 있다는 이론을 세웠다. 선의 동쪽과 서쪽에 다른 새가 산다. 서부에는 원숭이, 호랑이, 코뿔소가 있지만 동부에는 그 어떤 영장류나 육식동물도 살지 않고 캥거루 같은 유대류뿐이다. 이 선을 우리는 월리스 선이라고 부른다. 이 선으로 말미암아 월리스는 생물지리학의 창시자가 되었다. 그리고 마침내 찰스 다윈과 편지를 주고받는 사이가 된다.

월리스의 고민은 종이 어떻게 진화하느냐는 것이었다. 다윈은 오래전 맬서스의 『인구론』에서 아이디어를 얻은 상태였다. 1858년 말라리아에 감염되어 고열에 시달리며 다 쓰러져가는 집에 누워 있던 월리스에게 『인구론』의 주장이 떠올랐다. 월리스는 깨달았다. 그는 열이 내리자마자

며칠 만에 논문을 완성했다. 「변종이 원형에서 끝없이 멀어지는 경향에 대하여」가 바로 그것. 그는 논문을 저널에 보내기 전에 찰스 다윈에게 먼저 보냈다. 그 후에 일어나는 일은 너무나 유명하다. 결국 다윈이 커밍아웃한다. 월리스가 다시 배를 타지 않았다면 우리에게 다윈도 없었을 것이다.

1859년 다윈의 『종의 기원』이 출판되고 10년 후인 1869년 월리스는 『말레이 제도』를 발표하면서 다윈에게 바친다. "개인적인 호감과 우정의 징표로서, 또한 당신의 천재성과 업적에 대한 깊은 존경심을 표하고자 이 책을 헌정합니다."

2019년은 『말레이 제도』가 출간된 지 150주년이 되는 해다. 2년 앞선 2017년에 번역 출간된 『말레이 제도』(노승영 옮김, 지오북 펴냄)를 통해 훔볼트에서 다윈을 거쳐 다이아몬드로 이어지는 생물지리학 전통의 빈 칸이 비로소 채워졌다. 당장 읽지 않더라도 서가에 꽂아놔야 하는 책이다. 책에 등장하는 동식물, 지명, 인명 색인에 많은 노고가 녹아 있다. 노승영의 번역에 대해서는 이렇게 말하고 싶다. "이보다 더 좋을 수는 없다."

과학기술과 사회

김명진, 『야누스의 과학』

요즘에는 '전혀' 듣지 못하는 이야기이지만, 80년대만 해도 "가난한 사람들에게 인술을 펴고 싶어서 의대에 진학했습니다."라든지 "힘없고 가난한 사람들의 벗이 되고자 법의 길을 가려고 합니다." 따위의 이야기를 의대와 법대 신입생들은 '즐겨' 했다. 이 말을 듣는 자연(이과)대학이나 공과대학 신입생들은 사실 난감했다. 과학기술의 발전이 '힘없고 가난한' 사람들에게 무슨 도움이 될 것 같지 않았기 때문이다. 그렇다고 자연에 대한 호기심 운운하기는 좀 그렇고….

어쨌든 이공계 신입생에게도 봄은 왔고, 그 전에 보지 못했던 세상이 보이기 시작했다. 세상은 부조리하며 타파의 대상이었다. 우리가 부인하기 시작한 것은 경제와 정치 체제뿐만 아니라 언론과 문화 체제 역시 그 대상이 되었으며, 급기야 과학 체제 역시 평가해야 할 대상이 되었다. 당시의 고민은 '과학기술에서 말미암은 문제들이 과학과 기술에 내재된 것인가, 아니면 과학기술의 이용방법에 문제가 있는가?'라는 따위의 것이었다. 그런데 뭘, 어떻게 고민한단 말인가? 서클의 다른 과 학생들은 이 문제에 관심이 없었으며, 과학은 이공계 학생에게도 어려웠다. 그리고 무엇보다도 과학의 문제에 대해 체계적으로 공부할 만한 자료가 없었다.

이때 혜성과 같이 등장한 책이 있었으니, 풀빛에서 나온 (다시 서가를 뒤져보니 '나까야마 시게루'라는 이름이 책날개에 적혀 있었지만, 당시에는 그냥) 中山茂가 쓰고 이필렬과 조홍섭이 옮긴 『科學과 社會의 現代史』(1983)가 바로 그것이다. (책 제목이 한자로 되어 있다.) 이 책은 1960~70년대의 과학을 둘러싼 사회정세를 역사적인 안목으로 서술하고 있다. 과학관의 변천을 사회경제적인 측면에서 조명하고 '비판적 과학', '대중을 위한 과학'과 같은 운동을 소개했다. 그리고 유전자공학, 원자력발전, 극소전자공학 등이 사회에 초래할지도 모르는 무서운 결과들을 포괄적으로 분석하면서 이공학도들에게 과학과 사회에 대한 관심을 가질 것을 촉구했다.

당시 이 책과 함께 널리 읽힌 책으로는 일본의 좌파 공해운동 이론서인 『공해의 정치경제학』(츠루 시게토 지음, 이필렬, 조홍섭 옮김, 풀빛 펴냄, 1983)을 들 수 있다. 아마 당시 이공학도가 사회 문제에 가장 쉽게 접근할 수 있던 주제가 바로 '공해'였기 때문일 것이다. 이 책은 공해의 원인은 자본주의와 제국주의, 구체적으로는 독점자본과 억압적인 국가권력이고, 따라서 공해의 가해자와 피해자는 명확하게 분리되어 있는 것이라고 강조했다.

이듬해에는 한길사에서 조홍섭이 엮은 『現代의 科學技術과 人間解放』(1984)이 나왔다. '人間解放'이라는 네 글자와 로봇과 사람이 손가락을 맞추는 삽화가 그려진 노란색 표지가 적어도 나에게는 큰 충격이었다. 죽음을 암시하는 것 같은 새까만 표지의 『공해의 정치경제학』은 왠지 감추고 다녀야 할 책이었다면, 산뜻한 표지의 이 책은 떳떳하게 드러내고 다닐 만한 책이었던 것이다.

이 책은 현대의 과학기술이 시민사회와 공동체 문화를 파괴하고, 노동으로부터의 소외를 가속시키며 환경을 파괴하는 원흉이 되고 있는 원인을 분석한다. 시민사회가 과학기술에 대한 통제력을 전문가에게 양도하고 무기력에 빠져 있다는 것이다. 이 모든 원인은 과학과 기술에 내재되어 있는 것이 아니라, 과학기술의 이용구조가 잘못된 것이라고 여러 이론과 사례를 들어 설명한다. 이 무렵 우리는 과학기술과 사회의 관계를 공부하는 것을 'Science of Science'라고 했다.

이후에는 특별히 (나의) 기억에 남는 과학기술과 사회의 문제를 다루는 책은 없었다. 그리고 어느덧 민주화가 되었다. '위장취업' 전술은 '애국적 사회진출' 운동으로, 반공해운동은 환경운동으로 이름을 바꾸고 전위적인 운동에서 시민과 함께하는 운동으로 발전했다. 과학사회학, 과학정책학 같은 학제가 생겼으며 STS(Science, Technology, Society)라는 말이 일반화되었다. 하지만 과학자를 꿈꾸는 젊은이가 과학에 대해 진지하게 고민할 틈은 여전히 없다.

이런 시대에 강양구의 『세 바퀴로 가는 과학자전거』(뿌리와이파리 펴냄)와 김명진의 『야누스의 과학』(사계절 펴냄)은 청소년들에게 진지한 고민거리를 던지기에 충분한 책이다. 『야누스의 과학』이 다루는 주제는 25년 전의 젊은이들이 읽던 책과 크게 다르지 않지만, 과학을 바라보는 저자의 시각은 훨씬 균형 잡혔으며, 읽으면 무슨 말인지 알아듣게 서술해 나간다. 그리고 처음부터 차근차근 읽을 필요 없이 관심이 가는 아무 장이나 펴서 읽어도 되게끔 각 장이 완결된 구조를 갖는다.

'핵과학의 발전과 원자폭탄의 개발'이라는 장을 예로 살펴보자. $E=mc^2$, 상대성이론, 전자기 현상, 로렌츠 변환, 방사성 원소의 발견, 핵분열과 연쇄반응 따위가 원자폭탄에 관련되어 있다는 것은 다들 안다. 그런데 이 요소들이 어떻게 연관되며 여기에 등장하는 아인슈타인, 오토 한, 맥스웰, 페르미, 퀴리 등은 어떻게 서로 영향을 주었는지는 잘 알지 못한다. 나는 이런 요소들이 하나의 실에 꿰어져 설명된 것을 이 책에서 처음 보았다. 또한 우라늄 1킬로그램이 골프공보다 작으며, 우라늄 원자핵 하나가 중성자 포격을 받고 바륨과 크립톤으로 쪼개질 때 나오는 2억 전자볼트의 에너지가 모래알 하나를 폴짝 뛰어오르게 하는 정도라는 것도 처음 알았다. (할렐루야!) 여기까지 보면 이 책은 과학책이고 과학사책이다. 그런데 이 책은 더 나간다.

1945년 7월 16일 최초의 핵폭탄 실험이 성공한 즈음, 일본은 원자탄을 만들어낼 능력은커녕 해군과 공군력을 거의 잃어 사실상 저항할 힘을 잃었다. 핵무기 제조에 관여했던 일부 과학자들은 제3국의 참관 하에 무인도에서 실험하여 일본의 항복을 유도하고, 동시에 전후 핵무기의 국제적 통제 방안을 마련하자고 역설했다. 그런데 왜 일본에 핵폭탄이 터졌을까? 과학자들은 자신의 성과를 알리고 싶었고, 프로젝트 책임자는 의회의 허락 없이 지출한 사정을 변명하고 싶었으며, 정치가들은 빨리 전쟁을 끝내고 소련의 영향력이 커지는 것을 막고 싶었다. 20만 명이 죽었고, 수많은 사람들이 후유증으로 고통을 받았으며, 핵무기는 전 세계에 확산되었다. 아인슈타인과 폴링이 핵확산 방지를 호소했지만 아무 소용이 없었다. 저자는 핵무기 개발이 과학자 사회에 과학자의 사회적, 도덕적 책임이라는 중대한 의제를 던져주었다고 마무리한다.

전문가에게는 고객이 있다. 의사, 변호사, 성직자의 고객은 시민사회 안에 존재하며, 시민사회가 이들을 평가한다. 하지만 아직도 과학기술자의 고객은 시민사회 안에 없다. 시민은 과학기술자의 고객이 되기 위해서, 과학기술자를 꿈꾸는 젊은이는 고객을 섬기는 전문가가 되기 위해서, 이 책을 일독하기 바란다.

초파리, 사회 그리고 두 생물학

심우재, 『플라이룸』

지금은 거의 잊혀진 책이지만 내가 대입을 준비할 때만 해도 바이블과 같은 영어 참고서가 있었다. 『성문종합영어』가 바로 그것. 얼마나 좋은 책인지 아직도 기억하는 영어 단문이 꽤 있다. 'Time flies like an arrow.'도 그 가운데 하나다. 시간은 화살처럼 빨리 흐른다는 뜻이다. 이 문장을 활용한 문제도 가끔 있었는데 'Fruit flies like a banana.'가 함께 등장하고는 했다. 『성문종합영어』만 암기한 친구들은 이 문장을 '과일은 바나나처럼 날아간다.'로 옮기게 된다. 물론 그렇게 옮겨도 문법에 어긋나지는 않는다. 하지만 맥락과 어울리지 않는다. 이 문장의 동사는 'like'(좋아한다)이고 'Fruit flies'(초파리들)가 주어다. '초파리는 바나나를 좋아한다.'가 옳은 해석이다. 초파리는 그렇게 나에게 왔다.

초파리는 지저분한 집에는 반드시 있다. 아마 고등학교 시절 우리 집에도 있었을 것이다. 하지만 난 초파리를 유전학 책에서 처음 봤다. 길이가 2밀리미터에 불과한 노랑초파리(*Drosophila melanogaster*)는 20세기의 시작과 함께 유전학 실험에 널리 쓰여 온 모델 생물이다. 생물을 연구할 때

모델처럼 사용하는 노랑초파리, 예쁜꼬마선충, 애기장대, 생쥐 같은 것을 모델 생물이라고 한다. 모델 동물 가운데 노랑초파리가 가장 싸고 실험하기 편해서 많은 생물학자들의 사랑을 받는다. 'Biologists like fruit flies.'

우리나라에도 유명한 초파리 생물학자가 많지만 가장 유명한 사람은 오타와 대학 교수인 김우재 박사다. 그는 한국 토종 박사다. 미국에 박사 후 과정으로 갔다가 캐나다에 자리를 잡았다. 하지만 그는 박사 학위를 받기 전부터 꽤나 유명한 사람이었다. 독설가다. 당연히 싫어하는 사람들이 많다. 김우재 박사와 얽히는 일이라면 자기를 부르지 말라는 사람이 있을 정도다. 그런데 꽤 많은 과학자들이 그를 아끼고 사랑한다. 만나보면 다르다. 그는 과학을 정말 사랑한다.

그는 『한겨레신문』에 5년째 연재하고 있는 '야! 한국사회'라는 제목의 칼럼과 『4차 산업이라는 유령: 우리는 왜 4차 산업혁명에 열광하는가』(홍성욱·김우재 외, 휴머니스트 펴냄)를 통해 한국 과학계의 풍토를 강하게 비판하고 있다. 하지만 그렇다고 해서 그가 연구와는 거리가 있는 사람은 절대로 아니다. 이미 2012년에 수컷 초파리 교미 시간에 대한 연구 논문이 무려 『네이처 커뮤니케이션즈』에 실린 바 있다. 그런 그가 본격적인 첫 번째 단독 저서를 냈다. 이번에 나온 『플라이룸: 초파리, 사회 그리고 두 생물학』(김영사 펴냄)은 단순히 초파리 유전학을 피력한 책이 아니다. 초파리를 매개로 하여 '과학과 사회'를 보는 눈을 넓고 깊은 시각으로 이끈다.

이 책의 성격에 대해 서울대의 과학철학자 홍성욱 교수는 "외국의 유명한 과학자들의 삶이나 이론을 소개하는 것들이 대부분"인 국내 과학 서적 출판 풍토에서 "김우재 교수는 자신의 초파리 연구와 그 연구가 이루어지는 실험실 현장으로 독자를 초대한다"고 평했다.

책은 3장으로 구성되어 있다. 제1장 '사회: 기초과학의 지표, 초파리', 제2장 '과학: 초파리, 시간의 유전학', 제3장 '역사: 초파리, 생물학의 두 날개'. 만약에 내가 책을 썼다면 2장-3장-1장 순서로 배치했을 것이다. 독자들이 가장 관심이 많은 것부터 보여주는 게 상식이니까 말이다.

제2장은 자신의 연구를 중심으로 초파리 유전학을 소개한다. (부럽다! 자기 연구로 교양서를 쓸 수 있다니…. 그런 점에서 아주 훌륭한 과학책이다.) 유전학에 대한 기본 상식이 있으면 쉽게 읽을 수 있다. 유전학에 대해 일자무식이라고 해도 읽지 못하는 것은 아니다. 설명이 친절하지는 않아도 잘 되어 있기 때문이다. 김우재는 그런 사람이다. 친절하지는 않지만 잘 설명하는….

제3장은 김우재의 공력을 제대로 보여준다. 대부분의 과학자들은 자기 연구가 과학사에서 어디에 놓여 있는지 잘 모른다. 그런데 그는 정확히 안다. 나는 아직까지 과학자가 자신의 연구를 과학사의 맥락에서 이렇게 명쾌하게 연결하는 모습을 본 적이 없다. 실험실에서 직접 초파리를 다루는 과학자가 진화생물학과 분자생물학이라는 두 전통 사이에서 고군분투하는 이야기들이 고스란히 담겨 있다. 찰스 다윈과 그레고어 멘델까지 거슬러 올라가는 진화생물학과 분자생물학의 경계, DNA를 발견한 제임스 왓슨과 '통섭'으로 널리 알려진 에드워드 윌슨 사이의 '분자전쟁'과 둘 사이의 통합 같은 것들이다.

그런데 그는 가장 재미없는 '사회: 기초과학의 지표'를 제1장에 배치했다. 가장 하고 싶은 이야기이기 때문일 것이다. 그는 초파리 연구 공동체와 생쥐 연구 공동체 사이를 비교한다. (음, 비교하면 불행해진다.) 미국의 자넬리아 연구소를 제외하면 초파리 연구는 거의 지원을 받지 못하고 있다. 그렇다면 왜 생쥐로 옮겨 타지 않는가? 그는 자신의 학문 할아버지뻘인 막스 뒤브릭(1906~1981)의 이야기로 대신 대답한다. "Don't do fashionable science."(유행하는 과학을 하지 마라!)

홍성욱 교수는 "[김우재 교수는] 과학의 진정한 가치를 알리고 과학과 사회의 건강한 관계를 만들기 위해 치열하게 사고하고 실천한다. 기존의 과학 서적에서 어딘가 부족함을 느꼈다면, 이 책을 정독하라."고 권한다. 동감한다. 그런데 방법은 한 가지만 있는 게 아니다. 이 책의 초 간단본이 따로 있다. '과학하고 앉아있네' 시리즈의 9번째 책인 『김우재의 초파리 사생활 엿보기: 초파리, 진화론과 분자생물학을 통합하다』(원종우 · 김우재 지음, 동아시아 펴냄)가 바로 그것. 128쪽의 짧은 책이다. 김우재 교수가 『플라이룸』에서 하고자 하는 이야기가 이 짧은 책 안에 거의 다 들어 있다. 『플라이룸』보다는 훨씬 유머가 섞여 있어서 쉽게 읽힌다. 복습 또는 예습용으로 『김우재의 초파리 사생활 엿보기』를 읽는 것도 괜찮은 방법이다. 그렇다고 해서 『플라이룸』을 읽지 않으면 손해다.

무정부주의자임을 자처하는 김우재의 책을 읽는 것은 꽤나 불편한 일이다. 하지만 과학자라면 그리고 과학 애호가라면 함께 읽고 토론하기에 마땅한 책이다. 불편하지만 피하지 말자.

6부

우리 안에 과학 있다

우리는 왜 과학을 알아야 할까? 과학은 다른 어떤 지식보다 현재의 우리에게 가장 큰 영향을 주고, 모든 지식의 기초이기 때문이다. 특히 앞으로 과학을 전공하거나 관련된 일을 할 사람에게는 기초를 다지는 게 중요하다. 누구나 생소한 문제와 맞닥뜨리게 되는데 과학은 이것을 해결할 능력을 제공한다. 과학은 현대 시민 사회의 일원이라면 반드시 갖춰야 할 지식이다. 또 우리가 인간으로서 자기 본성을 되찾기 위해서도 과학은 꼭 필요하다.

어느 날 과학이 세상을 벗겨버렸다

이종필, 『대통령을 위한 과학 에세이』

대학 시절 '회색분자'라는 생경한 단어를 자주 들었다. 하지만 분자(?)에는 색깔이 없다. '회색인'이라고 하면 좀 낫다. 왠지 비겁한 존재라는 생각이 들기는 해도 '사람' 취급은 해주는 것 아닌가. 또 나이 들어 보니 회색인으로 살기가 얼마나 힘든지 그리고 나름대로 사회에 얼마나 기여하는지 조금씩 깨달으면서 스스로 회색인이 되는 것에 대한 두려움이 줄어들고 있다.

한때 회색인과 헷갈려 했던 말로 경계인이 있다. 삶의 색깔이 아니라 삶의 영역을 중심으로 보는 개념이다. 오지랖만 넓은 사람을 말하는 것은 아니다. A 영역은 B 영역의 관점으로, 반대로 B 영역은 A 영역의 관점으로 해석하고 해설하며 행동하는 사람들이다. 당연히 한쪽 영역에만 속한 사람들은 다른 영역의 사고 틀을 제공하는 그 사람이 재미있다. 때로는 "맙소사!" 또는 "아뿔싸!"라는 감탄이 터져 나오기도 한다. (그래서 나는 이런 사람을 무척 좋아한다.) 물론 대개의 경우 이런 경계인들이 A 영역을 A 영역의 사고와 지식으로 설명하는 데는 깊이의 한계가 있다. 누구나 뇌에는 한계가 있기 마련이니까. 그래서인지 경계인들은 어느 영역에서도 주류가 되지 못하고 '주변인'으로 남는 경우가 많다.

그런데 꼭 그렇지 않은 사람도 가끔 있고 아주 가끔 그런 책이 나오기도 한다. '어느 날 과학이 세상을 벗겨버렸다'라는 부제를 달고 나온『대통령을 위한 과학 에세이』(이종필 지음, 글항아리 펴냄)도 바로 이런 부류에 속한다.

보통의 잘난 과학자들이 그랬던 것처럼 어린 시절부터 '과학자'가 꿈인 아이가 있었다. 어느 날 대통령이 총을 맞고 죽자 친구 하나가 "선생님, 이 나라는 누가 다스려 주시나요?"라는 충격적인 질문을 하는 것을 보고, 자신의 애국심을 심히 의심하는 한편 이 질문에 대한 답이 궁금했다고 한다. 박정희가 아니더라도 이 나라를 다스릴 사람이 많다는 것을 깨닫는 데는 불과 몇 년 걸리지 않았다. 전교조 교사들이 해직돼도 오로지 공부만 하는 '이과생'에 대한 실망감을 안고 대학에 간 친구가 운동권이 되는 것은 당연하다. 그리하여 물리학과 인문학이라는 두 영역 어디에도 온전히 속하지 못한 경계인이 되었다.

여기서 '못한'이라는 형용사는 저자인 이종필 박사의 자평일 뿐 꼭 그렇지는 않은 것 같다. 국립연구소의 연구원으로 한 달에 겨우 200만 원을 월급으로 수령하지만(내 가슴이 다 갑갑하다) 30여 편의 논문을 발표하였고『한겨레』와『오마이뉴스』등 여러 매체에 과학과 사회에 관한 글을 쓰고 강연도 하고 있다. [이건 2014년의 이야기고 현재는 건국대학교 교수다.] 나는 정치와 문화를 과학으로 설명한 앞부분보다는 사회를 설명하기 위해 양자역학을 깊이 있게 도입한 뒷부분이 더 흥미로웠다. 그는 물리학자다!

덕분에 양자역학에 대한 이해가 깊어졌다.

미국 버클리 캘리포니아 주립대학에는 '미래 대통령을 위한 물리학'이라는 강의가 있단다. 『대통령을 위한 과학 에세이』는 이 강좌 이야기로 시작한다. 물리학과 거리가 먼 학생들을 위해 개설된 이 강의는 버클리 최고의 강좌로 뽑히기도 했다. 이 강좌에서는 숫자와 수식은 거의 나오지 않는다. 아마 교수가 과학 자체를 강의하고 싶은 게 아닌가 보다. 그렇다면 뭘까? 과학이 아니라면 '과학적인 사고'가 답일 게다.

과학적인 사고의 반대는 '야만적인 사고'다. 우리가 오늘도 무수히 경험한 바로 그런 것 말이다. 논리 대신 감성을 방패로 삼고 큰 목소리를 창으로 삼은 우리(또는 그들)의 대화법 말이다. 그리하여 우리는 황우석에 속았고, '제로존(Zero Zone) 이론'에 귀를 쫑긋 세운다. 그리고 산을 깎고 바다를 메우고 물길을 돌리는 데 주저함이 없다.

미리 말하지만 이 책의 난이도와 재미는 챕터마다 차이가 크다. 어떤 글은 그냥 『오마이뉴스』나 『딴지일보』 보듯이 읽어도 되지만 어떤 때는 신경 좀 써서 몇 번 읽어야 겨우 이해되기도 한다. 때로는 일반 독자에게는, 내가 장담컨대, '독서백편의자현'(讀書百遍義自見)이 절대로 안 되는 페이지도 있다. (원래 과학은 어렵다.) 그러면 어떠한가? 처음 60여 쪽만 읽어도 본전을 빼고도 남는데.

이종필은 2007년 대선에서 이명박 후보가 BBK 등 온갖 의혹에도 불구하고 대통령으로 당선될 수밖에 없었던 까닭은 이명박이 한두 가지 반격 이론으로는 흔들 수 없는 '잘 갖춰진 이론'이었기 때문이라고 설명한다. 그렇다면 이명박의 대통령 당선은 과학적인 운명(?)이었을까?

그것은 그렇지 않다. 여기에는 분명한 허점이 있다. 엔트로피(무질서도)라는 물리량은 닫힌계에서는 언제나 증가하게 되어 있다. 방귀는 사방으로 퍼지지 절대로 한 군데로 모이지 않는다. 확률적으로 그럴 가능성이 정말 낮다. 하지만 BBK 사건을 수사한 검사들은 작은 확률을 선택했다. '(주)다스'라는 회사는 자사의 당기순이익보다 훨씬 큰 190억 원을 잘 알지도 못하는 김경준에게 무턱대고 투자한 것이라는 결론을 낸 것이다. 마치 여전히 천동설을 주장하려는 듯이.

이것은 물리학 이론뿐만 아니라 장삼이사의 상식에도 어긋난다. 상식에 어긋난 결론을 이끌기 위해서는 많은 장치가 필요하다. 마치 프톨레마이오스가 지구를 중심으로 태양을 비롯한 온갖 천체가 돈다는 것을 설명하기 위해 주전원과 이심원을 도입해야 했던 것과 같다. 하지만 코페르니쿠스가 지구 자리에 태양을 가져다 놓았더니 주전원과 이심원 같은 구차한 장치들은 필요 없었다. 우주의 구조는 심플했다. "복잡한 이론과 간단한 이론이 있을 때, 복잡한 이론이 맞는다는 확증이 없는 한 간단한 이론을 선택해야 한다." 오컴의 면도날(!)이 괜히 면도날이 아니다.

'과학적'이라는 것은 최대한 간단하게 잘 설명하는 것이다. 이를 위해 가장 먼저 버려야 할 것은 '탐욕'이며 갖추어야 할 최소한 것은 바로 '염치'다. 염치만 있으면 누구나 과학적으로 생각할 수 있다. 그런데 유감스럽게도 『대통령을 위한 과학 에세이』는 '염치'는 가르치지 않는다.

회색인도 경계인도 아니고 평생 주변인으로 살았던 전직 대통령이 세상을 떴다. 대한문 앞과 서울시청 광장을 빙 둘러선 전경차를 보고 깨달았다. 우리에게 지금 필요한 것은 『대통령을 위한 과학 에세이』가 아니라 ‘윤리 에세이’ 또는 ‘상식 에세이’라는 것을. 나는 대학에 ‘대통령이 되기 위해 먼저 사람 되는 법’이란 강의가 개설되기 바란다. 과학은 오로지 사람만 하는 것이니까. 그래야 회색인도 경계인도 좀 살지 않겠는가?

[2014년 당시] 현직 대통령에게 딱 한 마디만 하자. “쫌!”

코딩, 왜 알아야 할까?

박준석, 『세상을 만드는 글자, 코딩』

'파스칼'이란 단어를 듣고 어떤 단어가 떠오르는가? 인수분해를 좋아했다면 1, 1-1, 1-2-1, 1-3-3-1, 1-4-6-4-1로 이어지는 '파스칼의 삼각형', 물리학에 익숙하다면 압력에 대한 SI 유도 단위인 Pa, 문학을 좋아한다면 금방 『팡세』를 떠올릴 것이다. 이 모든 것들이 17세기 프랑스의 수학자이자 작가인 블레즈 파스칼에서 왔다.

내게는 파스칼에 대한 쓰라린 추억이 있다. 대학교 2학년 전산학 시간에 배운 프로그래밍 언어가 바로 파스칼이었다. 1980년대에는 인기 최고인 언어였다. 그런데 학기말 시험문제가 어처구니없었다. 볼링 게임 점수를 매기는 프로그램을 짜라는 것. 너무 간단해서 어이가 없었다. 넘어진 핀의 개수를 더하기만 하면 되는 것 아닌가! 하지만 몇 명만 제외하고는 D를 받았다. 당시 우리에게는 스페어 처리와 스트라이크에 대한 개념이 없었기 때문이다. 볼링을 쳐 본 적도 없는 학생들이 그걸 어떻게 알겠는가. 이때부터 코딩은 내 인생에서 멀어졌다.

코딩이란 사람이 컴퓨터에게 내릴 명령을 말이 아니라 글자, 즉 코드로 표현하는 행위다. 컴퓨터에게 굳이 코드로 말하는 이유가 있다. 컴퓨터는 사람들이 대충 하는 말은 못 알아들어도 명확하게 쓴 글은 잘 이해하기 때문이다. 그래서 컴퓨터에게 일을 제대로 시키려면 컴퓨터의 글을 배워야 한다. 사실 컴퓨터의 글을 배우는 것은 아니다. 컴퓨터가 쓰는 글자는 0과 1뿐이니까 말이다. 사람의 글과 컴퓨터의 글 사이에 있는 글이 바로 코드다. 어떻게 생겼냐고? 지금 컴퓨터 앞에 앉아 있다면 아무 인터넷 웹브라우저나 열고서 마우스 오른쪽 버튼을 누르면 '소스 보기'라는 메뉴가 있다. 그것을 클릭하면 보인다. 코딩을 배운다는 것은 바로 지금 화면에 보이는 그런 글을 배우는 것을 말한다.

그렇다면 우리가 지금 코딩을 배워야 할까? 4차 산업혁명 시대를 살아갈 아이들이라면 코딩을 배우는 게 건강에 좋을 것 같다. 하지만 나는 여태 코딩하지 못하면서도 컴퓨터를 잘 쓰고 살았다. 아직까지는 코딩을 배우고 싶은 생각이 없다. 하지만 코딩이 무엇인지, 컴퓨터가 어떻게 작동되는지를 이해할 필요는 있을 것 같다.

하버드 대학 구내 서점에서 가장 많이 팔리는 책이 글쓰기 책과 생화학 교과서다. 하버드 재학생들이 모두 생물학이나 의학 전공자는 아니다. 하지만 그들이 생화학을 배우는 이유는 21세기를 주도적으로 살아가기 위해서 자신이 생화학 실험을 하지는 못할지언정 생화학을 이해하고는 있어야 한다는 생각 때문이다. 마찬가지다. 이 세상에서 기술로부터 소외되고 싶지 않다면 코딩을 할 줄은 몰라도 코딩이 뭔지는 이해하고 있어야 한다.

그런데 이 땅에 나와 있는 코딩 관련 책들은 언어를 가르친다. 프로그래머가 될 사람을 위한 책이다. 코딩이 내 삶과 어떤 관련이 있는지 알려주는 책은 없었다. 이때 아주 희한한 책이 나왔다. 『세상을 만드는 글자, 코딩』(박준석 지음, 동아시아 펴냄)이 바로 그것. '창의와 소통을 위한 코딩 인문학'이라는 부제를 달았다. '아무 데나 인문학이야….'라는 핀잔이 저절로 나올 법하다. 책을 읽기 전에는 나도 그랬다. 그런데 이 책은 정말로 인문학서다.

책은 다섯 챕터로 구성되어 있다. 1장은 프로그래머에 관한 이야기다. 현대사회를 살아가기 위한 기초 소양으로서 코딩의 역할을 설명한다. 갑자기 컴퓨터가 부러워졌다. 컴퓨터에는 문맹이 없으며 문자도 한 가지라고 하니 말이다.

> "서점을 통해 팔리는 책은 많아야 몇십만 부에 불과하지만, 소프트웨어라는 책은 몇십억 부 이상도 팔릴 수 있습니다. (…) 컴퓨터는 문맹도 없고, 언어도 디지털 언어라는 1가지 종류만 사용하기 때문입니다. 만일 안드로이드 OS라는 책에 내가 쓴 코드를 1줄이라도 집어넣게 된다면 나는 수십억 대의 컴퓨터를 독자로 확보한 저자가 됩니다. (…) 코딩은 일개 저자가 전 세계에 걸쳐 광범위한 영향력을 행사하게 해주는 유일한 수단입니다." (35쪽)

2장은 프로그래밍 언어가 왜 하나가 아니라 포트란, 파스칼, C++, 파이썬처럼 다양한지 설명한다. 3장은 코딩으로 만들어내는 것을 보여준다. 우와! 소프트웨어뿐만 아니라 하드웨어조차 코딩으로 만들어졌다. 3장은 놀라운 통찰을 선사한다. 무생물과 생물의 차이가 무엇일까? 내부에 소스코드가 있느냐 없느냐로 갈라진다. 소스코드는 control+C와 control+V로 복사할 수 있다. 이게 가능하면 생물이다. 여기서 시작한 이야기는 데카르트와 칸트 그리고 앨런 튜링을 거쳐서 가상현실과 알파고로 이어진다. 최근 우리를 당황하게 만든 딥러닝(deep learning)의 메커니즘을 이렇게 명확하게 설명한 글을 본 적이 없다. 컴퓨터 프로그램의 소스코드와 생명체 유전자의 코드의 일맥상통이 17세기에 파스칼과 동시대를 살았던 갈릴레오가 말한 "우주가 수학의 언어로 쓰여 있다"라는 말까지 이어진다. 논리 전개가 아름답다.

4장은 0과 1의 조합이 어떻게 모든 자연 세계를 담아내며 프로그래머들은 어떻게 필요한 0과 1의 개수를 줄이고 훼손된 0과 1을 복구하는지 보여준다. 마지막 5장은 코딩된 책을 읽는 마지막 독자인 컴퓨터에 관한 이야기다. 컴퓨터는 독자이면서 저자가 원하는 일을 대신 하는 심부름꾼이다. 컴퓨터에 왜 모니터, 마우스, 키보드와 램이 있어야 하며 그들이 어떻게 작동하는지를 사람의 몸에 비추어 설명한다.

저자는 마치 예수처럼 비유에 능하다. 책을 다 읽은 다음에야 글쓴이가 궁금해졌다. 하지만 글쓴이 박준석은 전자공학을 공부했으며 소프트웨어 회사를 다니다가 변리사로 일하고 있다는 것 외에 알 수 있는 게 없었다. 이 사람이 궁금하다. 코딩으로 인문학 책을 쓴 사람이라면 여러 가지 물리법칙이나 생물정보학으로도 인문학 책을 쓸 수 있을 것 같다. 그는 언어를 말한다.

"바벨탑 사건으로 흩어졌던 인간의 언어가 프로그래밍 언어를 중심으로 다시 모이고 있습니다. 코딩은 언어를 구사하는 지능이 발휘할 수 있는 능력의 극대치를 보여줍니다." (387쪽)

책을 읽고 볼링 게임 점수를 매기는 프로그램을 완성하고 싶어졌다. 34년이 지났지만 말이다. 키보드에서 P 오른쪽에 있는 { 와 } 키를 쓸 일이 마침내 생겼다.

과학 문고판 시리즈

'사이엔티아' 시리즈

2007년 여름 전북 부안의 중학생들을 대상으로 한 글쓰기 캠프에 초대되었을 때의 일이다. 한 아이가 얼굴에 존경심을 가득 품은 채 물었다.

"선생님은 청소년 시절에 어떤 과학책을 읽으셨어요?"

갑자기 고민이다. 그때 나는 무슨 책을 읽었지?

"글쎄, 솔직히 말하면 읽은 과학책이 별로 없는 것 같은데. 그땐 말이다, 교과서 빼고는 과학책이 없었어요."

아이가 받아친다.

"그래요? 선생님도 과학책 읽지 않고도 과학자가 되셨으니까, 우리도 안 읽어도 되겠네요."

"……."

그땐 나도 까마득하게 잊고 있었다. 나의 문학적 소양의 8할은 '삼중당문고'에서 왔고, 내 과학적 소양의 9할은 '현대과학신서'에서 왔다는 것을. '현대과학신서'는 일본에서는 '블루백스' 시리즈로 통한다. 『기획회의』 22호(2005년)에 실린 출판칼럼니스트 한미화 선생과 휘슬러 출판사의 주용운 사장의 대담 가운데 한 대목이다.

> 한미화: 단행본을 시작하게 된 계기가 있으신가요?
>
> 주용운: (…) 마침 그 무렵 『맥스웰의 도깨비』라는 책을 너무 재미있게 읽었거든요. 전파과학사에서 나온 책이지요. (…) '블루백스' 시리즈 중 한 권이었는데 마침 그 시리즈가 이미 1992년에 계약 만료된 상황이더군요. 무작정 시리즈를 계약하겠다고 덤볐죠. 그때 처음 동경도서전에도 갔지요. 일본어도 할 줄 모르고 만날 사람도 없는 터라 3박 4일 동안 신주쿠의 기노쿠니야 서점으로 매일 출근을 했어요. 4층 전문서적관에 '블루백스' 시리즈가 있었는데 정말로 그 자리에 3박 4일을 지키고 앉아 있었어요. 책이 어떻게 팔리는지 궁금했던 거죠. 놀랍게도 학생부터 주부까지 남녀노소를 가리지 않고 '블루백스' 시리즈를 2, 3권씩 사 가지고 가더군요. 서점 직원들이 1시간마다 서가에 와서 빠진 책을 채워 넣기 바쁠 정도였어요.

결국 '블루백스' 시리즈를 정식 계약한 아카데미 서적은 이 시리즈를 벌써 100권 이상 펴냈으며, 우리 동네 건물 지하에 있는 서점에도 서가 한 칸을 채우고 있다. 먼지를 뒤집어쓰고서 어쩔 줄 모른 채 그저 꼽혀 있는 모습이 안쓰럽기는 하지만, 그래도 가끔 사람들의 손을 탄 흔적이 남아 있기도 하다.

이 시리즈는 1990년대에 정식계약을 통해 출판되기 이전인 1970~80년대에도 '현대과학신서'라는 이름으로 전파과학사를 통해 200여 종이 출판되었다. 당시 중고등학교와 대학을 다녔던 사람치고 이 책의 세례를 받지 않은 사람은 아마 없을 것이다. ("나는 안 읽었소."라고 나서는 사람은 창피한 일이니, 참아주소.)

요즘 과학책들은 참 친절하다. 나도 과학책을 친절하게 쓰려고 노력한다. 친절한 과학책에는 많은 장치들이 있다. 그런데 이 장치들은 사실 과학적인 내용을 잘 전달하기 위해서 존재한다기보다는, 독자들이 중간에 포기하지 않고 끝까지 읽게 도와주는 역할을 주로 한다. 핵심보다 장치가 더 중요하게 여겨지기도 하고 장치와 어울리지 않는 과학적인 내용은 쉽게 포기되기도 한다. 그러다 보니 과학책을 꾸준히 읽어도 과학적 지식의 깊이와 넓이는 마냥 그 자리인 경우가 많다.

결국 20년 전에 과학 대중화 운동이 시작되었지만 대중의 과학적 수준은 여전히 같은 자리를 맴돌고 있다. 계속 흥미만 부여하고 있는 것이다. 이제 과학에 대한 흥미가 충분히 넘치는 독자들에게 과학적인 지식을 충분히 전달할 책은 없을까? 이때 다시 아쉬워지는 게 '블루백스' 같은 문고판이다. 과학책을 읽을, 과학적인 지식을 받아들일 준비가 되어 있는 독자들에게 별다른 장치 없이 지식을 '친절하게' 정리해 놓은 책 말이다.

이런 고민을 하던 차에 '사이엔티아'라는 청소년 과학도서 시리즈 두 권이 내 손에 들어왔다. 제1권은 『논리학 실험실』(후쿠자와 가즈요시 지음, 김규한 옮김, 바다출판사 펴냄). '과학자는 어떻게 생각하고 어떻게 말할까?'라는 부제가 붙어 있다. 과학자들은 이론이라는 도구를 사용해서 세계를 설명한다. 이 도구가 쓸모 있기 위해서는 몇 가지 조건이 필요한데 논리

성과 포괄성 그리고 단순성이 바로 그것이다. 왜 그럴까? 『논리학 실험실』이 설명하는 게 바로 이것이다. 왜 그런지, 그리고 어떻게 생각하고 어떻게 말해야 하는지를 보여준다. 따라서 굳이 과학자들만 볼 필요가 있는 책이 아니다. 누구나 쉽게 논리학을 공부하게 해준다.

'사이엔티아' 시리즈는 필요 없는 장치를 제거한 문고판이지만, 필요한 장치는 적절히 사용했다. 철저하게 왼쪽 면은 텍스트, 오른쪽 면은 그 텍스트를 시각화한 삽화와 핵심을 짚어주는 말풍선으로 구성되어 있다. 삽화가 없어도 텍스트는 쉽게 이해되며, 삽화는 그것을 되새김시켜 주는 역할을 한다.

'사이엔티아' 시리즈의 특징을 잘 보여주는 책은 제2권인 『각색짐승 생존백서』(모리타 유코 지음, 황혜숙 옮김, 바다출판사 펴냄)다. 일본풍의 제목이 알려주는 것은 별로 없지만, '사람은 죽었다 깨어나도 따라잡을 수 없는 동물들의 놀라운 감각 이야기'라는 부제를 보면 '동물의 감각'이 주제임을 알 수 있다.

"아! 동물의 감각이라고? 뻔~하군. 촉각, 시각, 후각, 청각, 미각을 다뤘겠군. 미각은 네댓 가지 맛을 감지하고, 미세포의 분포가 혓바닥에 어떻게 있다는 그림이 있겠지."라고 생각하면 오산이다. 이 책은 더 나간다. '맛을 느끼는 원리'를 설명하는데도 다섯 가지 맛의 수용체 구조가 어떻게 다르며 어떤 유전자가 관여하는지, 그리고 맛을 내는 물질의 화학식은 어떠한지 보여준다. 또 동물들마다 맛을 다르게 느끼는 이유를 설명할 때도 쥐의 단맛수용체와 인간의 단맛수용체 단백질의 구조를 비교한다. 그리고 이런 지식을 바탕으로 '누에에게 그 비싼 뽕잎대신 다른 것을 먹일 수 있는 방법은 없을까?'와 같은 산업적인 응용이나 '왜 나비들은 제각각 먹이식물이 다른지'와 같은 진화의 측면을 살펴본다.

불과 200쪽 정도의 적은 분량으로 과학적인 내용을 충실하게 전달하는 이 책의 독자층은 중고생뿐만 아니라 대학생과 일반인 그리고 과학자에 이르기까지 매우 넓어 보인다. 깊이는 중학교를 졸업한 사람이라면 이해할 수 있는 수준이지만 그 정보의 스펙트럼은 전문 과학자들에게도 흥미를 일으키기에 충분하기 때문이다.

'사이엔티아' 시리즈는 21세기의 '블루백스'라고 부르기에 충분해 보인다. 도대체 제3권, 제4권은 언제 나올까? 그리고 또 다른 과학 문고판 시리즈는 언제 나올까? 그리고 무엇보다도 서점 직원들이 1시간마다 서가에 와서 빠진 책을 채워 넣기 바쁜 세상은 언제 올까? ['사이엔티아' 시리즈는 8권까지 나왔지만 유감스럽게도 2019년 3월 현재 모두 절판된 상태다.]

종교에 미래는 있는가?

김윤성·신새식·상대익, 『종교전쟁』

고2 때였을 것이다. 화학 시간에 주기율표를 배웠다. 아름다웠다. 이젠 생물학자가 되어야 할지 화학자가 되어야 할지 헷갈리기 시작했다. (나중에 생화학자가 되었다.) 외할머니의 할머니 때부터 믿어온 하나님이 정말 있다고 (머리로) 믿어졌다. 안심이 되었다. "우리 가문의 믿음이 헛된 것이 아니었어!" 마르크스를 읽어도 레닌을 읽어도 믿음은 흔들리지 않았다.

"자네는 과학자로서 어떻게 교회에 다닐 수 있나?" 독일인 지도교수의 힐난 섞인 물음이었다. 교수는 과학자가 신을 믿는다는 것은 있을 수 없다고 생각했나 보다. "사람마다 다 다른 것이지 왜 성깔을 부리고 난리야?" 교수의 힐난에 '욱'한 나는 주일예배뿐만 아니라 금요철야기도회도 나가기 시작했다.

"집사님은 이렇게 믿음이 좋은데 직업이 과학이라 정말 괴롭겠어요?" 나를 귀여워(!)하시는 권사님의 걱정스런 물음이다. 나는 교회에서 인기 있는 안수집사다. 안수집사는 그저 목사가 임명하면 되는 게 아니라 교인들이 투표하여 과반수의 찬성을 얻어야 한다. 나는 주일 아침 7시에 1

부 예배를 드리고 2부 예배 때는 주차관리를 하다가 3부 예배 시간에는 영어예배부 부장으로 봉사한다. 다른 신앙인이 보기에 나는 괜찮은 신앙인인가 보다. 여하튼 나는 신앙인이지만 과학을 하는 데 아무런 문제없다.

과학자이면서 신앙인인 사람, 또는 신앙인이면서 과학자인 사람들이 우스운 꼴을 제법 당할 것 같지만, 그런 일은 별로 없다. 아주 없는 것은 아니다. 몇 년 전에 『바이블 사이언스』라는 책을 썼다. 『해리포터 사이언스』와 같은 시리즈로 출간되었기 때문인지 많은 관심을 받았다. 하지만 정작 독자가 될 줄 알았던 신앙인들은 별로 구입하지 않았다. 우주의 역사가 137억 년이나 된다고 한 데 대해 실망한 몇몇 독자들에 의해 '우리 쪽'이 아니라는 소문이 금방 났기 때문이다.

'우리 쪽'이 아니라면 나는 도대체 어느 쪽이란 말인가? 그들이 말하는 '우리 쪽'이란 '창조과학' 또는 '지적설계론(ID)' 진영을 말한다. 다행이다. 다른 쪽이라고 인정해 줘서. 그렇다면 기독교인이면서 과학자인 사람들의 패거리도 있을까? (창조과학이나 지적설계론은 단연코 '과학'이 아니다!) 패거리는 없지만 고민하는 사람들은 꽤 있다. 단지 공개적인 논의가 없었을 뿐.

2009년 사이언스북스에서 발간된 『종교전쟁』도 그 가운데 하나다. 이 책은 성격이 다양하다. 신학자가 보면 신학서이고 종교학자가 보면 종교학서이며 나 같은 과학자가 보면 과학책이다. 저자도 신학자(신재식), 종교학자(김윤성), 과학자(장대익) 한 명씩 모두 세 명이다. 신학자는 종교학과 출신이고, 종교학자는 영문학과 출신이며 과학자는 기계공학과 출신이다. 세 사람은 과학과 종교의 문제를 논의하기로 의기투합한 후 한국,

칠레, 미국 등지에서 이메일을 주고받고, 태국에 모여서 토론을 했다.

이 책의 물음은 크게 네 가지다. 첫째 물음은 장대익이 두 사람에게 "종교의 유통기한은 이제 끝나지 않았나?"라고 묻는 도발적인 질문으로 시작된다. 장대익은 과학의 시대에는 더 이상 종교가 필요 없다고 주장한다. '대화의 상대자는 신학자와 종교학자인데 처음부터 이렇게 물으면 더 이상 토론하지 말자는 것 아닌가?'라는 의구심이 들었다. 이에 대해 신재식은 "종교와 과학은 여전히 한 사람의 사적, 사회적 활동에 영향을 미치는 현실적인 힘일 뿐만 아니라, 동전의 양면처럼 함께 체현되는 실재"라고 응대한다.

이들의 대화는 거칠지 않고 초점에서 벗어나지 않는다. 그 이유는 신재식이 그 누구보다도 과학과 과학사에 정통한 사람이기 때문이다. 신재식은 과학사를 간단히 소개한 후 종교의 시대가 끝났다는 것은 19세기의 화두일 뿐이라고 단언한다. 하지만 19세기에 종교는 과학이 침범할 수 없는 자신만의 영역을 확보하는 타협을 했으며, 20세기에는 과학과 종교가 다시 만나는데, 그것은 과학과 종교가 서로를 바라보는 관점이 달라졌기 때문이다. 과학은 이제 더 이상 만능열쇠가 아니며, 과학 역시 종교 문제를 다시 논의할 필요가 생겼다. 즉 20세기에 들어 과학과 종교는 타자(他者)의 귀환을 경험한다. 그것을 '왕의 귀환' 또는 '탕자의 귀가'로 볼 것인가는 서로의 타자성을 어떻게 극복하느냐의 문제다.

이 문제에 대해 김윤성은 2005년 국내 센서스 조사 통계로 대답한다. 무종교라고 대답하는 사람이 53퍼센트나 되지만, 각 종교단체의 자료에 따르면 종교 인구는 8,300만 명이나 되는 나라가 우리나라다. 이것은 우리나라 사람들이 설령 무종교를 표방하더라도 어떤 식으로든 대부분 종교적 신념이나 실천에 관련되어 있다는 것을 말한다.

둘째 물음은 "과학, 종교를 해부할 수 있을까?"이다. 먼저 신재식이 "반성 없는 과학, 중세 기독교와 다를 게 무엇인가?"라고 묻는다. 이에 대해 장대익은 "종교는 말살해야 할 정신의 바이러스일지 모른다."고 대답한다.

내가 책을 읽는 동안 사이언스북스는 세 저자와 함께 세 차례의 강연회를 열었다. 나는 세 차례의 강연회에 모두 참석하였고, 강연회가 끝난 다음에는 간단한 회식 자리를 가졌다. 이때 종교의 무가치성을 주장하는 장대익에게 어린 딸아이의 시력을 기도로 고친 경험을 이야기했다. 당시 독일 의사도 내 기도의 위력을 인정했다. 하지만 장대익은 그것은 '확증 편향'(confirmation bias)으로서 인간의 추론 실수 가운데 하나로 인지심리학에서 밝혀낸 것이라고 설명했다. 장대익은 기적은 없으며, 종교는 가치와 의미에 대한 독점을 풀어야 한다고 주장한다. 이에 대해 조심스럽기도 하고 점잖기도 한 김윤성은 종교와 과학 모두 자연의 신비를 설명하지 못하며, 기도나 기적은 효과가 아니라 의미의 문제라고 말한다.

세 번째와 네 번째 물음은 "종교는 과학을 어떻게 보나?"와 "한국 교회는 왜 창조과학에 열광할까?"이다. 두 물음은 사실 하나다. 그리고 내가 교회학교의 여름수련회 때마다 뚜껑이 열리는 바로 그 주제다. 많은 사람들은 내가 창조과학자일 것이라고 생각한다. 단지 교회에 다니는 과학자라는 이유만으로. 하지만 나는 창조과학은 '사기' 혹은 '사이비'일 뿐 학문도 과학도 아니라고 생각한다. 과학이나 학문의 틀을 전혀 갖지 못했기 때문이다. 다만 저명한 과학자 또는 공학자들이 거기에 몸담고 있는 게 놀라울 뿐이다. 2010년 가을 학기에 '과학과 종교의 대화'라는 과목을 개설했다. 『종교전쟁』은 기본 텍스트로서 충분하다.

과학 선생님들의
현대 과학 다시 보기

가치를꿈꾸는과학교사모임, 『과학, 일시정지』

호랑나비와 흰나비를 한 번도 보지 못한 아이들도 그림을 보여주면 호랑나비와 흰나비를 정확히 구별한다. 이게 이름의 힘이고 역할이다. 이것은 자연뿐만 아니라 기관에도 똑같이 적용된다. 그런데 간혹 예외가 있다. 예를 들어 국방부는 왠지 국토를 방위하는 부처일 것 같지만 감히 책을 검열하여 '불온(?)서적' 목록을 작성한다. '책방부'로 이름을 바꿔야 할지도 모르겠다. 한국간행물윤리위원회 역시 하는 일과 이름이 썩 잘 어울리지 않는다. 그야말로 책을 검열하여 저자와 출판사 그리고 독자를 곤경에 빠트리는 일이나 할 것 같은 기관이 '독서아카데미 - 한 권의 책 쓰기'라는 교육 프로그램을 운영한다. 그렇다면 이제 '윤리위원회' 같은 무시무시한 이름을 벗어버려도 되지 않을까?

어쩌다 보니 내가 일하고 있던 안양대학교에서 2009년 이 프로그램을 유치하였고, 옆방을 사용하던 이권우 교수가 강연자 가운데 한 명이라기에, 게다가 수강료가 없다기에 수강신청을 하고 강의를 듣고 있다. 첫째 주 강의 주제는 '선생님, 책 좀 씁시다!'. 수강생의 절대다수가 경기도 지역에 근무하는 중고등학교 교사인 것을 감안한 주제다.

강사는 선생님이 책을 써야 하는 이유를 다음과 같은 네 가지로 정리했다. ① 청소년을 가장 잘 아는 직업집단이다. ② 청소년들의 눈높이에 맞춰 글을 쓸 수 있는 직업집단이다. ③ 어떤 책을 써야 하는지 잘 알고 있는 직업집단이다. ④ 입시 위주에서 벗어나 교양교육을 하고 싶어 하는 직업집단이다. 교사가 되고 싶었지만 그놈의 학점 때문에 교직과정을 이수하지 못한 쓰라린 경험이 있는 나는 교사라는 '직업집단'에 대한 괜한 열등감에도 불구하고, 강사의 친절한 설명 덕분에 이러한 주장에 쉽게 수긍할 수 있었다.

두 번째 주의 강사는 사계절 출판사의 강맑실 사장. 그의 강의 자료에는 청소년을 위한 문학, 교양, 고전 도서 가운데 스테디셀러들의 목록이 들어 있었다. 글담출판사의 '교과서를 만든 ~들' 시리즈, 두리미디어의 '청소년을 위한 ~사' 시리즈, 부키의 '친절한 ~ 교과서', 사계절의 '교실 밖 ~여행'과 '주니어 클래식' 등이 기억에 남는다. 그런데 이것들은 놀랍게도 모두 교사들이 쓴 책이다. 사실 이 책들의 기획은 특별하지 않다. 1990년대 중반 이후 이와 유사한 책들이 무수히 쏟아져 나왔다. 그런데 살아남아 아직도 판매되고 있는 것들은 대개 교사들이 쓴 책들이다.

왜 그럴까? 글쓰기 능력과 전문성이 어디 교사만의 것이겠는가? (나도 글쓰기 과목을 강의하고 있고 과학적인 전문성이 있는데, 왜 내 책은 스테디셀러가 되지 못할까?) 다른 직업집단에는 없고 교사에게만 있는 그것은 무엇일까? 강맑실은 "현장 교사들이기에 가능한 교과 연계 주제 발굴 능력과 눈높이에서 함께 이야기를 풀어나간 힘"이라고 말한다. 그리고 이것은 청소년을 계몽의 대상이 아닌 동등한 인격체로 받아들일 때 생긴다고 주장한다.

실제 그런지 같은 종류의 책을 놓고 비교해 보고 싶다는 욕정이 솟을 즈음, 내 손에 책이 한 권 들어 왔다. 『과학, 일시정지』(가치를꿈꾸는과학교사모임 지음, 양철북 펴냄). 이 책은 STS(과학, 기술, 사회) 분야의 과학책으로, 과학은 질주하지 말고 잠깐 서서 성찰해 봐야 한다는 내용이 실렸으리라는 것은 이름(제목)만 봐도 알 수 있다. (호랑나비, 흰나비 수준의 훌륭한 이름이다.)

2007~2010년에 출간된 이 분야에 좋은 청소년 책이 있으니 견주어 보기 좋겠다. 강양구의 『세 바퀴로 가는 과학자전거』(뿌리와이파리 펴냄)와 김명진의 『야누스의 과학』(사계절 펴냄)이 그것이다. (그러고 보니 이 책들도 제목이 호랑나비 급이다. 아! 정직한 출판사들이여!) 강양구는 현직 과학, 환경 전문 기자이고 김명진은 미국 기술사를 전공한 대학 강사로 시민과학센터에서 활동하는 운동가이다. 나는 강의시간에 두 책을 부교재로 사용하고 이들을 특강 강사로 초빙하여 좋은 반응을 얻은 바 있다. 그렇다면 『과학, 일시정지』는 어떨까?

이 책 역시 앞의 두 책과 마찬가지로 실험실 안에 갇힌 과학을 광장으로 끌어낸다. 현실에서는 시민이 아직 과학의 고객이 아니지만 '미래 세대를 포함한' 모든 사람이 과학의 고객이 되고 '과학적 시민권'을 얻어야 한다고 주장한다. 과학의 생산자들이 고객의 뜻을 묻지 않고 과학기술을 먼저 사용하고서 그 뒤에 발생하는 문제를 고객에게 떠넘기던 기존의 방식에서 이제는 그 순서를 바꿔야 한다고 주장한다. 책의 의도라는 관점에서 세 권의 책은 공통적이다.

내용 역시 기후 변화를 막는 거대과학기술과 기후회의, 동물실험과 과학자 연구 윤리, 유비쿼터스 세상, 나노 기술, 줄기세포와 유전자 조작 식품, 원자력 에너지와 지속 가능 에너지 등 회자되는 주제는 거의 담고 있다는 점에서 비슷하다. 오히려 더 어렵고 새로운 부분들도 있다. 예를 들어 이 책에서는 "이산화탄소 배출을 줄여야 한다"는 수준에 머물지 않고 "최근 굴뚝에서 나오는 이산화탄소를 줄이기보다는 배출된 이산화탄소를 아예 없애는 기술을 연구하는 사람들이 있어요. 도대체 어떻게 그런 기술이 가능하다는 것일까요?"라고 묻더니, 지구와 태양 사이에 거울을 설치하여 햇빛을 차단하는 기술, 해조류를 번식시켜 이산화탄소를 흡수하는 기술, 지하나 해저에 큰 구멍을 뚫어 이산화탄소를 감금하는 기술, 발전소 굴뚝을 심해로 연결하여 이산화탄소를 바다에 가두는 기술에 대한 아이디어를 제시하며 그 가능성과 문제점을 조목조목 짚어간다. (여기에 인공 화산을 분출시켜서 햇빛을 차단하는 기술도 같이 열거되었는데 범주가 다른 시도를 왜 함께 소개했는지 모르겠다.)

그런데 250여 쪽의 책을 읽는데 하루가 걸리지 않을 정도로 술술 넘어간다. 그 힘의 비밀은 친절한 대화체 그리고 각 챕터의 머리에 있는, 기가 막히게 재미있는 '우화' 덕분이다. 특히 제1장과 제2장의 금수회의록은 백미다. 기후 변화에 대한 선진국과 후진국 또 그 사이에 끼인 국가들의 다양한 입장들을 남극(1장)과 숲(2장)에 사는 동물들의 입을 통해 전한다. 한마디로 '이해'가 된다. 아! 이게 눈높이구나! '눈높이'란 어려운 것을 빼고 쉬운 것만 알려주는 것이 아니라 어려운 것을 쉽게 말하는 것이구나!

이 책의 저자들은 1997년 참여연대 시민과학센터 'STS 교육위원회'

소속 과학 교사 모임으로 출발해 2005년 시민과학센터에서 독립하면서 '가치를 꿈꾸는 과학 교사 모임'으로 이름을 바꾼 단체의 교사 13명이다. (이름 한번 잘 지었다.) 나는 말할 것도 없고 강양구와 김명진도 이런 책은 쓰지 못할 것이다. 이런 책은 교사만 쓸 수 있을 것 같다. "선생님, 책 좀 씁시다!"

화석연료에 중독된 인류에게

리처드 하인버그, 『미래에서 온 편지』

"젊은이들을 화나게 하는 방법을 하나 알려 드릴까요? 그들에게 예전엔 사람들이 잔디에다 수백만 갤런의 물을 계속 퍼부었다는 얘기를 해주면 됩니다. 내가 그들에게 수세식 변기가 어떻게 작동했는지 설명하면 그들은 분노를 참지 못합니다. 어떤 친구들은 내가 이런 이야기를 날조했다고 생각합니다. 그만큼 지금 물 문제는 심각합니다.

수십 년 전부터 사람들은 필요에 의해 자기 몫의 식량을 스스로 가꾸는 방법을 배우기 시작했습니다. 그러나 모든 사람이 다 성공할 수는 없었으며 많은 배고픔이 따랐습니다. 가장 당혹스러운 건 좋은 종자가 없다는 사실이었습니다. 아주 소수의 사람들만이 다음 농사철까지 씨앗을 저장하는 방법에 대한 지식을 갖고 있었으며 따라서 종자 저장량은 빠른 속도로 감소되어 갔습니다. 현대의 모든 교배종들은 문제가 많았습니다. 텃밭에 심은 야채는 다음 해에 심을 좋은 씨앗을 거의 생산하지 못했습니다. 유전자 조작 식물은 특히 벌들과 다른 유익한 곤충들을 멸종시켜 버리는 등 각종 생태학적 문제들을 일으켰습니다. 유전자 설계 종자 회사에서 특허권을 보존하기 위해 개발한

'자살 종자'는 그중에서도 최악이었습니다. 분배 체계가 붕괴되면서 이들 특수 종자가 사라지게 되자 수백만의 사람들이 심거나 먹을 것이 아무것도 없게 되었습니다. 그 이야기는 우리들의 집단적 신화가 되었으며 자연 수분된 좋은 식용작물의 씨앗은 이제 우리에게 금보다 더 소중합니다."

이것은 『미래에서 온 편지』(리처드 하인버그 지음, 송광섭·송기원 옮김, 부키 펴냄)다. 이 편지를 쓴 시점은 2107년. 2007년에 태어나서 100살이 된 '생존자'가 자신이 태어난 해에 풍요를 누리며 살던 우리들에게 보낸 편지다. 2107년은 자원을 둘러싼 전쟁으로 인해 이미 많은 생명이 희생되고, 인터넷이 없어 정보 공유가 거의 불가능하고, 농사지을 종자와 물도 부족하고, 곳곳에 쓰레기더미가 넘쳐나고, 세대 간 갈등이 극에 달한 시대이다. 그러나 지역 공동체가 발전하고 인간이 문명에 대한 책임감을 바탕으로 영성을 존중하고 시간을 온전히 누릴 줄 아는 시대이기도 하다. 100살 노인은 자신의 편지로 인해 2007년 이후의 역사가 바뀌고 그래서 그 편지가 역사상 가장 기괴한 유서이자 쓸모없는 기록이 되길 염원하며 편지를 끝맺는다.

편지를 쓴 사람은 '석유 정점' 분야의 세계적 전문가로서 환경운동가들에게 영감을 주는 지식인인 리처드 하인버그. 그는 유토피아 소설의 고전으로 평가받는 에드워드 벨러미의 소설 『돌이켜보면: 2000년에 1887년을』(1888)을 패러디하여 우리 삶의 모습을 보여주었다.

에드워드 벨러미와 리처드 하인버그 모두 100년 후 삶의 모습을 예측했지만 그들의 관점은 정반대다. 벨러미는 2000년이 되면 사회주의적 유토피아가 도래할 것으로 보았다. 즉 정부가 생산 수단을 통제하여 모든 사람에게 부를 균등히 분배하고, 전 국민이 대학 교육을 받으며, 자기 인생을 선택할 자유가 있으며, 45세에 은퇴하는 시대를 기대한 것이다. 벨러미는 세계화, 노동 착취, 환경 파괴와 에너지 고갈과 같은 현실은 전혀 기대하지 못했다. 그는 미래를 낙관했다.

석유 정점에 관한 논란은 그 시점에 관한 것일 뿐 언젠가는 오고 말 것이다. 오죽하면 석유를 태워서 전기를 얻는 게 가장 효율적인 아랍에미리트가 200억 달러 이상을 들여서 원자력발전소를 건설하겠다고 나섰겠는가? 아무리 부정하고 싶어도 이제는 석유가 슬슬 한계점에 도달했다는 것은 사실이다. 이 한계점은 생산 가능한 원유 매장량의 한계이기도 하고, 석유 사용으로 인한 환경 오염이 지구가 버틸 수 있는 한계 수준에 다다랐다는 뜻이기도 하다. 이러한 한계점은 원전뿐 아니라 태양열, 풍력, 조력 등 다양한 대체에너지 개발로 이어진다. 전 세계적 에너지 정점과 이로 인한 변화들은 이미 시작된 셈이다. 하지만 우리에게는 이미 '석유 정점'(oil peak)에 관한 많은 책이 있다.

『미래에서 온 편지』는 석유 정점만을 이야기하는 책이 아니다. 이 책은 모든 것이 정점에 도달했다고 경고한다. ('*Peak Everything*'이 책의 원제다.) 화석에너지 문제만을 고립적으로 볼 것이 아니라 인구 증가, 서식처 파괴, 다른 재생 불가능 자원들의 고갈 등 제반 요소들을 사회적, 역사적 맥락에서 종합적으로 봐야 한다는 것이다.

저자는 모든 것이 정점에 달해 내리막길을 앞두고 있는 인류가 '몰락'이 아닌 '연착륙'을 하기 위해 어떻게 사고하고 행동해야 할지를 함께 고민하기 위해 이 책을 썼다. 그는 자원을 고갈시키고 환경을 오염시키는 주범을 고발하는 대신 우리의 삶을 바꾸라고 요구한다. 그것도 아주 세세하게. 그래서 책을 읽다 보면 '불편'해진다.

리처드 하인버그는 여러 가지 정점에서 파생되는 경제·사회·정치적 문제, 즉 '쇠퇴'를 인정하자고 한다. '더 많이, 더 빨리, 더 크게'라는 메시지로 수십 년간 자극해 온 소비에 대한 입맛을 이제는 억제해야 한다. 이것을 위해 정부는 시민들에게 동기를 부여해야 한다고 주장한다. 즉 땀 흘려 노력할 만한 가치가 있는 미래에 대한 긍정적 비전을 제시하라는 것이다. 새로운 목표가 주어지지 않는 한 사람들은 '더 조금, 더 느리게, 더 작게'라는 메시지를 흔쾌히 받아들이지 않을 것이다. 이를 위해 꼭 필요한 대중 캠페인은 신뢰감을 주어야 하고, 가능한 한 사람들에게 투자와 참여라는 인식을 부여하는 것이 좋다.

쇠퇴가 반드시 나쁜 것만은 아니다. 인구, 복잡성, 소비의 감소는 많은 사람들에게 바람직한 특성을 지닌 안정된 사회를 가져다 줄 수도 있다. 작은 마을, 대가족, 지역의 소비를 위한 지역 내 자체 생산 등에 기반을 둔 생존 형태로의 회귀는, 특히 전 지구적 통신 수단과 같은 지난 산업시대의 장식품이 곁들여진다면, 다수의 현대 도시인이 꿈에 그리던 생존 방식을 미래 세대에게 마련해 줄 수도 있을 것이다. 그러므로 『미래에서 온 편지』는 다가올 파멸의 예고가 아니다. 그보다는 불가피한 변화와 그 과정에 대해 인류 역사상 전례 없었던 규모와 속도의 신중한 대처 방안이 필요하다는 것이 이 책의 핵심 메시지이다.

이 책에는 몇 가지 미덕이 있다. 첫째, 각 장은 각기 독립된 한 편의 에

세이여서 마지막 장을 먼저 읽거나 각 장의 순서를 바꿔 읽어도 무방하다. 둘째, '석유 정점'을 다룬 다른 책과 달리 이데올로기적인 편향성이 없다. 그래서 좌파와 우파 독자 모두 불편할 수 있다. 셋째, 유기농업, 뮤지컬, 미술전시, 다큐멘터리 영화, 심리학, 언어학 등 다양한 측면에서 접근했다. 그리하여 지루하지 않고 매 장마다 새로운 느낌으로 읽어나가게 된다. 그럼에도 불구하고 '핵심 메시지'를 놓치지 않게 한다. (부디 서론에 등장하는 16개의 그래프를 보고 재미없는 책일 것이라고 단정 짓지 마시기를….)

책에 나오는 사우디아라비아 격언 하나. '내 아버지는 낙타를 타고 다녔다. 나는 차를 몰고 다닌다. 내 아들은 제트 여객기를 타고 다닌다. 내 아들의 아들은 다시 낙타를 타고 다닐 것이다.'

과학과 기술의 차이

헨리 페트로스키, 『공학을 생각한다』

사람들은 잘 믿어주지 않지만 사실 나는 대학 시절에 공부를 잘했다. 단지 1980년대는 성적이 좋다는 게 별로 좋은 인상을 심어주지 못하던 시절이라서 성적을 관리했을 뿐이다. (그런데 희한하게도 내가 생각했던 것보다 과하게 관리되곤 했다.) 내가 제일 좋아한 과목은 물리화학이고 특히 열역학을 아주 좋아했다. 좋아하면 잘하는 게 당연하다.

당시 우리 집은 연탄을 땠다. 추운 겨울날 모두 한 방에 모여 자다가 한꺼번에 죽을 뻔한 적이 있다. 연탄가스에 섞여 있는 일산화탄소에 중독된 것이다. 마침 배고픔을 참지 못한 개가 방으로 뛰어들어서 할머니 얼굴을 격하게 핥아서 깨웠고 할머니는 얼른 창문을 열고 우리를 깨운 후 김칫국물을 마시게 했다. 당시 지방에 살고 있던 아버지는 이 소식을 듣고 당장 연탄아궁이를 연탄보일러로 바꾸자고 하셨다. 열역학이라고는 1도 모르는 아버지가 공사한 방바닥은 지글지글 끓었다. 그런데 내 방은 더 추워졌고 심지어 추운 날에는 냉장고처럼 성에가 끼기도 했다. 방을 따뜻하게 하는 데는 열역학이 아니라 기술이 필요했던 것이다.

과학과 기술은 다르다. 6,600만 년 전에 멕시코 만에 지름 10킬로미터짜리 운석이 부딪혀서 1억 6,000만 년 동안 육상을 지배하던 공룡을 멸절시켰나. 이런 일이 또 왜 안 일어나겠는가! 이것을 걱정한 사람들은 6월 30일을 '국제 소행성의 날'로 정했다. 1908년 6월 30일 시베리아 퉁구스카 지역에 진도 5 규모의 충격이 발생했다. 1920년대에 레오니트 알렉세예비치 쿨리크가 조사단을 이끌고 가봤더니 2평방킬로미터 안에 있는 8,000만 그루의 나무가 쓰러졌다는 것을 확인했다. 히로시마에 떨어진 핵폭탄보다 1,000배나 강력한 충격이었다. 그런데 모두 한 지점을 기준으로 방사형을 이루고 있었던 것이다. 지표면 8킬로미터 상공에서 지름 45미터짜리 소행성이 폭발한 것으로 추정되었다. 추정은 과학이 한다.

공룡을 멸절시킨 충격이 또 올 것을 걱정한 과학자들은 지구와 충돌할 가능성이 있는 물체 6,000개 이상의 목록을 작성했는데 그 가운데 750개가량은 상당히 피해를 입힐 정도로 거대했다. 어이할꼬?

이런 경우에 가장 먼저 나서는 사람은 SF 작가들이다. 『2001 스페이스 오디세이』의 작가 아서 C. 클라크는 세 가지 시나리오를 제공했다. 지구를 향해 날아오는 천체를 거대한 폭발물로 산산조각을 내거나 천체에 반동 추진 로켓을 설치해서 천체의 궤도를 바꾸거나 또는 금속거울을 설치하여 태양풍의 압력으로 밀어내자는 것이다. 이 일은 누가 할까? 과학자들은 이런 일을 하지 못한다. 그들은 문제를 확인하는 일만 한다. 정작 해결하는 이들은 공학자(기술자)들이다.

그렇다면 과학은 언제나 공학에 선행할까? 과학과 공학의 경계는 분명한가? 『포크는 왜 네 갈퀴를 달게 되었나』(백이호 옮김, 김영사 펴냄) 『디자인 세상』(문은실 옮김, 더스타일 펴냄) 『실패한 디자인은 없다』(채은진 옮김, 글램북스 펴냄)로 한국 독자에게 친숙한 헨리 페트로스키는 신작 『공학을 생각한다』(박중서 옮김, 반니 펴냄)에서 이 문제에 천착했다.

책의 2장 '공학은 로켓과학이다'에서 페트로스키는 이 부분을 분명히 한다. 로켓은 상상의 산물이다. 상상이란 공학적인 행위다. 로켓의 모양 역시 공학자의 머리에서 나왔다. 물론 이것을 연구하고 개발하는 과정에 과학자도 필요하다. 하지만 로켓이 만들어지고 나서야 로켓공학이 성립되었고 비행기가 만들어지고 나서야 비행공학이 만들어졌다. 공학이 과학보다 선행하는 경우는 다반사다. 열역학보다 증기기관이 먼저 나온 것도 마찬가지다.

그런데 우리는 공학 또는 기술을 과학보다 천시하는 경향이 무지 강하다. 그러다 보니 '과학기술'이라고 하는 말을 만들어서 쓰고 있다. 과학기술을 영어로 어떻게 옮길까? 그냥 'science and technology'로 옮기는 것 외에는 마땅한 대안이 없다. 왜 기술을 과학 뒤에 슬쩍 붙였을까?

자식을 과학자로 키우고 싶다는 부모는 많아도 자식을 기술자로 키우고 싶다는 소망을 말하는 부모를 단 한 번도 본 적이 없다. 솔직히 말하자. 우리에게는 기술을 천시하는 풍조가 있다. 과학은 원리를 밝히는 근사한 학문이지만 기술은 왠지 손재주만 있으면 될 것이라고 여기는 것이다.

"일반적으로 '과학'이라는 단어에는 의학, 공학, 첨단기술 등이 포함된다고 여겨진다. '과학'은 광범위한 활동을 일컫는 유용한 약어임이 분명하지만, 한편으로는 각 분야의 차이를 뭉뚱그리는 단점도 있다. 과학이라는 말에서 풍기는 권위는 타당한 것일 수도, 타당하지 않은 것일 수도 있다. 이 책은 과학과 공학의 차이를 뚜렷이 부각하고 그렇게 함으로써 사고와 행동, 앎과 행동의 세계에서 양쪽이 담당하는 역할을 명료하게 보여주는 것을 목표로 한다. 특히 이 책은 우리 시대의 가장 흥미롭고도 긴박한 문제 가운데 일부를 규정하고 해결하는 과정에서 과학과 공학이 상호작용하는 방법에 초점을 맞춘다." (8쪽)

그런데 우리의 삶을 바꾸는 것은 과학이 아니라 기술(공학)이다. 공기와 물에 들어 있는 미생물이 질병의 원인임을 밝힌 사람들은 과학자들이다. 그렇다면 우리가 공기와 물을 맘대로 들이킬 수 있게 되었을까? 아니다. 기술자들이 여과와 소독 기술을 개발한 다음에야 식수에서 미생물을 제거할 수 있게 되었다. 방을 따뜻하게 만들기 위해 필요한 것은 열역학에 대한 이해가 아니다. 불과 물을 다뤄본 기술자들의 경험이 없으면 열역학은 아무런 소용이 없다.

연구와 개발은 과학과 기술(공학)의 또 다른 이름이다. 과학은 연구하고 공학은 개발한다. 과학과 공학의 협력체계를 깨뜨린 것은 제2차 세계대전이었다. 전쟁에 복속된 과학이 공학을 효과적으로 포섭하여 만든 게 바로 핵폭탄이다.

이 책은 과학과 공학의 화해를 꿈꾼다. 과학과 공학은 공동으로 선을 이루어야 한다. 과학자가 문제를 확인하면 공학자(기술자)가 문제를 해결하는 것이다. 우리 삶을 변화시키는 것은 과학이 아니라 공학(기술)이다! 미래창조과학부라는 터무니없던 이름이 과학기술정보통신부라는 장황한 이름으로 바뀌었다. 과학과 기술, 정보와 통신이 명확히 구분되어 발전하는 계기가 되기를 바란다. 자식을 기술자로 만들고 싶은 사회가 좋은 사회다.

인간의 행동 속에 숨겨진 법칙

앨버트 라슬로 바라바시, 『버스트』

해리 포터가 골절에 영향을 미친다?

2005년 7월 16일, 영국 옥스퍼드의 어느 병원 외과 응급실은 여름방학의 주말답지 않게 적막했다. 평소 같으면 상처가 나고 팔다리가 부러진 아이들 70~80명으로 북적거려야 할 주말 응급실에 환자가 없는 것이다. 무슨 일일까? 마녀들이 나타나서 아이들이 말썽을 피우지 못하게 깊은 잠에 빠지도록 하는 마법이라도 부린 것일까?

마녀 대신 마법사가 나타났다. 그날은 해리포터 시리즈의 여섯 번째 책인 『해리 포터와 혼혈 왕자』가 출간된 날이었다. 이 책은 당일에만 9,000,000부가 팔렸다. 이날 아이들은 놀이터나 수영장을 찾는 대신 소파에 얌전히 앉아서 책을 읽느라 사고 칠 시간이 없었다. 또 웬만큼 아프지 않으면 병원에 가기보다는 꾹 참고 해리 포터를 읽었다.

과연 그래서 응급실이 평온했을까? 호기심을 느낀 의사들은 해리포터 시리즈의 다섯 번째 책인 『해리 포터와 불사조 기사단』이 출간된 후 첫 주말인 2003년 6월 21~22일의 진료기록을 살펴보았다. 이날의 응급실 환자 역시 평소의 절반에도 미치지 못했다. 해리 포터와 골절 환자 사이에는 어떤 상관관계가 있는 것 같다. (오호! 독자들을 사로잡는 좋은 책이 많이 나오면 건강보험 재정 악화를 막을 수 있다!)

종의 기원을 읽고 열 받는다고? 천만에!

해리 포터만큼이나 폭발적인 반향을 일으킨 책이 1859년 11월 24일 발간되었다. 발매 당일 초판 1,250부가 매진될 정도로 뜨거운 반향을 일으킨 그 책의 이름은 『종의 기원』. 당시 독자들은 어떤 반응을 했을까? 혹자는 신이 7일 동안에 모든 생물 종을 지금 모습 그대로 창조했다는 믿음을 단칼에 부인한 찰스 다윈의 주장에 열 받은 노인 독자들이 고혈압 증세로 병원을 찾았을 것이라고 이야기한다. 난 이렇게 이야기하는 사람들은 『종의 기원』을 실제로 읽지 않은 사람이라고 생각한다.

1983년 대학에 입학해서 가장 먼저 구입한 책 두 권은 『해방전후사의 인식』과 『종의 기원』이다. 아무도 그 책들을 읽으라고 강요하거나 추천하지 않았다. 단지 대학 1학년이면 그 정도는 읽어줘야 사람 취급을 받을 것 같다는 생각 때문에 높은 가격의 책을 한꺼번에 두 권을 산 것이다.

졸릴 것만 같은 소위 『해전사』는 학교에서 틈틈이 읽고, 흥미진진할 것 같은 『종의 기원』은 집에서 집중해서 읽으려고 했다. 그런데 웬걸! 『해전사』는 손에서 놓을 수가 없었다. 이틀 만에 다 읽었고, 노트를 만들었고, 친구들과 열띤 토론을 했다. 생각해보면 『해전사』는 학력고사보다도 내 인생에 더 결정적인 영향을 끼친 것 같다.

그런데 『종의 기원』은 대학을 졸업할 때까지도 끝내 다 읽지 못했다.

이후에 독일어와 영어로도 시도해 보았지만 마찬가지였다. 그러다가 2006년에야 『종의 기원』을 마쳤다. 그러니까 23년이 걸린 셈이다. 다윈은 하고 싶은 말은 많은데 너무 조심스러웠고, 도대체 그가 뭘 말하려는 것인지 내게 명확하게 다가오지 않았다. 그나마 20여 년에 걸쳐서라도 『종의 기원』을 읽을 수 있었던 것은 진화이론에 관한 책을 이미 여러 권 읽은 다음이라서 가능했던 것 같다.

1859년의 영국 지식인이라고 크게 달랐겠는가? 그들도 무지 졸리고 헷갈려 하며 오랜 시간 동안에 읽느라고 급하게 혈압이 오르거나 하는 일은 없었을 것 같다.

2주 걸려 읽은 『버스트』

2010년 7월에 출판된 『버스트』(앨버트 라슬로 바라바시 지음, 강병남·김명남 옮김, 동아시아 펴냄) 역시 우리나라 병원 응급실에 특별한 상황을 만들지는 않았다. 나는 『종의 기원』을 읽는 데 23년이나 걸리기는 했지만, 보통 과학책을 읽는 데는 2~3일이면 충분하다. 그게 정상이다. 그런데 『버스트』를 읽는 데는 꼬박 2주가 걸렸다.

재미가 없다거나 내용이 흥미롭지 않아서 그런 것은 절대로 아니다. 일단 책은 놀라운 이야기로 가득하다. 그것도 유수의 저널에 실려 그 독창성을 인정받은 논문을 바탕으로 하고 있다. 그런데 그 구성이 매우 낯설다. 과학 이야기와 역사 이야기가 홀수와 짝수 챕터에 번갈아가면서 나오는 이중구조로 되어 있다. 게다가 그 역사라는 게 처음 들어보는 16세기 헝가리 십자군 이야기다. 도대체 왜 두 개의 이야기가 나란히 전개

되는지는 끝까지 다 읽은 다음에야 이해되었다. 이 역사 이야기만 없었다면 이틀이면 충분히 읽을 수 있었을 것이다. (아마 그랬다면 번역자도 훨씬 작업이 편했을 것이다. 난해한 구성에도 불구하고 번역은 매우 훌륭하다!)

역사 이야기를 간추리면 이렇다.

어떤 추기경이 교황이 되고 싶었지만 교황으로 선출되지 못했다. 여기에는 복잡한 암투가 있다. 그 암투의 결과 이야기에서 교황은 사라지고 죄르지 세케이와 이슈트반 텔레그디라는 두 주인공이 등장하게 된다. 십자군 원정대 대장인 세케이는 콘스탄티노플로 가는 도중 귀족들로 구성된 아군 기병대의 공격을 받자 반란을 일으켜 농민군을 이끌고 싸우다 처형된다. 한편 또 다른 주인공인 텔레그디는 농민들로 십자군을 모을 때 반대했다. 텔레그디는 세케이의 십자군이 반란군이 될 가능성이 있다고 생각했으며 세케이가 변덕스런 역사의 희생물이 될 것을 예견했다.

『버스트』의 저자가 이 복잡한 이야기를 (장장 14챕터나) 책에 끼워 넣은 데는 이유가 있다. 그는 과학이 역사까지 예측할 수 있는지 묻고 싶었던 것이다. 세케이는 역사의 무작위성과 예측 불가능성을 상징하고, 텔레그디는 예언과 예측 가능성을 상징하는 인물이기 때문이다. 그렇다면 인간의 행동은 예측 가능한가, 불가능한가?

무작위성, 표준분포곡선, 예측 불가능

난 고등학교 다닐 때 공부가 싫었다. 솔직히 재미없었다. 재미있으면 공부가 아니라 놀이 아닌가? 그 와중에도 화학과 물리 수업은 '가끔' 기다려졌다. '주기율표'로 모든 결합을 설명하는 화학 선생님과 'F=ma'라는 간단한 공식으로 모든 것을 예측하는 물리 선생님이 신기했던 것이다. 생각해보라. 9개월 후에 화성에 로봇이 착륙하도록 위성을 발사한다는 게 얼마나 멋진 일인가! 정확히 예측 가능하기 때문에 물리가 재미있었다. 두 선생님을 통해서 우리가 자연 현상을 이해하고, 묘사하고, 정량화하고, 예측할 수 있으며, 결국 통제도 할 수 있을 것이라는 신앙을 물려받았다.

그런데 웬걸! 대학에 들어오니 물리학은 이제 예측 가능한 세계를 다루는 게 아니었다. 하이젠베르크의 불확정성 원리에 따르면 우리가 입자의 위치를 더 정확히 알려고 할수록 입자의 속도는 정확하게 알 수 없다. 입자의 위치와 속도를 둘 다 정확히 아는 것은 불가능하다는 말이다. 이것은 전자에서 사람까지 세상의 모든 물체에 적용되는 원리다.

이제 모든 것은 확률로 이야기된다. 그러고 보니 우리는 이미 중학교 3학년 때부터 종 모양의 표준분포곡선에 익숙해 있다. 학급 아이들의 성적, 키, 몸무게, 가정의 소득수준, 100미터 달리기 시간 등 모든 것들은 정규분포곡선을 보인다. 이것은 무작위성의 결과다. 우리의 행동도 마찬가지일까? 인간은 확률적으로 행동할까? 만약 그렇다면 인간의 행동은 예측할 수 없을 것이다.

폭발성, 멱함수, 예측 가능

책의 원제는 '*The Hidden Pattern behind Everything We Do*'(인간의 행동 속에 숨겨진 법칙)이다. 번역서는 그 숨겨진 법칙의 정체를 제목으로 삼았다. 『버스트』(*Burst*). '버스트'란 폭발이다.

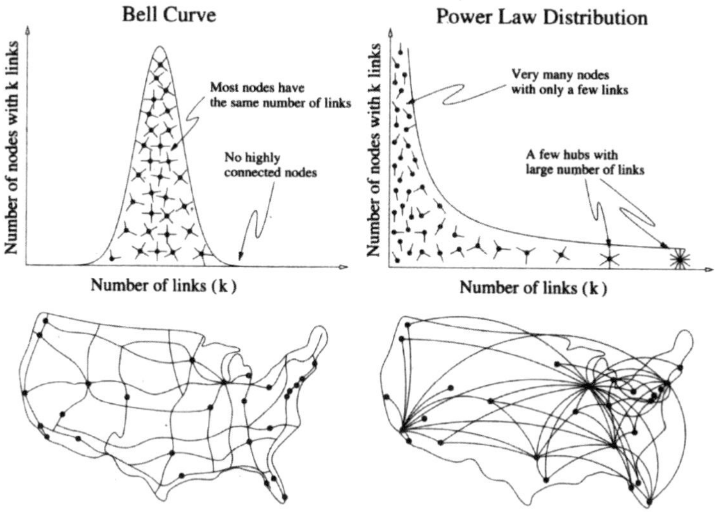

종 모양의 정규분포곡선(Bell Curve)을 보면 링크의 개수가 아주 많거나 적은 노드의 수는 적고 평균값의 링크 수를 갖는 노드들이 대부분이다. 이에 반해 멱함수분포곡선(Power Law Distribution)에 따르면 대부분의 노드들은 링크의 수가 적은 반면 구글, 야후, 아마존처럼 극히 많은 링크가 있는 극소수의 허브들이 있다. 이런 허브들을 '척도 없는 네트워크'라고 한다. ⓒ동아시아

인간 행동의 패턴은 '무작위적'이지 않다는 것이다. 인간은 확률적으로 행동하지 않는다. 저자는 그 대안으로 '폭발성'을 제시한다. 잔잔한 생활 와중에서 사건이 가끔 폭발한다는 것이다. 독자들이 이 글이 실린 『프레시안』 사이트를 매 시간 들어오지는 않지만 일단 들어오면 몇 페이지 내지 수십 페이지를 폭발적으로 열람한다. 이메일을 일과시간 중에 일정한 비율로 보내지 않는다. 갑자기 폭발적으로 이메일을 발송한다.

저자는 폭발성을 수식화하는 '멱함수'로 행동패턴을 분석한다. 그리고 이러한 폭발적인 행동패턴이 '우선순위'를 두고 행동하는 생활 방식에서 왔음도 보여준다. 글머리에 제시한 2005년 7월 16일의 응급실 상

황도 여기에 해당하는 사례라고 할 수 있다.

인간 행동을 예측하는 데 있어서 가장 핵심적인 문제는 데이터다. 최근에는 수백만 명의 행동에 대해 상세하고 구체적으로 시각 정보까지 기록한 데이터베이스 몇 가지를 컴퓨터 과학자, 물리학자, 수학자, 사회학자, 심리학자, 경제학자들이 분석하고 있다. 그들의 결론은 "우리 행동 대부분은 자연과학 법칙만큼이나 재현 가능하고 예측 가능한 패턴, 메커니즘, 법칙을 따른다"는 것이다. 인간의 행동을 일일이 매핑(mapping)한 작업을 토대로 성장한 회사가 바로 야후와 구글이다.

바라바시의 경고

이 책의 저자는 1999년에 '척도 없는(scale-free) 네트워크'라는 개념을 처음 소개했던 앨버트 라슬로 바라바시다. 2002년 우리나라에 번역 출간된 『링크』를 통해서 복잡계 네트워크 과학을 소개한 장본인이다. 이 책은 『링크』의 후속작이다.

『링크』가 공간적인 요동 현상에 의해 나타나는 '척도 없는 네트워크'를 소개했다면, 『버스트』는 시간적인 요동 현상으로 숨 돌릴 수 없이 밀어닥치는 폭발 현상 이면에 멱함수 법칙이 있다는 것을 소개하면서 인간의 행동을 분석하고 예측하는 인간역학(Human Dynamics)의 탄생을 예고하고 있다.

바라바시는 "전 세계의 역사, 사건 등은 네크워크화되어 있으며 미래 행동은 예측 가능하다"고 주장한다. 현대는 블로그, 트위터 등 온라인 소셜 네트워크, 인터넷과 GPS 기능이 있는 스마트폰의 보급으로 수집 데

이터의 양이 늘어나 행동패턴 분석과 예측이 점차 더 쉬워지고 있다. 바라바시는 "미래에는 프라이버시 박탈 위기까지 고려해야 한다"고 지적한다. 생각해보니 나도 트위터 덕분에 어느 총각 이론물리학자가 이번 주말에 할 행동을 예측할 수 있을 것 같다. 갑자기 트위터 하기가 부담스러워진다.

사족

『버스트』가 출판되자 많은 신문들이 서평을 실었다. "인간 행동의 이면에 숨어 있는 법칙을 자신의 가계의 유래를 모티브로 삼아 픽션과 역사와 과학을 절묘하게 결합시킨 팩션"이라는 숱한 찬사를 받았다. 하지만 내가 보기에는 절묘한 결합이 전혀 아닌 것 같다. 바라바시가 자신의 가계를 탐구한 것은 훌륭한 일이지만 그것을 억지로 독자들에게까지 강요할 필요는 없다고 본다.

만약 내가 이 책을 다시 읽는다면 다음과 같은 순서로 읽겠다.

1. 강병남 교수의 해설과 김명남 선생님의 옮긴이의 글을 읽는다.
2. 과학 이야기(홀수 챕터)를 모두 읽는다.
3. 마지막 챕터(28장)의 뒷부분(383쪽부터)을 읽는다.
4. (흥미가 생기면) 역사 이야기(짝수 챕터)를 읽는다.
5. 『버스트』의 전작인 『링크』를 '꼭' 읽는다.

플라스틱은 낭비하기에는 너무 가치 있는 물질

수전 프라인켈, 『플라스틱 사회』

어린 시절 나는 한 여인을 마음에 품었다. 그녀의 이름은 김자옥. 그렇다. 독자들이 다 아는 바로 그 김자옥이다. 내가 그녀를 좋아한 까닭은 예쁜 얼굴 때문이 아니다. (그녀의 얼굴은 나중에 〈O양의 아파트〉(1978)라는 영화 포스터에서야 처음 봤다.) 그녀의 목소리 때문이다. 그때 김자옥은 명작 단편소설을 각색하여 방송하는 MBC 라디오 〈사람의 계절〉에서 내레이션을 맡은 성우였다. 내가 알고 있는 많은 명작 단편소설 중에 상당수는 아마도 실제로 책으로 읽은 게 아니라 〈사랑의 계절〉에 출연한 김자옥의 목소리로 들은 것일 게다. 오 헨리의 「크리스마스 선물」도 그 가운데 하나다. 내용은 이렇다.

"(가난해도 너무 가난한) 딜링햄 부부에게는 큰 자랑거리가 두 가지 있었다. 하나는 남편인 짐이 할아버지와 아버지에게서 물려받은 금시계이고, 또 하나는 아내인 델라의 기다란 금빛 머리칼이었다. 만일 솔로몬 왕이 이웃에 살고 있었다면, 짐은 왕의 집 앞을 지날 때마다 그가 시계를 꺼내 보는 게 부러워서 수염을 쓰다듬는 솔로몬 왕의 모습을 즐겼을 것이며, 델라는 창문 밖으로 머리채를 늘어뜨려 시바 왕비의 화려한 보석과 뛰어난 미모를 무색하게 만들었을 것이다.

가난한 부부는 서로를 위해 크리스마스 선물을 마련했다. 델라는 남편의 금시계에 어울리는 백금 시곗줄을 선물했고, 짐은 아내에게 빗을 선물했다. 하지만 선물은 소용이 없었다. 짐은 빗을 사기 위해 금시계를 팔았고, 델라는 백금 시곗줄을 사기 위해 아름다운 머리칼을 잘라 팔았기 때문이다."

김자옥의 목소리로 들은 이 이야기는 만화책으로 본 『플랜더스의 개』 다음으로 내 인생에서 가장 슬픈 스토리다. 멍청한 짐에게 화만 나지 않았다면 나는 아마 훌쩍거렸을 것이다. '그깟 빗을 하나 사려고 할아버지와 아버지께서 물려주신 금시계를 팔다니…. 스물두 살이면 어린 나이가 아닌데 그렇게 분별이 없다니…. 또 금시계를 팔고 빗을 샀다면 그 차액이 꽤 될 텐데, 왜 그 이야기는 없어!'

어처구니없는 짐에 대한 분노가 풀리는 데는 어언 30여 년이 걸렸다. 『플라스틱 사회』(수전 프라인켈 지음, 김승진 옮김, 을유문화사 펴냄)를 읽은 덕택이다. 이 책을 읽고 처음으로 오 헨리의 「크리스마스 선물」을 찾아 읽어 보니, 빗이 보통 빗이 아니었던 것이다. 진짜 거북껍질로 만들고 가장자리에 보석이 박힌 진귀한 빗이었다. 아니! 그렇다고 해도 빗이 너무 비싼 것 아닌가? 그때는 그랬다.

1860년대까지 당구공이나 빗, 피아노 건반 등은 부자들의 전유물이었다. 상아로 만들었기 때문이다. 귀한 상아로 만들었으니 당연히 값은 비쌌고 코끼리는 멸종 위기에 처했다. 코끼리의 멸종 위기에 대한 사회적인 문제가 제기되자 상아의 공급도 어려워졌다. 이때 뉴욕의 당구공업사들은 누구든 상아를 대체하기에 적절한 물질을 가져오면 1만 달러를 주겠다는 신문 광고를 냈고, 그것을 본 존 웨슬리 하이엇은 1869년 '셀룰로이드'를 만들었다.

셀룰로이드로는 최고급 상아로 만든 물건처럼 보이는 모조품을 쉽게 만들 수 있었다. 부자들의 오락이었던 당구가 서민의 오락으로 발이 넓어졌고, 당시 부잣집 처자들만 꽂았던 장식용 머리빗도 저렴하게 만들어 낼 수 있게 되었다. 이젠 머리빗을 사기 위해 금시계를 팔 이유가 없어졌다. 플라스틱은 새로운 사회를 열었다. 즉 소비의 대중화, 소비의 민주화 시대가 열린 것이다. 그리고 코끼리도 살아남았다.

많은 사람들은 보통 '화학', 'chemistry' 같은 단어에 혐오감을 보인다. '천연' 또는 '자연'과 반대되는 이미지를 보이기 때문이다. 그런데 아이러니하게도 천연자원을 공급하는 동식물의 고갈을 막아 준 것은 바로 화학이었다. 그중에서도 플라스틱이 가장 큰 역할을 했다. 플라스틱은 자연의 파괴자가 아니라 자연의 수호자인 것이다.

지금 내 책상 위에 있는 물건 가운데 플라스틱 제품은 스마트폰, 스탠드램프, 명함 갑, 날클립 케이스, 필통, 볼펜, 에딩 펜, 클립 디스펜서, 아스피린 병, 핸드크림 튜브, 스피커, 크리스마스 실 포장지, 마우스, 칼, 도장, 약 포장, 저금통, 인주 케이스, 물병, 가위, 안경, 안경집, 결재서류첩, 탁상달력, 난방기 리모컨, 키보드, 북마크…. 음, 플라스틱이 아닌 것을 세는 게 더 빠를 것 같다. 우리는 플라스틱으로 일하고, 플라스틱으로 만든 옷을 입고, 플라스틱 병에 담긴 음료를 마시며, 플라스틱 차를 타고 움직이고, 플라스틱 가구 속에서 산다. (나는 심지어 눈 주변의 뼈 일부도 플라스틱으로 대체해 놓았다.)

하지만 우리는 플라스틱 속에 살면서도 그 존재에 대해 잘 인식하지 못하며 그 정체에 대해 잘 알지도 못한다. 플라스틱은 어떻게 탄생했고, 그것으로 무엇을 만들고, 플라스틱은 우리에게 어떤 영향을 주고 있는가? 『플라스틱 사회』는 플라스틱의 역사와 문화, 과학, 경제 그리고 정치에 관한 이야기다.

수전 프라인켈은 수많은 플라스틱 제품 가운데 여덟 가지 물건을 선택하여 이야기를 풀어간다.

(1) 머리빗 - 플라스틱이 가져온 소비의 대중화
(2) 의자 - 플라스틱의 미학
(3) 프리스비 원반 - 플라스틱의 글로벌 생산 시스템
(4) 링거백 - 플라스틱과 건강
(5) 라이터 - 플라스틱이 야기한 버리는 문화
(6) 비닐봉지 - 플라스틱을 둘러싼 정치적 논쟁
(7) 페트병 - 플라스틱의 재활용과 그 한계
(8) 신용카드 - 플라스틱과 관련한 기대와 우려

플라스틱은 디자이너들에게 매력적인 소재다. 천연 소재로는 도전하지 못했던 디자인을 현실화시킬 수 있는 꿈의 물질이기 때문이다. 덕분에

우리는 나무나 가죽으로는 상상하지 못했던 모양의 의자에 앉는다. 사람들은 플라스틱은 무조건 싸야 한다고 생각한다. 하지만 싸게 만드는 데는 한계가 있다. 하여 플라스틱 생산에도 '세계화'가 도입되었고, 평생 해변에서 원반던지기 따위는 해본 적이 없는 노동자들이 프리스비 원반을 생산한다. 플라스틱 하면 '내분비교란물질' 또는 '환경호르몬'이라는 단어가 떠오르지만 병원 역시 플라스틱 왕국이다.

플라스틱이 없던 세상은 상상하기 힘들지만 불과 얼마 전에는 바로 그런 세상이었다. 낡은 옷은 수선하고, 더 낡으면 해체해서 다른 옷을 만들고, 그래도 더 낡으면 걸레로 썼다. 부서진 물건은 수리하고, 부품을 떼서 보관하고, 고물로 팔았다. 그런데 플라스틱이 '버리는 문화'를 만들었다. 플라스틱은 괜히 쓸데없는 포장재가 되기도 하고 한 번 쓰고 버려지는 라이터가 되기도 한다. 재활용도 쉽지 않다. 플라스틱은 저마다 성질이 다른데 그 많은 종류대로 분리해서 수거할 수는 없기 때문이다. 그래서 미국 플라스틱 쓰레기가 배를 타고 중국에 가서 분리된 후 재활용할 수 있는 알갱이로 변하여 다시 미국으로 오는 에너지 고소비 순환계가 만들어진다. 내 지갑에는 현금 대신 플라스틱이 들어 있다. 이 중에서 한두 개 빼고는 왜 있는지 모른다. 대개 몇 년 있으면 새 카드가 자동으로 날아온다. 그러면 옛 것은 버린다. 종이돈 찍는 것보다 플라스틱 돈 찍는 게 과연 친환경적일까?

수전 프라인켈은 플라스틱의 역사, 문화, 정치 등을 살펴보자고 『플라스틱 사회』를 쓴 것 같지는 않다. 그녀는 어떻게 하면 우리가 플라스틱과 더불어 잘 살 수 있을지를 고민한다. "플라스틱은 낭비하기에는 너무 가치 있는 물질"이라는 것이다.

열흘 후면 크리스마스다. 아이가 태어난 후로는 아내에게 성탄절 선물을 한 적이 없는 것 같은데, 이번에는 뭔가 해야겠다. 무엇을 어떻게 살까? 뽀글이 파마를 한 아내에게는 빗이 필요할 것 같지는 않다. 하지만 이 세상에 플라스틱으로 만든 물건은 수없이 많고, 내게는 아직 열두 장의 플라스틱 카드가 남아 있으니 뭐가 걱정이겠는가!

숫자야말로 유일한 세계어

조르주 이프라, 『숫자의 탄생』

2011년 여름 페이스북이나 트위터에서는 이런 배지를 단 프로필 사진을 쉽게 볼 수 있었다. 작은 프로필 사진의 일부만 차지하는 배지가 말하는 바는 명확하다. 당시 4,320원이었던 시간당 최저임금을 전체 노동자 평균임금의 절반 수준인 5,410원으로 인상하라고 요구하는 것이다. 이에 반해 한국경영자총협회는 동결할 것을 주장하다가 30원 인상안을 내놓기도 했다. 6월 29일 열린 최저임금 심의위원회에서 공익위원 측은 양측에게 4,445원에서 4,790원 사이에서 결정하라는 중재안을 내놓았다.

각 측이 주장하는 인상률은 얼마나 될까? 우리는 간단히 계산할 수 있다. 노동계는 25.2% 인상을 요구하는 데 반해 경총은 0.7%만 올리자고 주장하고 있고, 공익위원은 2.9~13.2% 사이에서 타협하라고 종용하고 있는 셈이다.

만약 중세시대의 박식가 몽테뉴가 이 상황을 봤다면 "물가가 얼마나 올랐는데… 정말 너무하네."라고 생각하기 전에 우리가 모두 대학의 수학교수쯤 되는 줄 알았을 것이다. 몽테뉴는 셈하는 법을 몰랐다. 스스로 『수상록』 제2권에서 당당히 밝힐 정도로 셈을 하지 못하는 것은 부끄러운 이야기가 아니었다. 덧셈과 뺄셈을 배우려면 대학에 진학해야 했다. 중세시대 유럽 대학에서는 자유칠과(自由七科, Seven Liberal Arts)를 가르쳤는데, 자유칠과란 문법, 논리학, 수사학, 산수, 기하학, 음악, 천문학을 말한다. 아마 당시 대학에서 배운 산수 수준이 지금 초등학교 6학년 수준을 결코 넘지 못했을 것이다.

지식을 남기려면 문자가 필요하다. 전 세계에 4,000여 개의 언어가 존재하고 그중 수백 개의 언어가 폭넓게 전파되었지만, 언어를 옮겨 적는 데 쓰이는 알파벳과 문자언어 체계는 수십 개에 불과하다. 하지만 이것도 많다. 그래서 다른 나라의 지식이 나에게 아무런 소용이 없는 경우가 허다하다.

하지만 현재 계산에 사용하는 숫자는 오로지 아라비아 숫자 하나뿐이다. 숫자야말로 '진실로 유일한 세계어'라고 할 수 있는 것이다.

이때 우리는 묻는다. "숫자는 어디서 왔어요? 옛날에는 셈을 어떻게 했지요? 0은 누가 발명했어요?" 1947년 모로코 태생의 프랑스 수학교수 출신 역사학자로 연구서 『수의 세계사』로 극찬을 받은 조르주 이프라도 아이들에게 이런 질문을 받았다. 하지만 그는 아이들의 질문에 속 시원하게 대답하지 못했다. 그래서 청소년과 대중이 쉽게 이해할 수 있도록 『숫자의 탄생』(김병욱 옮김, 부키 펴냄)을 새롭게 내놓았다.

처음에 수는 2에 머물렀다. 하나, 둘, 그리고 많다. 한자(漢字)에서는 나무 목(木)이 두 개 있으면 수풀 림(林)이 되고, 세 개가 모이면 빽빽할 삼

(森)이다.

수는 편리하다. 기억력의 한계가 빤한 인간의 능력을 무한히 확장시킨다. 인간의 기억력은 대개 4개가 한계나. 넷까지는 명확히 인식한다. 로마시대의 초기 달력에서 1~4월까지는 martius, aprilius, maius, junius로 이름이 있었다. (당시에는 춘분이 있는 현재의 3월이 첫째 달이었다.) 그 다음의 5~10월은 각각 다섯 번째, 여섯 번째, …, 열 번째 달이라는 뜻의 quintilis, sextilis, september, oktober, november, december였다. (11월과 12월에 해당하는 januarius와 februarius는 나중에 생긴다.) 아이들 이름도 마찬가지였다. 넷째까지는 고유의 이름을 붙였지만 다섯 번째부터는 퀸투스(Quintus, 다섯째), 섹스투스(Sextus, 여섯째), 옥타비우스(Octavius, 여덟째)처럼 단순히 번호로 불렀다.

숫자가 없을 때 사람들은 온몸의 신체 부위를 이용해 '일대일 대응원리'로 셈을 했고 날짜를 헤아렸다. 예를 들면 왼손 새끼손가락에서 시작해서 얼굴과 몸통을 지나 오른발 엄지발가락에 이르기까지 수십 개의 신체 지점이 숫자를 대신했다. 양을 세는 데 자기 신체 지점을 다 사용했다면 또 다른 사람이 필요했다.

최초의 계산기는 물론 손이다. 손으로 덧셈과 뺄셈은 물론 곱셈과 나눗셈도 했다. 고대 로마 회계원들은 가느다란 홈들이 나 있고 그 홈을 따라 둥근 단추들이 굴러다니는 '아비크'라는 휴대용 계산기를 가지고 다녔다. 극동지방의 주판은 고도의 계산기에 해당한다.

숫자는 처음에는 기록의 수단이었지만 곧 계산의 수단이 되었다. 계산을 쉽게 하려면 좋은 숫자가 있어야 한다. 그 점에서 나는 아라비아 숫자를 만든 인도인들에게 감사한다. 만약 그들이 없었다면, 그리고 인류가 여전히 로마 숫자를 사용하고 있었다면 컴퓨터를 만들고 달에 사람을 보내는 일은 상상도 할 수 없었을 것이다.

로마 숫자에서 M은 1000, D는 500, C는 100, X는 10을 의미한다. 각 문자를 단순히 더하기만 하면 된다. 하지만 작은 수가 큰 수보다 앞에 나올 때는 빼야 한다. 예를 들어 DCX는 500+100+10=610이지만 CDX는 -100+500+10=490이다. 이런 계산을 상상해보자.

MMMMMCDX-MMMMCCCXX=MXC

이것을 해석하면 다음과 같다.

(1000+1000+1000+1000+1000-100+500+10) - (1000+1000+1000+1000+100+100+100+10+10) = (1000-10+100)

우리는 이것을 5410-4320=1090이라고 간단히 계산한다.

아라비아 숫자의 최대 장점은 각 자릿수에 단 한 개의 숫자만 쓰면 된다는 것이다. 우리가 아직도 로마 숫자를 사용한다면 "정부는 2010년 4대강 공사비로 6조 4,000억 원을 투자하여 1,492개의 고정직 일자리를 창출했는데, 그 돈을 그냥 사람들에게 3,000만 원씩 나누어 주었다면 213,333개의 일자리를 창출한 셈이다."라는 140자 이내의 트위터 멘션은 불가능할 것이다.

게다가 로마 숫자에는 0이 없었다. 로마인뿐만 아니라 10세기까지 유럽인들은 도대체 0이란 것을 상상하지 못했다. 6세기에 각국의 연도를 통일하기 위해서 새로운 연호를 만들었지만 0년을 생각하지 못했다. 그래서 -1과 +1의 차이는 2이지만 BC 1년과 AD 1년의 차이는 2년이 아니라 1년이다. 천문학자들이 기원전의 별자리를 추적하려면 이 점을 반드시 고려해야 한다.

오늘날 사용하는 아라비아 숫자와 영(0)은 6세기에야 발명되었다. 바빌로니아의 60진법을 사용하던 아라비아인들은 8세기에 인도의 수 체계를 받아들이면서 황금시대를 맞는다. 유럽인들은 15세기까지도 0을 받아들이는 데 주저하였다.

숫자의 역사는 때로는 새김눈금과 같은 경험적 수단을 사용하고, 때로는 이집트인처럼 기묘한 신화적 수단을 써서 사회의 구성원, 재산, 손실, 포로 따위를 헤아리고 도시가 세워진 연대나 승전일 따위를 기록하고자 했던 욕구의 역사다. 그리고 그들이 품었던 편견의 역사이기도 하다.

『숫자의 탄생』은 수학의 역사가 아니라 바로 이 숫자의 역사를 다루는 흥미진진한 책이다. 그런데 정작 프랑스에서는 이 책이 절판된 지 오래되었고, 저자를 찾을 수도 없다고 한다. 1990년 도서출판 예하에서 『신비로운 수의 역사』로 출간되었던 것을 같은 번역자가 새로 번역하여 출판하였다. 저자 조르주 이프라와 한국의 독자 모두에게 복이다.

이것은 서평입니까?

존 판던, 『이것은 질문입니까?』

대학원 입학시험에 합격한 후 지도교수를 정하는 면접 인터뷰를 할 때의 일이다. 애당초 공부하고는 거리가 멀었던 내 대학생활을 잘 아시는 선생님들이 도대체 무슨 질문을 하실까 조마조마했다. 하필 첫 번째가 내 순서였다.

평소에 나를 매우 싫어하시던 선생님께서 물으셨다. "자네는 성적이 왜 이 모양인가?" 휴, 다행이다. "선생님들이 성적을 잘 주시지 않으셨습니다." 당당히 말했다. 네 분의 선생님은 크게 웃으셨다. 역시 대답을 잘했나 보다.

1학년 때부터 나를 안쓰러워하시던 교수님이 물으셨다. "자네 요즘도 데모만 하고 다니나?" (난 대학원 후기 입학생이다.) "요즘은 학교에 잘 안 나오는데요." 잘한 대답은 아니지만 넘어갔다.

제일 젊은 교수님이 물으셨다. "그래, 어느 교수님 방에 가고 싶은가?" 선생님들 표정을 살폈지만 어느 분도 자신을 선택하기를 바라는 것 같지 않았다. 그래서 마침 미국 출장 중인 선생님의 성함을 말했다.

그러자 네 번째 교수님이 말씀하셨다. "그래, 좋은 선택이야. OOO 교수님은 자네를 훌륭한 생화학자가 되는 길로 이끌어 주실 걸세." 나는 내 선택에 매우 만족스러워하시는 네 분의 교수님과 악수를 하고 방을 나섰다.

대학원 동기생은 열 명. 이 가운데 즐겁게 면접을 마친 여덟 명을 제외한 나와 다른 한 친구는 맥줏집으로 향했다. 그 친구가 불평했다. "교수님들은 왜 내가 앞으로 발전할 수 있는 퍼텐셜에는 관심이 없고 지금까지 내가 뭘 어떻게 했는지에만 관심이 있는지 모르겠어." 내가 대답했다. "인마, 네가 얼마나 발전할지 어떻게 알아? 네 성적이 모든 것을 말해주지. 뭐가 더 필요해." 우리는 맥줏집에 채 닿기도 전에 헤어졌다.

나는 이렇게 과학자의 길에 들어섰다. 대학에 들어갈 때는 말할 것도 없고 대학원에 입학할 때조차 어느 선생님도 내게 왜 생화학을 하려고 하는지, 왜 대사조절을 연구하려 하는지 묻지 않았고 또 내게 그럴 소양이 있는지 알려고 하지 않으셨다. (다행이긴 하다. 내게는 그런 소양이 없는 게 분명하다.)

지금 생각하면 당시 내가 딱히 어떤 유형의 질문을 기대했던 것은 아니다. '질문'이 무엇인지도 몰랐던 것 같다. 'DNA의 구조'나 '단백질의 작용 메커니즘' 또는 생화학에 나오는 수많은 사이클 따위처럼 필기시험에서 물을 것을 면접시험에서 질문할 리는 없다. 그렇다면 필기시험에 이미 합격한 사람들에게는 '스스로 생각하는 힘'과 '창의적인 발상' 또는 '사고의 논리성'을 확인할 만한 것들을 물어야 하지 않겠는가? 그런데 어떤 질문이 거기에 해당할까? 나는 몰랐다. 내 선생님들도 모르셨던 것 같다.

마이크로소프트사는 면접시험에서 기상천외한 질문을 하는 것으로 유명하다. 카지타니 미치토시는 그 질문들 가운데 45개를 정리하여 『당신은 빌 게이츠의 시험에 합격할 수 있는가?』(이진원 옮김, 쌤앤파커스 펴냄)를 썼다. 이미 인터넷을 통해 유명해진 이야기지만 몇 가지 예를 들면 이런 것들이다.

"전 세계 피아노 조율사는 몇 명일까?" "미국에는 주유소가 몇 개나 있을까?" 이런 것들은 왠지 리처드 파인만이 수업시간에 학생들에게 물었을 것 같다. 물론 면접관이 수험생에게 정확한 답을 요구하는 것은 아닐 것이다. 단지 그들이 확인하고 싶은 것은 수험생이 문제를 전개하고 답을 낼 때까지 순발력 있게 논리적으로 추리하는 능력일 테다.

"맥주 캔은 왜 원통이 아닐까?" "저울 없이 제트기의 무게를 재려면 어떻게 해야 할까?" 같은 질문은 과학의 원리가 뜻하는 바를 제대로 알고 있는지 그리고 그것을 얼마나 응용할 수 있는지 파악하기에 좋은 질문이다. 하지만 난감해 보이지는 않는다. 답은 있고 마이크로소프트사에 지원한 수험생 가운데 상당수는 나름대로 좋은 대답을 했을 것이다.

최근에 옥스퍼드 대학과 케임브리지 대학의 다양한 입학면접시험 문제와 이에 대한 과학저술가 나름의 대답을 묶은 책이 나왔다. 바로 『이것은 질문입니까?』(존 판던 지음, 류영훈 옮김, 랜덤하우스코리아 펴냄). 이 책에 나오는 62가지 질문은 마이크로소프트사의 입사시험 문제보다 훨씬 더 난감하며 분야도 과학에서 문학과 철학, 그리고 종교에 이르기까지 다양하다. (학과가 다양하기 때문이다.)

"스스로 영리하다고 생각하나?" 케임브리지 대학의 법학과 문제다. 어떻게 대답해야 할까? 이 질문이 난감한 이유는 '똑똑하다'(intelligent)와 달리 '영리하다'(clever)에는 부정적인 어감이 있기 때문이다. "네"라고 대답하면 자신의 영리함을 내세우는 꼴이니, 배움에 대한 열의가 부족하다는 인상을 줄 가능성이 농후하다. "아니요"라고 대답한다면 스스로 케임브리지에 들어올 자격이 없다는 것을 인정한 꼴이 된다. 어이할꼬? 저자가 고심 끝에 생각한 대답은 "예, 이 대학에서 공부하기에는 충분할 정도로 영리합니다."이다. (저자가 시험에 응시했다면 꼭 붙었을 것이라고 장담할 수 없을 것 같다.)

"사람은 언제 죽는 걸까?" 심장이 멈추었을 때일까, 혈액 순환 부족으로 뉴런이 파괴되어 모든 두뇌 활동이 멈추었을 때일까? "환경문제는 빈곤이나 에이즈 문제보다 더 중요할까?" 전 지구적인 차원에서 보자면 환경문제와 빈곤이 중요한 문제일 것이다. 하지만 자신이나 가족이 에이즈 환자일 때도 그렇게 말할 수 있을까? "컴퓨터도 양심을 가질 수 있을까?" 복잡한 문제다.

책을 중간쯤 읽었을 때 눈에 확 들어오는 질문이 나왔다. "비만인 사람에게도 국민건강보험 혜택을 주어야 할까?" 이것은 내게 절박한 문제다. 그래서 '페이스북'에 이 질문을 옮겼다. 댓글이 즉시 달렸다.

A: "이것은 분명 주민투표감입니다."

B: "비만 유병률 기준으로 성인의 3분의 1 정도나 해당될 텐데 그러면 그들은 다 죽으란 말입니까? 국가가 그러면 안 되지요."

C: "근데 사실 비만, 음주, 흡연을 하는 사람은 수명이 짧기 때문에 의료보험 혜택을 덜 받아요. 그래서 더 싸게 해줄 필요도 있지요. 수명이 길 것으로 예측되는 사람에게 많이 받아야…."

D: "보험혜택을 받는 기간만 짧지 집중적이고 지속적으로 받기 때문에 혜택의 금액으로는 훨씬 더 클 겁니다.^^"

E: "흡연으로 폐암에 걸렸을 경우 건강보험 지원을 받지 못하도록 하면 어떨까 생각해봅니다. 흡연과 폐암의 인과관계가 밝혀진 지금도 담배를 피우는 사람은 폐암과 그로 인한 피해를 기꺼이 감수하겠다는 의사를 표현한 것으로 간주할 수 있지 않을까요? 이렇게만 된다면 흡연율을 뚝 떨어뜨릴 수 있으리라 생각합니다. KT&G가 담배를 팔아먹고 보험공단이 암 치료비를 지원하는 것은 그야말로 병 주고 약 주고 아닌지…."

저자의 의견에 따르면 "국민건강보험은 비만인 사람에게도 당연히 혜택을 주어야 한다." 중증 비만인 내 입장에서 볼 때 (가수 이적의 노래처럼) 정말 "다행~이다." 그 이유는 세 쪽에 걸쳐서 자세히 논리적으로 설명되어 있는데 위의 댓글에서 B의 입장이 그것의 요약이라고 할 수 있다. B는 우리나라에서 세칭 SKY에는 들어가지 못했지만 영국에 살았다면 케임브리지 대학 사회정치학부에 충분히 들어갈 수 있었을 것 같다.

책 제목 "이것은 질문입니까?" 역시 면접 문제 가운데 하나다. 이 철학적인 문제에 대해 '전설적인 쿨함'을 보여준 대답이 있었다. "글쎄요, 만약 이것이 대답이라면 그것은 질문이었던 것이 틀림없겠네요."

혹시 독자가 물을지도 모르겠다. "도대체 이게 서평입니까?" 나도 그

학생의 쿨함을 따르고 싶다. "글쎄요, 만약 당신이 지금 [이 글이 발표된] '프레시안북스'를 읽고 있다면 그것은 서평인 게 틀림없겠네요."

종교의 이름으로

존 티한, 『신의 이름으로』

철학자 김용규가 쓴 『서양 문명을 읽는 코드 신』(휴머니스트 펴냄)에 따르면 기독교의 신을 통해 서양 문명을 이해하는 것은 꽤 좋은 방법이다. 어느 문명에서든 신은 종교 안에만 머물지 않고 언제나 비종교 속으로 스며들기 때문이다. 그는 기독교의 신에 대해 '신은 존재다' '신은 창조주다' '신은 인격적이다' '신은 유일자다'라는 네 개의 명제를 논하면서 여기서 파생된 서양 문명의 성취를 훑는다.

나는 900쪽에 가까운 방대한 분량의 책을 읽으면서, 이미 『데칼로그: 십계, 키에슬로프스키, 그리고 자유에 관한 성찰』(바다출판사 펴냄)에서 확인한 바 있는, 철학자 김용규의 기독교 신학과 현대 과학에 대한 통찰에 감탄했다. 그는 신의 전지전능성을 증명할 근거로 '무(無)에서 만들어낸 창조'를 들면서 기독교 신학과 빅뱅 이론의 유사성을 발견하고, '창조는 곧 구속(救贖)'임을 설명하면서 진화론을 포용할 가능성을 설파한다.

그런데 비전문가인 내가 반박할 수는 없지만 쉽게 납득하기 어려운 부분도 있었다. 김 교수는 기독교 신의 유일성은 "모든 존재물을 포괄하는 바탕이자 존재에 대한 긍정"이라고 한다. 그러면서 기독교의 본질은 배타적이고 폭력적이지 않다고 한다. '질투하는 신'으로 묘사되는 야훼는 성서에 나오는 신의 모습 가운데 일부에 불과하다는 것이다. 과연 그러한가? 기독교의 배타적이고 폭력적인 모습은 "역사 안에서 진보하는 인간 정신과 문화에 따라 그때마다 다른 모습으로 이해되고 표현"되기 때문인가? 아니면 종교의 본질인가?

최근 출간된 『신의 이름으로: 종교 폭력의 진화적 기원』(존 티한 지음, 박희태 옮김, 이음 펴냄)은 바로 이 문제에 천착하고 있다. 종교학 교수인 저자 존 티한은 종교철학과 인지과학을 가르치고 있으며, 종교과학저널 『자이곤』(*Zygon*)에 발표하여 화제를 불러일으켰던 '종교 윤리의 진화적 토대'를 발전시켜서 이 책을 썼다. 이 책은 한마디로 '진화가 종교와 종교 폭력을 일으키는 과정에 관한 통찰'을 담고 있다.

이 책에는 두 가지 전제가 있다. 그 전제란 첫째, 생명체의 세계를 가장 잘 설명하는 이론은 바로 진화생물학이며 둘째, 하느님은 존재한다는 것이다.

따라서 존 호트가 『다윈 안의 신』(김윤성 옮김, 지식의숲 펴냄)에서 정의한 것처럼 도대체 진화론을 받아들일 수 없는 성서적 문자주의(biblical literalism)나 "물리법칙들과 자연선택의 이면에는 아무것도 없다"라는 우주적 문자주의(cosmic literalism)에 속한 사람들에게 이 책은 무척 불편하든지, 꽤나 유치하게 보일 수밖에 없을 것이다.

다행히 나는 두 전제를 다 받아들인다. 전직 생화학자로서 진화이론을 알고 감동받고 있으며, 순복음교회를 거쳐 예장통합 소속의 교회에서 안수를 받은 집사로서 하느님의 '창조(creationism이 아니라 creation)'를 고백한다. 굳이 분류하자면 유신진화론(有神進化論)의 입장에 서 있는 나에게 이 책은 매우 흥미진진했다.

이 책에서 존 티한은 '종교적·도덕적 전통은 일종의 문화적 표현이며, 그 배후에는 진화 과정에서 형성된 인지적·정서적 사전-경향이 있다. 사전-경향이 진화한 까닭은 생존과 번식에 유리하기 때문이다. 그 결과 공통의 도덕적·종교적 인지 구조틀을 갖게 되었다.'고 말하려 한다.

종교는 인류 역사상 가장 강력한 권력이며 때로는 폭력적인 양상을 보인다. 종교의 능력을 이해하고 싶다면, 종교의 심리적 토대를 파악해야 한다. 그렇다면 마음이 어떻게 작동하는지에 관한 가장 좋은 이론은 무엇일까? 존 티한은 진화심리학, 인지심리학, 행동경제학, 뇌과학 분야의 최신 연구를 종합하여, 인간의 도덕성을 싹 틔우는 인지 구조를 드러낸다.

여기서 다윈 이론의 강점이 나타난다. 자연선택에 의한 진화에 대해서는 유전학, 미생물학, 인류학, 동물행동학, 식물학, 고생물학 등의 다양한 분야에서 나오는 방대한 증거를 토대로 한 반박할 수 없는 논리가 있기 때문이다.

리처드 도킨스는 『이기적 유전자』(홍영남·이상임 옮김, 을유문화사 펴냄)에서 성공적인 유전자란 다음 세대에 자신의 복사본을 더 많이 만들어내는 유전자라고 설명하고 있다. 따라서 이기주의의 기본 단위인 유전자는 다른 유전자들보다 자신의 유전자가 번식에 더 유리한 조건을 만들어내려 한다고 했다.

성공적인 유전자가 '이기적'이라면, 그 유전자가 만들어낸 생명체 역시 '이기적'이어야 한다. 그런데 생명체에서는 '이타적'인 양상을 쉽게 볼 수 있다. 어떻게 된 일인가? 존 티한은 '죄수의 딜레마'를 비롯한 게임 이론으로 설명한다. 같은 사람들과 오랫동안 같이 살려면 '협동'이 합리적인 자기 이익의 전략으로 발전할 수 있다는 것이다.

성공적인 번식을 위해서는 먼저 번식 가능한 나이까지 성장해야 하고, 적절한 이성을 만나야 한다. 번식에 성공하기 위해 인간은 모든 도전들에 끊임없이 대응하는 동시에 자녀에게 적절한 환경을 제공해서 그 모든 도전에 성공적으로 대응할 수 있게 해주어야 한다. 따라서 인간에게는 복잡한 관계 속에서 성공적으로 협상을 이끌어내는 기술이 필요하다. 존 티한은 그 기술로 이타주의를 해결하는 다섯 개의 지층을 제안한다. (1) 친족 선택 (2) 호혜적 이타주의 (3) 간접적 호혜성 (4) 문화적 집단 선택 (5) 도덕 정서가 그것이다. (이 이야기를 진화심리학자 전중환은 『오래된 연장통』(사이언스북스 펴냄)의 17, 18, 20장에서 쉽게 풀었다. 문화적 집단 선택에 대해서는 로버트 보이드와 피터 리처슨의 『유전자만이 아니다: 문화는 어떻게 인간 진화의 경로를 바꾸었는가』(김준홍 옮김, 이음 펴냄)에서 자세히 설명하고 있다.)

그렇다면 다양한 유일신 종교 전통에서 진화된 인지 구조틀은 어떻게 작동하는가? 존 티한은 유대교와 기독교를 분리해서 살핀다. 도덕적 전통이 발전하면 도덕의 '입법자'이자 '집행자'가 탄생하는데 그것이 바로 '신'이다. "모든 것을 아는 이해 당사자인 하느님은 사회를 하나로 결속하고 협동적 사회 활동을 가능하게 하는 도덕적 결합을 보장해주는 존재로서 역할을 한다." 유대교에서는 십계명과 모세율법을 통해 '호혜성'이 확보되었다. 이 호혜성의 '경계'는 유대인이었다. 유대인이 아닌 모든 사람은 배타의 대상이어서 심하면 '절멸'되어야 한다. 제6계명은 '살인하지 못한다'인데, 여기서 금지된 살인은 유대인에 대한 'murder'를 말하는 것이지, 신의 허락을 얻어서 주변 이방인들에게 행하는 'killing'이 아니다.

그런데 예수가 등장하여 "네 원수를 사랑하라"라고 외친다. 보상을 바라지 않고, 그것도 자신의 유전자를 확산시키는 데 어떠한 도움이 되기는커녕 오히려 방해가 되는 대상에까지 이타주의를 확대하라고 선언하였다. 예수의 산상수훈에는 105개의 도덕적 주장이 있지만, 가족적 연관이나 출신을 도덕적 구분의 근거로 삼는 주장이 단 한 군데도 없다. 예수의 이타주의는 진화심리학의 논리 구조를 벗어난 것인가?

존 티한은 그렇지 않다고 한다. 예수는 "하늘에 계신 내 아버지의 뜻을 실천하는 사람이면 누구나 내 형제요 자매요 어머니이다."(마 12:50)라며 새로운 '경계'를 제시하고, "(너희가 원수를 사랑하고 좋은 일을 해주면) 너희가 받을 상이 클 것이며, 너희는 지극히 높으신 분의 자녀가 될 것이다."(눅 6:36)라며 현세적인 물질적 보상 대신 하느님을 통한 특별한 '보상'을 제시한다. 즉 간접적 이타주의에서 벗어나지 못한 것이다. 무엇보다도 기독교의 보편주의 배후에는 "모두가 기독교인이 될 수 있지만, 오직 기독교인만 구원받을 수 있다."라는 '배타주의'가 깔려 있다. 따라서 예수의 경우에도 나와 남을 나누고 보상이 있어야만 이타주의가 가능하다는 진화심리학의 설명이 유효하다.

집단 도덕의 최고 관심사는 집단 구성원 간에 보상을 보장하여 이타적 행동을 고무하는 것이다. 그리고 구성원이라는 동전의 뒷면에는 배척이 있다. 종교가 곧 폭력적인 신념체계라는 말은 아니다. 하지만 집단과 집단이 진화에 필요한 자원을 두고 경쟁할 때, 종교는 그 무엇보다도 강력한 공동체성을 발휘하며, 종교는 집단 내부적으로는 이타주의라는 도덕, 외부적으로는 폭력의 원천이다. 즉 종교적 도덕과 종교적 폭력은 같은 것에서 진화된 심리다. 종교적 폭력은 일부 몰지각한 성도들의 그릇된 행동이 아니라 종교의 본질에 속하는 요소인 것이다.

저자는 마지막 장에서 해법을 제시한다. 그런데 종교와 도덕, 그리고 종교와 폭력에 대한 성찰의 기회를 제공한 저자가 내놓은 해법치고는 허무하다. 그는 도덕 전통에 대한 비판과 실용적 접근을 수용하는 휴머니즘 종교가 세계와 도덕적으로 연대할 수 있다고 주장한다. 그게 뭘까? 세 번 읽어도 모르겠다.

4차 산업혁명

『클라우스 슈밥의 제4차 산업혁명』

‘창조’라는 말에 긍정적으로 반응하는 게 정상적인 사회다. 그런데 언젠가부터 우리는 창조라는 말이 붙으면 ‘사이비’를 떠올리게 되었다. 창조과학과 창조경제가 주범이다. 사이비들이 좋은 단어를 차지하고 오용함으로써 그 단어에서는 어떠한 울림도 나오지 않게 되었다. ‘혁명’은 긍정적일 수도 있고 부정적일 수도 있는 단어다. 받아들이는 사람에 따라 다르다. 세상을 뒤집고 싶은 사람에게는 희망의 단어지만 지킬 게 많은 사람에게는 음울하게 들린다.

그렇다면 ‘4차 산업혁명’이라는 말은 어떤가? 소설가 장강명은 4차 산업혁명이라는 신조어가 ‘심오롭다’고 표현했다. 심오한 것 같지만 별 뜻은 없다는 야유다. 역사학자 김기봉은 “제4차 산업혁명은 아직은 실체가 없는 유령처럼 등장한 말”이라고 주장한다. 하지만 대부분의 시민들에게 4차 산업혁명은 또 한 번의 압축성장을 향한 나침반으로 받아들여지고 있다. 제4차 산업혁명은 ‘잘 살아보세’의 21세기 버전인 것이다.

『클라우스 슈밥의 제4차 산업혁명』

옳든 그르든, 좋든 싫든 한국 사회는 제4차 산업혁명의 시대에 들어섰다. 싫다고, 참여하지 않겠다고 외면하거나 거부할 수 있는 흐름이 아니다. 새로운 기술과 체계가 들어서기도 전에 알파고의 세례를 받았고 촛불로 세상을 바꾼 한국 시민들에게 제4차 산업혁명은 오히려 자연스럽다.

4차 산업혁명이란 말을 널리 퍼뜨린 사람은 클라우스 슈밥이다. 그는 "4차 산업혁명의 속도와 범위, 깊이는 국가가 발전해나가는 방법과 기업이 가치를 창출하는 방법에 대해, 심지어 인간이란 무엇인가에 대해 다시금 생각해보게" 한다고 말하며 이를 소개하기 위해『클라우스 슈밥의 제4차 산업혁명』(송경진 옮김, 새로운현재 펴냄)을 썼다. 클라우스 슈밥은 21세기의 시작과 동시에 4차 산업혁명이 시작되었다고 주장한다. 그는 4차 산업혁명이 디지털 혁명을 기반으로 한다고 하면서 모바일 인터넷, 센서, 인공지능과 기계학습을 핵심요소 기술로 지칭했다.

책의 1부에서는 4차 산업혁명의 정의와 선도 기술, 그리고 영향력을 다루며 2부에서는 구체적인 방법론을 다룬다. 여기에는 사물인터넷, 자율주행 자동차, 인공지능, 비트코인과 블록체인, 공유경제, 3D프린팅, 신경기술 같은 새로운 개념이 등장한다. 어느 정도 익숙한 것과 난생 처음 보는 것들이 뒤섞여 있다. '비트코인과 블록체인' 항목에서 저자는 2025년까지 전 세계 GDP의 10퍼센트가 블록체인 기술에 저장될 것이라는 데 전문가 58퍼센트가 동의했다고 밝힌다. 2016년 이 책을 처음 읽었을 때 나는 코웃음을 쳤다. 그냥 흘려 읽었다. 하지만 지금은 (지켜야 할 현금이 있는 것도 아니면서) 커다란 불안감이 생겼다. 웃을 일이 아니다. 아나

키스트적인 발상을 하는 기술자들과 전 세계 정부 사이에 흥미로운 각축이 예상된다.

제4차 산업혁명에 관한 단 한 권의 책을 읽겠다면 당연히 이 책이다. 제목과 표지만 보면 무거운 책일 것 같지만 그렇지 않다. 마치 프레젠테이션 슬라이드를 말로 풀어놓은 것처럼 일목요연하다. 따로 노트할 일도 없다. 몇 시간만 집중하면 다 읽을 수 있다.

『4차 산업혁명으로 가는 길』

"낙타가 바늘귀를 통과하는 것이 부자가 하늘나라에 들어가는 것보다 쉽다." 이 간단한 예수님 말씀에 대한 해설은 차고 넘친다. 해석도 다 다르다. 원래 단순한 것은 곧이곧대로 받아들이기 어렵다. 간단한 말에 대한 해설은 복잡해지기 마련이다. 내가 지금 여기 있는 곳에 비추어서 더 자세하게 설명해주기를 바라기 때문이다. 이민화는 제4차 산업혁명을 한국화했다. 벤처협회를 설립하고 코스닥 설립을 주도한 바 있는 이민화는 『4차 산업혁명으로 가는 길』(KCERN 펴냄)에서 "4차 산업혁명은 인류사적인 혁명인 동시에 한국의 기회"라고 말한다.

그렇다. 전 세계에서 유독 대한민국에 제4차 산업혁명이라는 바람이 불고 있는 이유가 바로 '한국의 기회'라는 것이다. 한국 사회의 문제를 잘 짚어내고 해결책을 제시한 책이다.

이민화는 제4차 산업혁명의 핵심을 O2O(Online to Offline)라고 본다. 가상과 현실이 융합하여 더 좋은 세상을 만들 것이라는 얘기다. 만물 인터넷이 오프라인 세상의 정보를 온라인의 클라우드로 끌어올려 빅데이터를 만들면 인공지능이 이를 처리하여 다시 오프라인 세상의 최적화를 제안한다. 오프라인에서 온라인으로 데이터를 모으는 융합 과정과 온라인에서 오프라인을 최적화하는 과정으로 O2O 모델이 구성된다. 우버가 자동차와 연결되고 에어비앤비는 집들을 연결하는 식이다. O2O 융합은 여섯 개의 디지털 기술, 즉 빅데이터, 클라우드, 사물인터넷, GPS, SNS, 웨어러블 컴퓨터가 여섯 개의 아날로그 기술, 즉 서비스 디자인, 플랫폼, 3D프린팅, 증강 및 가상현실, 게임화, 블록체인과 핀테크를 최적화함으로써 이루어진다.

창조경제가 주름잡던 시대에 쓴 글을 모은 것이라 군데군데 불편한 구성이 많기는 하지만 제4차 산업혁명이 분배혁명으로 이어져야 하는 이유를 구체적으로 설명해 놓았다는 미덕이 그 불편함을 덮고도 남는다.

『4차 산업혁명 어떻게 시작할 것인가』

4차 산업혁명에 대한 관심의 근원은 뭐니뭐니 해도 '돈'이다. 4차 산업혁명 시대라고 하는데 미래형 기업을 만드는 지식과 해법은 무엇인지 궁금해할 독자를 위한 책이 필요할 것이다. 『4차 산업혁명 어떻게 시작할 것인가』(한석희 외 지음, 페이퍼로드 펴냄)가 여기에 안성맞춤이다. 일곱 명의 전문가가 인공지능, 사물인터넷, 3D프린팅, 로봇, 빅데이터, 스마트 공장이라고 하는 여섯 개 키워드를 중심으로 성장하고 있는 기업들과 그들의 전략을 소개한다. 각 기술이 어떻게 돈으로 연결되는지를 보여주는 책이다.

이 책의 목적지는 스마트 공장이다. 그런데 스마트 공장이 도대체 무엇일까? 한국산업기술평가원은 '제품의 기획, 설계, 생산, 즉 제조, 공정, 유통, 판매 등 전 과정을 ICT 기술로 통합하여 최소비용과 최소시간으로 고객맞춤형 제품을 생산하는 공장'이라고 정의했다. 이해가 되시는가? 나는 이해하지 못했다. 책의 저자들은 스마트 공장을 '공급되는 소재와 설비, 생산되는 제품이 스마트하여 어디가 아픈지 어느 정도로 심한지를 말할 수 있고, 사람의 개입 없이 서로 소통하여, 고객이 원하는 제품을 자동으로 생산하는 똑똑한 공장'이라고 설명한다. 여전히 아쉽지만 어쨌든 이해는 되었다. 사람의 일자리가 확 줄어들 것이라는 예측을 확실히 보여준다. 저자들은 스마트 공장을 위해 필요한 것은 바로 디지털화, 연결화, 스마트화로 요약된다고 강조한다. 이 책에는 탁상공론을 펼치는 게 아니라 실제 산업현장을 보여주는 장점이 있다.

『맥스 테그마크의 라이프 3.0』

21세기에 나온 책 가운데 한 권을 자식에게 읽히라고 한다면 나는 유발 하라리의 『사피엔스』(조현욱 옮김, 김영사 펴냄)를 고를 것이다. 유인원에서 인류의 미래에 이르는 복잡하고 무거운 주제를 하나의 줄기로 엮어 가벼운 필체로 풀어낸 글솜씨와 원문에 걸맞은 빼어난 번역이 어우러진 책이기 때문이다. 그럼에도 불구하고 인간의 미래를 다루는 마지막 몇 챕터에 대해서는 아쉬움이 남는다. 역사학자의 한계일 것이다. 과연 제4차 산업혁명의 결과로 빚어진 인류의 미래는 어떤 모습일까?

『맥스 테그마크의 라이프 3.0』(백우진 옮김, 동아시아 펴냄)은 여기에 대한 대답을 준다. 인공지능이 열어갈 인류와 생명의 미래에 대해 통찰을 주는 책이다. 우주물리학자인 테그마크는 2014년 '생명의 미래 연구소'를 설립한 후 인공지능이 도래할 미래를 준비하는 연구를 하고 있다.

제목에서 말하는 라이프 3.0은 무엇일까? 테그마크는 자연의 섭리대로 하드웨어 진화로 등장한 인류(1.0)는 다른 생명과 달리 소프트웨어를 설계하고 전달하는 문명을 발전시켰으며(2.0) 마침내 이제 인공지능을 통해 하드웨어도 설계할 수 있는 새로운 생명체(3.0)로의 발전을 코앞에 두고 있다고 주장한다. 간단하게 정리하고 버전 넘버를 붙여준 것은 고맙지만 여기까지는 누구나 생각하는 것. 이 책의 주제는 '라이프 3.0 시대는 언제 나타날 것인가?' 그리고 '그것이 인류에게 무엇을 의미할까?'이다. 책은 '언제?'와 '무엇?'을 묻는 수십 가지의 질문에 대해 차근차근 대답한다.

6장 '우리의 우주적인 재능: 다음 수십억 년과 그 너머'는 저자가 우주론 물리학자임을 상기시킨다. 이 챕터를 읽으면서 물리학은 정말 아름다운 학문이라는 것을 새삼 깨달았다. 인공지능에 대해 그리고 인류의 미래에 대해 넓고 깊은 지식을 주면서 동시에 새로운 질문을 떠올리게 하는 책이다.

『4차 산업혁명이라는 유령』

새벽별 보기 운동이나 천 삽 뜨고 허리 펴기 운동으로 우리가 잘 살 수 있을까? 북한도 이 단계는 지났다. 우리 역시 새마을 운동이나 '잘 살아보세' 같은 슬로건으로 경제를 발전시킬 수는 없다. 그런데 혹시 우리나라에서 제4차 산업혁명은 국민들 정신만 빼놓고 아무런 성과도 없었던 창조경제 같은 어떤 슬로건으로 작용하는 것은 아닐까? 과학자들이 이런 걱정을 하는 것은 당연하다. 과학은 원래 의심과 질문으로 시작하는 것이니까 말이다. 서울대학교의 홍성욱 교수는 김소영, 김우재, 김태호, 남궁석, 홍기빈이라는 다섯 명의 젊은 학자와 함께 쓴 『4차 산업혁명이라는 유령』(휴머니스트 펴냄)에서 우리가 왜 4차 산업혁명에 열광하는지 묻고 있다.

결론만 말하자면 미래 전망은 밝지 않다. 2017년 12월, 책의 서문을 쓰는 사이에 기초과학 연구에 배정된 연구비 800억 원이 삭감되었다는 소식이 전해졌다. 기초 체력 없이 장거리를 뛰겠다는 속셈이 드러났다. 각각 400억 원씩 삭감한 기재부 공무원과 국회의원들은 아마 자신들이 무슨 짓을 했는지 모를 것이다. 그리고 입으로는 4차 산업혁명을 이야기하고 있을 것이다. 정책을 개발하고 시행하는 당사자들이 반드시 읽어야 할 책이다.

『4차 산업혁명이라는 거짓말』

이 책보다 『4차 산업혁명이라는 거짓말』(손화철 외 지음, 북바이북 펴냄)이 먼저 나왔다. 앞의 책보다는 조금 더 인문학적인 관점에서 쓴 책이다. 기술철학 전공자인 손화철은 기계 파괴주의 또는 기술 혐오주의라는 딱지가 붙은 러다이트 운동을 재평가한다. 그러면서 지금 필요한 것은 제2의 잡스와 하사비스를 키우는 것이 아니라, 그들을 어떻게 통제, 견인, 선도할 것인지에 대한 사회적 합의라고 주장한다. 4차 산업혁명이 '한 사람이 100만 명을 먹여 살려야 할 세상'을 초래할 가능성이 있다면, 그 한 명이 되기 위한 노력보다 그런 미래를 막는 것이 더 합리적이라는 게 이 책의 주장이다. 부록으로 실린 '4차 산업혁명을 바라보는 여러 가지 시선'은 4차 산업혁명에 관한 신문 칼럼을 분석한 글인데 다양한 입장을 볼 수 있다는 장점이 있다. 하지만 인터넷 검색만 잘 활용하면 누구나 쓸 수 있는 글이다.

『4차 산업혁명이 막막한 당신에게』

대한민국은 (어디에 쓸 수 있는지는 모르지만) 4차 산업혁명 지도사 자격증이 있는 나라다. 4차 산업혁명 전공 과정이 있는 대학도 있다. 이번 정부가 끝나기 전에 4차 산업혁명 학과가 생길지도 모르겠다. 그만큼 4차 산업혁명은 우리 삶 깊숙이 들어왔다. 4차 산업혁명은 누구나 관심을 갖고 정체를 알아야 하는 대상이 된 셈이다. 하지만 여전히 막막한 대다수의 시민을 위해 다양한 교양 과학서를 집필한 박재용이 나섰다. 『4차 산업혁명이 막막한 당신에게』(뿌리와이파리 펴냄)는 기술사의 시각으로 하나의 이야기를 만들면서 신석기혁명부터 산업혁명 그리고 이후에 이어지는 다양한 혁신의 사례들이 자연과 인간에게 어떻게 작용했는지를 살펴본다.

박재용은 자신에게 내재된 러다이트 운동의 시각을 굳이 감추지 않는다. 혁명과 혁신은 인간에게 봉사하기보다는 자본의 논리에 따라 움직이면서 부의 불평등을 심화시켰다고 본다. 4차 산업혁명이라는 이름으로 진행되는 현재의 혁신을 마주하고 있는 우리들이 행복하기 위해서는 어떤 태도와 대안이 필요한가를 설파한다. 나는 박재용에게 동의하지 않지만 많은 사람들이 그의 책을 읽기 바란다.

『부모라면 지금 꼭 해야 하는 미래 교육』

4차 산업혁명의 시대가 시작되었다고 하지만 자기의 미래와는 상관없다고 생각하는 세대가 있을 수 있다. 하지만 적어도 자기 자식이 10년 뒤 전혀 새로운 사회에 진출할 것이라는 점을 생각한다면 이야기가 달라진다. 우리 아이들에게 필요한 것은 지식이 아니라 창의력이라는 사실은 누구나 안다. 그런데 도대체 창의력은 어디에서 오는 것일까? 교사 출신의 사회활동가 박미자는 그것은 바로 공감 능력, 회복 탄력성 그리고 예술 감수성이라고 『부모라면 지금 꼭 해야 하는 미래 교육』(위즈덤하우스 펴냄)에서 알려준다. 이것들은 하늘에서 뚝 떨어지는 능력이 아니다. 부모가 먼저 변해야 생기는 능력이다. 새로운 시대를 살아갈 자녀를 둔 부모라면 반드시 읽어야 할 책이다.

4차 산업혁명의 시대는 우리가 여태 경험하지 못한 전혀 새로운 시대다. 거기에 대한 정보를 얻고 통찰력을 발휘하려면 일단 아무 책이라도 잡고 읽어보자. 그냥 당하지는 말자.

과학을 배워야 하는 이유

강인용, 『과학을 보여드립니다』

"가장 존경하는 사람이 누구입니까?" 가끔 독자들이 묻는다. (아, 나도 작가다. 믿기 어려우시겠지만….) 아마 내 입에서 어떤 과학자의 이름이 나오기를 기대했을 거다. 내 가슴에는 갈릴레오 갈릴레이와 찰스 다윈에 대한 존경심이 기본 옵션으로 깔려 있다. (알베르트 아인슈타인 같은 천재는 존경하기 싫다!) 하지만 질문을 받는 순간 가장 존경하는 사람은 보통 최근 발간한 내 책의 편집자가 떠오른다.

내가 편집자를 가장 존경하는 이유는 그분 덕에 내 글이 책의 꼴을 갖추게 되었고 그 덕분에 아이 분유 값을 대고 치아 관리를 소홀히 한 내가 그 비싼 임플란트 시술을 받을 수 있기 때문이다. 글은 내가 썼지만 책은 내가 만든 게 아니다. 가끔 가다가 출판사를 소개해 달라는 작가를 만난다. 그런데 그가 요구하는 게 있다. 자기 글에 절대로 손을 대서는 안 된다는 것이다. 이런 사람의 부탁은 (최대한 인내력을 발휘하여) 5초 안에 거절한다. 괜히 알선했다가 양쪽에서 욕먹기 십상이다.

내게 출판사 편집자는 미스터리한 존재다. 첫째, 그 말도 안 되는 원고를 책으로 만드느라 생기는 스트레스를 어떻게 견디는지? 나는 결코 할 수 없다. 나라면 살의를 느낄 법한 원고도 책으로 만들어 내더라. 둘째, 그런 능력을 가진 그들이 왜 남의 원고만 만지고 있는가? 자기가 직접 쓰면 되지…. 실제로 135개 문장으로 이루어진 아동용 그림 과학책 시리즈를 집필한 적이 있다. 편집자는 내게 수정에 수정을 요구했고 내가 그의 요구에 부응하지 못하자 아예 직접 새로운 문장을 제시하기도 했다. 결국 책이 나온 다음에 보니 단 한 문장도 내가 쓴 게 없었다. 그 시리즈 덕분에 나는 큰아이 치아교정을 해줄 수 있었고 그 아이는 지금 빼어난 미모를 자랑하고 있다.

이런 경험을 이야기하면 그것은 기획력과 글재주일 뿐이라고 가볍게 응수하는 편집자들이 있다. 그런데 그게 아니더라. 다른 분야는 내가 잘 알 도리가 없지만 특히 과학책 내는 출판사의 편집자들, 대표들과 이야기를 하다 보면 이분들이 과학의 흐름을 꿰고 있다는 걸 알게 된다. 심지어 과학자들보다 더 큰 그림을 그리고 있다. (대부분의 과학자는 자기 분야밖에 모른다.) 그 과학책이 그 출판사에서 나온 이유가 있더란 말이다. (물론 책을 잘 팔고 아니고의 여부는 좀 달랐다.)

대표적인 사람이 바로 지호 출판사(가 아직도 있는지는 모르겠지만) 장인용 대표다. 지호 출판사는 『이보디보, 생명의 블랙박스를 열다』『원더풀 사이언스』『자연의 빈자리: 지난 5백 년간 지구에서 사라진 동물들』『기적을 부르는 뇌』『한 치의 의심도 없는 진화 이야기』『세상에서 가장 아름다운 실험 열 가지』『그레이트 비욘드: 고차원, 평행우주 그리고 만물의 이론을 찾아서』 같은 시대의 명저를 펴냈다. 우연히 펴낸 게 아니라 그

출판의 이유를 갖고 있었다.

과학에 대한 식견 때문에 나는 당연히 그가 과학을 전공했을 줄 알았다. 알고 보니 그는 중문학과를 졸업하고 국립대만대학 역사연구소에서 중국미술사로 석사학위를 받았다. 중국 전문가로서 중국 고대의 제도와 조선의 건국을 조명한 『주나라와 조선』(창해 펴냄)을 썼고, 중국미술사 전공자로서 『중국미술사』(이림찬 지음, 다빈치 펴냄)를 번역했다. 하지만 그는 어린 시절 우주선과 비행기, 개미와 매미 같은 곤충을 좋아해서 과학자가 되려고 했다고 한다. 결국 과학자가 아닌 다른 길을 걸었지만 그 관심은 과학 전문 출판사 지호를 세우는 데로 이어졌고 100여 권이 넘는 과학 도서를 기획하고 만들었다.

그가 드디어 과학책을 냈다. 『과학을 보여드립니다: 과학을 배워야 하는 이유』(개마고원 펴냄)를 냈다. 청소년을 위한 책이다. 굳이 그의 책을 내가 읽을 이유는 없었다. 다른 일로 하도 골치가 아파서 머리를 식힐 겸 집어든 그의 책은 장난이 아니었다. 그는 질문을 계속 던진다. 과학이란 무엇인가? 우리가 왜 과학을 공부해야 하는데? 수학 없이 과학만 공부하면 안 돼? 같은 질문 말이다. 과학자에게 이런 질문을 던지면 과학자들은 쉽고 명확하게 답하기 어렵다. 하지만 그는 최고의 답을 준다.

> "과학은 분명하고, 정확하고, 논리적인 것이 특징인데 수식이 없어지면 과학에서 그런 특징도 사라지기 때문이죠. 그렇다면 수식은 그런 특징을 가지고 있다는 뜻이겠지요? 그렇죠! 수학은 잘 보이지 않는 자연의 질서를 발견하고 논리적으로 설명하려는 학문이고, 자연의 이치를 탐구하는 과학은 자

신의 목적에 꼭 맞는 수학을 전적으로 받아들여 이용하게 됩니다. (…) 그래서 과학을 살펴보기 위해서는 수학이라는 도구의 발명부터 봐야 합니다." (16쪽)

"태양을 도는 행성의 움직임을 그림으로 나타내려면 각 시점마다 위치를 표시해야 하지만, 수식으로 이를 표현하면 단 한 줄이면 됩니다. 그래도 그림이 필요하면 이 수식을 가지고 얼마든지 그림을 그릴 수 있고요." (22쪽)

그의 대답은 자연스럽게 과학사로 이어진다. 하지만 아주 짧고 간단하게. 이 책의 목적은 과학사를 알려주는 게 아니라 과학을 보여주는 데 있기 때문이다. 하지만 핵심을 찌른다. 그는 묻고 답하기를 멈추지 않는다. 왜 실험실이 필요한지, 왜 복잡한 자연을 최대한 단순하게 가정해서 생각해야 하는지 말이다.

그는 학교에서 우리가 많은 과목을 배우는 이유는 시민으로 살아가는 데 최소한 이런 것쯤은 알아야 한다고 사회에서 정했기 때문이라고 한다. 그렇다면 과학을 왜 모두가 배워야 할까? 여기에 대해 그는 일목요연하게 정리한다. 과학은 ① 다른 어떤 지식들보다 현재의 우리에게 가장 큰 영향을 주고 ② 모든 지식의 기초이며 ③ 앞으로 과학을 전공하거나 관련된 일을 할 사람에게는 기초를 다지는 게 중요하고 ④ 생소한 문제에 맞닥뜨렸을 때 이를 해결할 능력을 키우게 되고 ⑤ 현대 시민사회의 일원으로서 반드시 갖춰야 할 지식이며 ⑥ 인간으로서 자기 본성을 되찾는 데 필요하기 때문이다.

교사가 먼저 읽으면 좋겠다. 분명하고 통쾌한 문체의 책이다. 어디서 이런 문장 본 적이 있는가?

"하늘의 해와 달과 별은 그저 보이기만 할 뿐이지만, 땅에는 우리가 보고 만지고 들을 수 있는 것들이 무척 많습니다." (88쪽)

QUESTION
SCIENCE